建筑工程项目

成本测算
控制与实例

程超锋　主编

中国电力出版社
CHINA ELECTRIC POWER PRESS

内 容 提 要

准确合理地测算施工成本，把握市场脉搏是一个企业立足的根本。本书以实践案例为主线，介绍项目施工成本测算方法，以多层次、多角度汇总分析成本费用及指标，包括预算成本、目标成本、成本降低额、成本降低率、材料消耗指标、单平方米成本费用指标等。经过市场调研，与类似工程成本的费用及指标进行对比，从市场角度论证测算结果的合理性；分析影响项目盈亏的主要因素，从组织、技术、经济、合同等方面制订成本控制措施，编制项目成本测算分析报告。在施工过程中，以成本测算分析报告为依据实施动态成本控制与考核，为项目实现利润最大化奠定基础，只有真正做到知己知彼，才能在激烈的市场竞争中立于不败之地。

本书可供建筑工程成本管理、预结算、施工管理等专业技术人员学习使用，也可供各类建设单位、施工单位、设计单位、项目管理单位等建设领域参建者提供管理参考。

图书在版编目（CIP）数据

建筑工程项目成本测算、控制与实例/程超锋主编 . —北京：中国电力出版社，2022.1（2023.8 重印）
ISBN 978－7－5198－5904－6

Ⅰ.①建… Ⅱ.①程… Ⅲ.①建筑工程－成本计算②建筑工程－成本控制 Ⅳ.①TU723.3

中国版本图书馆 CIP 数据核字（2021）第 175955 号

出版发行：中国电力出版社
地　　址：北京市东城区北京站西街 19 号（邮政编码 100005）
网　　址：http://www.cepp.sgcc.com.cn
责任编辑：未翠霞　马雪倩（010－63412611）
责任校对：黄　蓓　常燕昆
装帧设计：王红柳
责任印制：杨晓东

印　　刷：北京雁林吉兆印刷有限公司
版　　次：2022 年 1 月第一版
印　　次：2023 年 8 月北京第二次印刷
开　　本：787 毫米×1092 毫米　16 开本
印　　张：17.5
字　　数：404 千字
定　　价：56.00 元

版 权 专 有　侵 权 必 究

本书如有印装质量问题，我社营销中心负责退换

随着建筑市场的发展，每一个建筑企业要想在日渐激烈的市场竞争中获得一席之地，就要控制和管理好建设项目的成本，使得建设项目的投资取得最大的效益。在工程项目中，成本是工程建设的必须消耗，做好项目成本测算有利于项目成本控制，做好成本控制对于建筑企业发展至关重要。本书主要分析项目成本测算的方法，在成本测算的基础上做好成本控制，学习标杆建筑企业的成本控制方法，推荐具有显著特点的建筑工程项目成本控制信息管理系统。建筑企业要想在激烈的竞争中站住脚，就需要在建筑工程项目的成本上进行科学合理的管理和控制，掌握建筑工程项目建设的成本管理与控制的方法，从而使建设工程项目利润最大化。

项目成本是以建筑工程项目为核算对象的制造成本，既是落实项目经济责任的基础，也是考核项目经理的依据。项目成本测算是依照具体的原则来对建筑工程项目拟投入的人工、材料以及机械等费用进行较为详尽的分析。在建筑工程项目投标前或者中标后，结合自身管理水平和成本核算方法，通过项目成本测算可以了解项目的成本底线，为企业经营决策、招标、投标提供强有力的决策依据；通过建筑工程项目成本测算，可以制订切实可行的成本控制目标、方法和措施，按目标进行成本控制。

项目成本测算指的是依照具体的原则来对项目拟投入的人工、材料、机械以及目标等费用进行较为详尽的分析。

(1) 人工费的测算：根据收集的劳务成本信息价，经过测算工程的工作内容及施工条件综合分析后确定人工费单价。人工费单价一般按照分部分项清单人工费、主体大包人工费、包工包料工程人工费、其他人工费进行汇总。

(2) 材料费的测算：材料费分实体性消耗和非实体性消耗材料进行测算。由于材料费在成本构成中的重要性，需要对大宗材料，如钢材、商品混凝土等进行量价分析，为施工过程主材费的控制及主材消耗量指标的测算提供依据。

(3) 施工机械使用费的测算：施工机械使用费是使用各种机械所支付或耗费的费用，包括自有机械的使用费和租入机械支付的租赁费用，以及施工机械的安装、拆卸和进出场费用等。施工机械台班费由不变费用和可变费用组成，在实际工作中，哪些费用能节省，大体估算价格，与设备租赁者达成租赁协约。

(4) 目标成本测算：目标成本测算是指对自行完成项目按人工费、材料费、机械费、其他直接费、间接费分别进行测算汇总；对专业分包工程要按照自行完成项目成本测算的方法进行分解测算，然后结合市场分包合同管理费情况综合确定分包成本。目标成本测算的具体方法就是利用工作分解建立的测算模板、收集和测定的依据资料进行汇总、对比和分析。

那么如何做好建筑工程项目成本测算和成本控制？

1. 做好建筑工程项目图纸预算书和成本分析的计算工作

投标人在一般情况下，要按照招标文件规定的形式和招标人的要求进行报价。投标人的报价还包括施工方案和施工工艺增加的工程增量，并且在报价的过程中，要对这些因素进行反复的审核，保证预算书的精确度，使投标人的报价合理和科学。成本测算时，

要从两个方面着手：一方面要从招标单位的要求出发，以此作为报价的基础；另一方面是从投标单位的实际情况出发，最大化地利用已有资源，最大化地挖掘自身的潜力，降低建筑工程的成本预算，使双方都取得一定的利益。

2. 制定成本核算与过程控制措施

加强成本核算可为建筑工程项目的实施提供充分的依据，在分解建筑工程项目总成本的过程中，对实际成本、预算成本、计划成本进行比较，从而为更好地进行建筑工程项目成本的管控奠定良好的基础。建筑工程项目在施工阶段涉及面相当广泛，周期较长，材料设备价格浮动较大。因此，在施工阶段必须全方位控制工程造价。

3. 工程人员综合素质

为了增强施工人员的成本控制意识，可组织工程人员学习财务管理方面的基础知识。建筑企业必须立足于自身的发展，培养各方面的专业人才，并不断增强企业内部凝聚力，同时吸收先进企业的先进管控经验，本书就是精选了各大企业精细化成本的管控方式方法推而广之，解决成本控制人员的难点、痛点，使之能在最短时间掌握最有效的成本管控核心"武器"。

本书就是一本围绕实践案例来指导大家如何开展战前（投标前）进行成本测算，如何在战中（施工过程）进行目标成本控制，如何在战后（竣工决算）做成本评估，逐步汇集自身企业数据建立企业自身成本数据库，尤其在 2020 年 7 月 24 日，中华人民共和国住房和城乡建设部发布《工程造价改革工作方案》逐步取消预算定额之后，如何构建自身企业定额库，如何积累自身企业成本数据已是当务之急。

本书主编程超锋、计富元、王东贺、王春红、谭艳平等专家、专业人士共同努力对书中内容进行了详细讲解和论述，并配有相应大量实例，以让读者在阅读的同时及时消化理解。同时，为了便于读者更好地学习，作者特录制了一些相关视频课程，扫描下方二维码即可观看。

因成本测算与时俱进，政策变化频仍，计算方法各异，书中的观点与方法难免会出现失误或谬误，欢迎各位读者批评指正（邮箱：2185674013@qq.com）。

编　者

扫一扫，观看视频课程

目录

前言

第一章　施工项目成本概述 …………………………………………… 1

第一节　施工项目成本的概念 ……………………………………… 1

第二节　施工成本测算的概念及原则 ……………………………… 3

第三节　施工成本控制概念及原则 ………………………………… 8

第二章　施工成本的测算 …………………………………………… 12

第一节　施工成本之人工费单价信息库要素的测算 …………… 12

第二节　施工成本之材料费单价信息库要素的测算 …………… 84

第三节　施工成本之机械费单价信息库要素的测算 …………… 90

第四节　施工成本之临设措施费单价信息库要素的测算 ……… 102

第五节　施工成本间接费单价信息库的测算 …………………… 107

第六节　报价前预测成本实例 …………………………………… 112

第三章　施工成本的控制 …………………………………………… 116

第一节　施工项目成本控制的内容及快速测算 ………………… 116

第二节　施工项目标准成本——目标成本 ……………………… 131

第三节　报价后成本及目标成本实例 …………………………… 137

第四节　施工项目成本控制实施 ………………………………… 146

第五节　施工项目成本核算 ……………………………………… 157

第六节　施工项目成本分析和考核 ……………………………… 177

第四章　标杆企业成本控制方法实例 ……………………………… 189

第一节　标杆企业施工项目成本管理办法 ……………………… 189

第二节　标杆企业施工项目成本管理实例附件 ………………… 207

第五章　标杆企业工程项目成本管理系统 ………………………… 251

第一节　各部门工作步骤 ………………………………………… 251

第二节　各部门操作指导 ………………………………………… 254

参考文献 ……………………………………………………………… 272

第一章

施工项目成本概述

第一节　施工项目成本的概念

　　施工项目成本是指建筑业企业以施工项目作为成本核算对象的施工过程中所耗费的生产资料转移价值和劳动者的必要劳动所创造的价值的货币形式，即某施工项目在施工中所发生的全部生产费用的总和，包括所消耗的主、辅材料，构配件、周转材料的摊销费或租赁费，施工机械台班费或租赁费，支付给生产工人的工资、奖金以及项目经理部（或分公司）以及为组织和管理工程所发生的全部费用支出。

　　施工项目成本不包括劳动者为社会所创造的价值（如税金和计划利润），也不应包括不构成施工项目价值的一切非生产支出。

　　施工项目成本是建筑业企业的产品成本，也工程成本，一般以项目的单位工程作为成本核算对象，通过综合各单位工程成本来核算反映施工项目成本。

一、施工项目成本的主要形式

　　1. 按成本控制需要，从施工项目成本的发生时间来划分

　　（1）承包成本（预测成本）。承包成本是反映企业竞争水平的成本。承包成本根据施工图由全国统一的工程计算规则计算出来的工程量，全国统一的建筑安装工程基础定额和各地区的市场劳务价格、材料价格信息和价差系数及施工机械台班，并按有关取费的指导性费率进行计算。

　　（2）目标成本。目标成本是指施工项目经理部根据计划有关资料（如工程具体条件和企业为实现该项目的各项技术组织措施），在实际成本发生前预先计算的成本，亦即建筑业企业考虑降低成本措施后的成本计划数，反映了企业在计划期内应达到的成本水平。目标成本对于加强企业和项目经理部的经济核算，建立和健全施工项目成本责任制，控制施工过程中的生产费用，降低施工项目成本具有十分重要的作用。

　　（3）实际成本。实际成本是施工项目在报告期内实际发生的各项生产费用总和。实际成本与计划成本比较，可揭示成本的节约和超支，考核企业施工技术水平及技术组织措施的贯彻执行情况和企业经营效果；实际成本与承包成本比较，可反映工程盈亏情况。因此，目标成本和实际成本都是反映施工企业成本水平的，受企业本身的生产技术、施工条件及生产经营管理水平所制约。

预测成本、目标成本和实际成本的三种成本的关系图如图 1-1-1 所示。

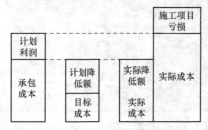

图 1-1-1　三种成本的关系图

2. 按生产费用计入成本的方法来划分

（1）直接成本。直接成本是指直接耗用于工程对象并能直接计入工程对象的费用。

（2）间接成本。间接成本是指非直接用于工程对象也无法直接计入工程对象，但为进行工程施工所必须发生的费用。

按上述分类方法，按生产费用计入成本的方法能正确反映工程成本的构成，考核各项生产费用的使用是否合理，便于找出降低成本的途径。

3. 按生产费用与工程量的关系来划分

（1）固定成本。固定成本是指在一定的期间和一定的工程量范围内，其发生的成本额不受工程量增减变动的影响，而相对固定的成本，有折旧费、大修理费、管理人员工资、办公费、照明费等。固定成本是为了保持企业一定的生产经营条件而发生的。一般来说，对于企业的固定成本每年基本相同，但是当工程量超过一定范围则需要增添机械设备和管理人员，此时固定成本将会发生变动。此外，所谓固定，也是就其总额而言，关于分配到每个项目单位工程量上的固定费用则是变动的。

（2）变动成本。变动成本是指发生总额随着工程量的增减变动而成正比例变动的费用，如直接用于工程的材料费、实行计件工资制的人工费等。所谓变动，也是就其总额而言，对于单位分项工程上的变动费用往往是不变的。

将施工过程中发生的全部费用划分为固定成本和变动成本，对于成本控制和成本决策具有重要作用，是成本控制的前提条件。由于固定成本是维持生产的能力所必需发生的费用，要降低单位工程量固定成本，只有通过提高劳动生产率、增加企业总工程量数量并降低固定成本的绝对值入手，降低变动成本只能是从降低单位分项工程的消耗定额入手。

二、施工项目成本的构成

施工项目成本的构成，见表 1-1-1。

表 1-1-1　　　　　　　　　　　　施工项目成本的构成表

成本项目	内容
直接成本	直接成本是指施工过程中耗费的构成工程实体或有助于工程形成，并可以直接计入成本核算对象的各项支出。 （1）人工费。人工费指直接从事建筑安装工程施工的生产工人开支的各项费用。人工费包括：工资、奖金、工资性质的津贴、生产工人辅助工资、职工福利费、生产工人劳动保护费等。 （2）材料费。材料费指施工过程中耗用的构成工程实体的各种材料费用。材料费包括：原材料、辅助材料、构配件、零件、半成品的费用、周转材料的摊销费和租赁费。 （3）机械使用费。机械使用费指施工过程中使用机械所发生的费用。机械使用费包括：使用自有施工机械的费用、外租施工机械的租赁费、施工机械安装、拆卸和进出场费。 （4）其他直接费。其他直接费指除（1）、（2）、（3）以外的直接用于施工过程的费用。其他直接费包括：材料二次搬运费、临时设施摊销费、生产工具使用费、检验试验费、工程定位复测费、工程点交费、场地清理费等。 建筑安装工程费用项目组成还列有：冬雨期施工增加费、夜间施工增加费、仪器仪表使用费、特殊工程培训费、特殊地区施工增加费

续表

成本项目	内容
间接成本	间接成本是指项目经理部为施工准备、组织和管理施工生产所发生的，与成本核算对象相关联的全部施工的间接支出。 (1) 工作人员薪金指现场项目管理人员的工资、资金、工资性质的津贴等。 (2) 劳动保护费指现场管理人员的按规定标准发放的劳动保护用品的购置费和修理费，防暑降温费，在有碍身体健康环境中施工的保健费用等。 (3) 职工福利费指按现场项目管理人员工资总额的百分比提取的福利费。 (4) 办公费指现场管理办公用的文具、纸张、账表、印刷、邮电、书报、会议、水、电、烧水和集体取暖用煤等费用。 (5) 差旅交通费指职工因公出差期间的旅费、住勤补助费、市内交通费和午餐补助费、职工探亲路费、劳动力招募费、职工离退休及职工退职一次性路费、工伤人员就医路费、工地转移费以及现场管理使用的交通工具的油料、燃料、养路费和牌照费等。 (6) 固定资产使用费指现场管理及试验部门使用的属于固定资产的设备、仪器等折旧、大修理、维修费和租赁费等。 (7) 工具用具使用费指现场管理使用的不属于固定资产的工具、器具、家具交通工具和检验、试验、测验、消防用具等的购置、维修和摊销费等。 (8) 保险费指施工管理用财产、车辆保险及高空、井下、海上作业特殊工种安全保险等。 (9) 工程保修费指工程施工交付使用后在规定的保修期内的修理费用。 (10) 工程排污费指施工现场按规定交纳的排污费用。 (11) 其他费用。按项目管理的要求，凡发生项目的可控费用，均应下沉到项目核算，不受层次限制，必须落实项目经济责任制，所以还包括费用项目。 (12) 工会经费指按现场管理人员的工资总额的百分比计提工会经费。 (13) 教育经费指按现场管理人员的工资总额的百分比提取使用的职工教育经费。 (14) 业务活动经费指按"小额、合理、必需"原则使用的业务活动经费。 (15) 税金指应由项目负担的房产税、车船使用税、土地使用税、印花税、增值税等。 (16) 劳保统筹费指按工资总额一定比例交纳的劳保统筹基金。 (17) 利息支出指项目在银行开户的存贷款利息收支净额。 (18) 其他财务费用指汇兑净损失、调剂外汇手续费、银行手续费

第二节 施工成本测算的概念及原则

　　施工成本测算是指利用科学合理的方法对工程各阶段工程成本所进行的预测和测算，主要包括直接费的测算及相关的现场管理费的测算，施工成本测算的主要对象是项目部。施工成本测算的统计工作由项目部完成，成本分析也是项目部自行完成初步分析，公司再组织财务等部门参与完成这个过程。项目部统计工料机的实际支出，与预算对比，再分析成本节约或者超支的原因。

一、 施工成本测算重点

　　施工成本测算的重点是：预测成本（标前成本）、目标成本（标后成本）、实际成本（竣工成本）。

工程项目成本管理是消化市场压价让利因素，实现企业创效创牌的重要手段，是控制消耗、降低成本、提高企业市场竞争力的有效途径。工程项目成本管理是一项贯穿于施工组织与管理全过程的系统工程。

所以，我们有必要利用一种全新的方法来进行工程造价的测定与编制，而成本测算，则可以有以下几个意义：

（1）通过成本测算了解工程的成本底线，为企业经营决策、招标投标提供强有力的决策参考。

（2）通过成本测算，对工程进行了工作分解，在测算过程的合理划分工作内容和确定工作目标，为工程施工过程中的投资控制及施工成本控制提供了计划及核算依据。有利于提高施工单位的成本管理水平，也有利于业主提高其投资控制的透明度。

二、 成本测算的依据与流程

1. 成本测算依据

在成本测算之前必须要准备以下成本测算的依据资料：

（1）成本测算数据库。成本测算必须有体现本企业或本项目部管理水平的基础数据，否则没有基础数据，成本测算无从谈起。这些数据最好对每个建筑物单独测算，因为建筑具有单一性，单位成本要素完全相同的两幢建筑少之又少；但对每个建筑或每个公司、项目部的成本基础数据，一建筑一测算的工作量较大，不具备普遍意义。通常可由公司组织定期做一次测算，形成测算资料印发全公司，作为一定时期内成本测算的依据。

基础资料齐全，做成本测算很容易，否则仅凭经验难度很大。当不具备由公司投资统一进行测算形成基础资料的情况下，作为有心的工程造价人员、工程管理人员要做好成本测算，就需要积累、建立个人数据库，作为成本测算的依据。

成本数据库一般包括：

1）清包工价格信息库。

2）普通材料采购价格信息库。

3）周转材料租赁价格信息库。

4）机械租赁价格信息库。

5）专业分包价格数据库。

6）临时设施单价库。

7）管理费数据库。

8）其他成本项数据库。

（2）工程招标图纸及工程施工图纸。设计图纸的作用主要是计算工程工作内容及其工程量的依据，在一些专项测算方案中，还必须要结合图纸才能进行准确合理的测算。

（3）施工组织设计、进度计划、工料机计划。施工组织设计是整个工程施工过程中的技术性指导纲领文件，通过施工组织设计，可以反映出工程施工的技术方案、组织形式及相关的工艺特点、质量要求。

进度计划是对工程施工进度的一个书面安排文件，通过对进度计划的阅读，可以反

映出工程工期及各个时间段内的施工内容及其持续时间，这对现场管理费及机械费的测算比较重要。

工料机计划是对工程施工过程中的资源调配方案，是结合进度及施工组织方案而编制的人工、材料、机械需求及配置文件。工料机计划主要包括劳动力需求曲线表、材料（周转材料）的需求预测、机械的总体配备及进出场计划。

（4）招投标文件。招标文件是工程业主方为选择施工单位而发布的要约邀请文件，招标文件主要包括招标的工程名称及其合同内容，并附有相关的拟签订工程合同主要条款，在清单招投标中，还应附有工程量清单等文件（或工程预算书）。

投标文件是施工单位对工程业主招标行为做出响应的要约文件。投标文件主要包括技术标及商务标两个部分：①技术标是施工单位针对招标工程而编制的施工组织设计、进度计划、工料机计划等技术范围内的内容。②商务标主要包括工程报价文件及其明细，如果是定额计价模式的招投标行为，则主要是工程预算书；在清单计价模式的招投标行为中，则主要是经过施工单位复核的工程量清单报价书。

招投标文件是成本测算的重要依据之一，通过阅读该文件，可以了解到工程内容及其响应的工程量。

合同主要是指工程施工合同及与本工程相关的已签或拟签订的分包合同等所有合同。通过合同明确工程的相关价格和结算规定。

人工、材料消耗指标主要是指在本企业所代表的管理水平条件下，完成单位工作量所需要的人工、材料消耗量，这一类指标往往是需要企业具有自己的施工定额（即企业定额）来提供。但是根据调查显示，目前只有很少的施工企业有自己的企业定额。尽管如此，我们认为在没有企业定额的情况下做成本测算也是可以实现的。

2. 成本测算的流程

（1）收集与工程相关的资料和测算依据。收集与工程相关的资料和测算依据的主要内容就是测算的编制依据和当地的一些材料价格及一些材料的消耗量指标。

（2）工作分解。工作分解是指在通过阅读图纸之后，对工程实体的工作内容进行分解，也就是工作分解结构（work breakdown system，WBS）。工作分解的目的在于将工程实体的工作内容分解后进行分类计算其成本，工作分解的合理与否关系到整个成本测算工作的过程是否简洁明了。

工作分解是成本测算的一个重要步骤，也是关键步骤，如何分解整个工程造价，并以科学合理的模式将成本表达出来，需要一个良好的切合实际的工作分解模式。目前造价行业中广泛运用的政府定额的工作分解模式虽有其合理的一面，但在工程实际施工过程中，却很难将政府定额的工作分解模式和实际成本发生模式相对应起来。

工作分解是一项立体解剖的工作。纵向上，按不同的费用类型进行分解；横向上，按不同的工程部位或工作内容进行分解。横向上的分解，按政府定额的模式进行是完全可以的；纵向上的分解，在进行成本测算时，就不适合按政府定额的模式进行划分。比如机械费的计算，在政府定额中，机械费是分摊在每个子项的定额单价中的，按台班数量及台班价格来进行计算；而在实际工程管理中，机械费的发生模式并不是以每个定额子项为单位发生的，而是以整个建设项目的配置来发生的。如果非要将整个建设项目的

机械配置及费用分摊到各个定额子项中去,不仅不切合实际,而且结果也无法保证准确。所以,在本书的成本测算中,机械费是以一个单项的总费用列入总成本的。我们认为,这样的分解模式才是比较合理的。

由于成本测算是成本管理中的一个环节,也是一个难点工作,成本测算报告将是成本控制活动中的一项重要的指标文件。科学有效地测算报告必须是结合工程实际的,这样才能更好地应用于成本控制环节中并起到积极的促进作用。

关于工作分解的方法与格式,我们在本书后文做详细介绍。

(3)分析工程招投标文件(当成本测算为投标报价服务时)。从招投标文件中可以明确工程的合同工作内容,在工程实体中哪些是属于工程承包范围内的?业主方是否指定材料品牌?是否指定分包商?是否有甲供材料等?在分析完招投标文件后可以填写表1-2-1,以使工程成本测算更加具有条理性。

【实例1-2-1】 招投标文件分析表:

表1-2-1 某工程招投标文件分析表

情况	涉及金额(元)	其他	备注
铝合金门窗指定分包	2000000		
钢筋甲供	50000000		
水泥甲供	2100000		
诺贝尔瓷砖甲供	500000		

(4)分析工程合同。工程合同不仅仅是指施工单位和建设单位双方签订的工程合同,还包括工程方已签订的分包合同或已经达成分包意向的潜在合同。通过分析合同,可以收集到关于工程的承包范围及结算价格等基础数据。

(5)根据图纸计算或复核工程量。无论是招标还是投标,无论是清单计价模式还是定额计价模式,图纸工程量都是需要计算或复核的,尤其是在成本测算过程中,对工程的成本进行精确测算就必须要有准确的工程量为基础,所以在工程量方面务必求准求细。对投标图、施工蓝图等依据齐全的工程的工程量,可进行锁定;由于工程图纸不明之处可暂时设定数值,待正式明确后相应调整,且在编制说明中加以注明。

(6)成本测算。成本测算可以按人工费、材料费、机械费、临时设施费、管理费、其他成本项分别进行测算,再汇总成本。

三、成本测算的原则与特点

1. 成本测算的原则

在成本测算中应把握以下原则:

(1)分清施工类型原则。成本测算要区分自行施工(点工)、分包施工(清包工)、专业分包等;对自行完成的消耗量应体现、对分包的项目仅体现工程量。

(2)费用体现完整原则。成本测算费用要包含直接费、措施费(含临设费)、管理费、其他必要的成本项等。

(3)依据一定标准原则。项目成本测算应能便于项目部相关人员将局部控制和总体

控制统一起来。

（4）市场导向原则。所有成本测算的结果都需要经过市场的验证。所谓市场验证，也就是将成本测算的结果放到市场环境中，看能否被市场各方所接受。

（5）粗细得当原则。成本测算项目的划分要该粗则粗、该细则细，粗细划分得当。成本测算项目的划分要与施工实际相结合，以方便测算为目的。

（6）抓大放小原则。成本测算对关键项重点测算，对次要、小项适当简化，要善抓矛盾，抓大放小。

（7）最不利原则。成本测算对成本要素考虑要周全，按最不利的原则测算成本，以达到"宽备窄用"的目的。

（8）技术与经济相统一原则。做成本测算必须要充分考虑到工程技术方面的影响，不同的技术方案或组织调配会给成本带来两种不同的结果。所以，在进行所有工程经济方面的工作时，都必须结合工程技术来进行。

2. 成本测算的特点

（1）建筑工程成本价与现行预算定额在人工、材料、机械含量上存在差异。一般认为，定额工日单价制定的依据是所在地区的工资结构水平并结合劳动力市场的情况由政府管理部门制定。部分施工单位在投标说明中依靠一些片面的依据，简单地认为企业定额单价比定额工日单价低，甚至下浮 20％作为企业成本价是不合理的。

从统计数据上看，人工由企业自主定价主要体现在定额工日数含量上（即社会平均水平与企业个别水平的差异），而其中能够通过管理水平、技术手段、提高机械化程度得到明显效益的分部分项工程是显而易见的，如主体工程（钢筋、模板、混凝土）、砌体工程、门窗工程、防水工程、油漆饰面工程等处；而装饰分部分项工程的价格形成是有限的，部分施工企业甚至是必亏项（结构几何尺寸偏差引起材料消耗量的亏损）。统计数据结合市场价格分析发现，建设工程人工费的下浮幅度界限为 10％～15％。

企业成本价与定额水平的最大差异在材料上，而其根源在材料单价。定额材料消耗量是建立在企业一定的管理水平基础上，故可浮动余地不大。

关于材料单价，多数施工企业实际采购价相对信息价而言下浮幅度大多数在 15％～30％。对大宗材料（如商品混凝土、钢筋、模板、砂、石、水泥等），如材料采购付款条件好，则还有 2％～4％的下浮空间；对于周转材料，如模板、木枋、钢管等施工企业可以通过降低损耗率和合理提高周转次数方面挖掘潜力（利用未曾翘曲、变形、起皮的旧模板经过刨边等处理后作为新建工程的梁、小型零星构件的模板，可大幅度减少材料损耗率；而模板、木枋、钢管等周转次数可以通过采购合同及加强、改善管理方式得到变相增加）。

从数据测算来看，企业机械费的成本和定额机械含量水平相差不大，而从某种程度上看，提高施工企业的机械化程度、机械使用率是降低人工消耗的方法之一，故此部分费用成本可考虑不予下浮。

关于管理费用，从数个工程的实体性消耗来看，工程项目实行项目成本管理后，管理费用的下浮幅度为 8％～13％。此费用下浮主要体现为费用组成方面的潜力挖掘和施

工企业加强管理后达到的。

（2）建筑工程成本价与现行预算定额在费用、利润上存在差异。费用方面："垂直运输""脚手架""超高补贴"是下浮空间较大的项目。大型机械（如塔式起重机、施工电梯等）与实际使用成本是有较大差异的。从数据分析来看，下浮空间达到15%～25%。

利润方面：对于工程计价中的利润问题，考虑建筑业的发展水平和市场供求关系，由企业自主决定利润水平是发展市场经济向国际化发展的唯一出路。

【实例1-2-2】　曙光燃料有限公司建设2栋办公楼工程，甲单位标书报价中人工费、材料费、机械费、管理费为300万、550万、100万、50万元。乙单位标书报价合计为F，则工程成本界限值：

$E' = (0.85 \sim 0.9) \times 300 + (0.85 \sim 0.9) \times 550 + 100 + (0.87 \sim 0.92) \times 50 \approx 0.87 \times 300 + 0.87 \times 550 + 100 + 0.89 \times 50 = 884$（万元），此为简化计算，仅系数范围内取中值，则$E'/E = 884/1000 = 0.884$（简化计算）。

成本界限即按照预算造价下浮12%～13%，乙单位标书报价（F）时考虑此下浮比例。根据企业确定的利润水平，可确定工程实际报价。

分析：本实例建筑工程按前述目标界限值确定工程价格，由上可知，施工企业应在充分了解市场各种因素以及在对本企业施工能力、技术能力、管理能力的充分评估的基础上，利用对已建工程的各项统计数据综合评价企业的优势，根据工程特点，最后确定建设工程报价。

第三节　施工成本控制概念及原则

施工项目成本控制，是指项目经理部在项目成本形成的过程中，为控制人、机、材消耗和费用支出，降低工程成本，达到预期的项目成本目标，所进行的成本预测、计划、实施、核算、分析、考核、整理成本资料与编制成本报告等一系列活动。

一、　施工项目成本控制的意义和目的

施工项目的成本控制，通常是指在项目成本的形成过程中，对生产经营所消耗的人力资源、物质资源和费用开支，进行指导、监督、调节和限制，及时纠正将要发生和已经发生的偏差，把各项生产费用，控制在目标成本的范围之内，以保证成本目标的实现。

施工项目的成本目标，有企业下达或内部承包合同规定的，也有项目自行制定的，但这些成本目标，一般只有一个成本降低率或降低额，即使加以分解，也不过是相对明细的降本指标而已，难以具体落实，以致目标管理往往流于形式，无法发挥控制成本的作用。因此，项目经理部必须以成本目标为依据，联系施工项目的具体情况，制订明细而又具体的成本计划，使之成为"看得见、摸得着、能操作"的实施性文件。这种成本计划，应该包括每一个分部分项工程的资源消耗水平，以及每一项技术组织措施的具体内容和节约数量金额，既可以指导项目管理人员有效地进行成本控制，又可以作为企业

对项目成本检查考核的依据。

由于项目管理是一次性行为，项目管理的管理对象只有一个工程项目，且将随着项目建设的完成而结束其历史使命。在施工期间，项目成本能否降低，有无经济效益，得失在此一举，别无回旋余地，有很大的风险性。所以，为了确保项目成本必盈不亏，成本控制不仅必要，而且必须做好。

从上述观点来看，施工项目成本控制的目的，在于降低项目成本，提高经济效益，然而项目成本的降低，除了控制成本支出以外，还必须增加工程预算收入。因为，只有在增加收入的同时节约支出，才能提高施工项目成本的降低水平。

由此可见，增加工程预算收入也是施工项目降低成本的主要来源。为了便于说明问题，将在本章第二节中分别从节支、增收的角度论述施工项目成本的控制和降低成本的途径。

二、施工项目成本控制的原则

1. 开源与节流相结合的原则

前面已经说过，降低项目成本，需要一方面增加收入，另一方面节约支出，因此，在成本控制中，也应该坚持开源与节流相结合的原则。原则要求做到：每发生一笔金额较大的成本费用，都要查一查有无与其相对应的预算收入，是否支大于收，在经常性的分部分项工程成本核算和月度成本核算中，也要进行实际成本与预算收入的对比分析，以便从中探索成本节超的原因，纠正项目成本的不利偏差，提高项目成本的降低水平。

2. 全面控制原则

（1）项目成本的全员控制。项目成本是一项综合性很强的指标，涉及项目组织中各个部门、单位和班组的工作业绩，也与每个职工的切身利益有关。因此，项目成本的高低需要大家关心，施工项目成本管理（控制）也需要项目建设者群策群力，仅靠项目经理和专业成本管理人员及少数人的努力是无法收到预期效果的。项目成本的全员控制，并不是抽象的概念，而应该有一个系统的实质性内容，其中包括各部门、各单位的责任网络和班组经济核算等，防止成本控制人人有责又都人人不管。

（2）项目成本的全过程控制。施工项目成本的全过程控制，是指在工程项目确定以后，自施工准备开始，经过工程施工，到竣工交付使用后的保修期结束，其中每一项经济业务，都要纳入成本控制的轨道，也就是成本控制工作要随着每月施工进展的各个阶段连续进行，既不能疏漏，又不能时紧时松，使施工项目成本自始至终置于有效地控制之下。

3. 中间控制原则

中间控制原则又称动态控制原则，对于具有一次性特点的施工项目成本来说，应该特别强调项目成本的中间控制。因为施工准备阶段的成本控制，只是根据上级要求和施工组织设计的具体内容确定成本目标、编制成本计划、制订成本控制的方案，为今后的成本控制做好准备；而竣工阶段的成本控制，由于成本盈亏已经基本定局，即使发生了偏差，也已来不及纠正。因此，把成本控制的重心放在基础、结构、装饰等主要施工阶段上，则是十分必要的。

4. 目标管理原则

目标管理是贯彻执行计划的一种方法，把计划的方针、任务、目的和措施等逐一加以分解，提出进一步的具体要求，并分别落实到执行计划的部门、单位甚至个人。目标管理的内容包括：目标的设定和分解，目标的责任到位和执行，检查目标的执行结果，评价目标和修正目标，形成目标管理的 P（计划）D（实施）C（检查）A（处理）循环。

5. 节约原则

节约人力、物力、财力的消耗，是提高经济效益的核心，也是成本控制的一项最主要的基本原则。节约要从三方面入手：一是严格执行成本开支范围、费用开支标准和有关财务制度，对各项成本费用的支出进行限制和监督；二是提高施工项目的科学管理水平，优化施工方案，提高生产效率，节约人、财、物的消耗；三是采取预防成本失控的技术组织措施，制止可能发生的浪费。做到了以上三点，成本目标就能实现。

6. 例外管理原则

例外管理是西方国家现代管理常用的方法，起源于决策科学中的"例外"原则，目前则被更多地用于成本指标的日常控制。在工程项目建设过程的诸多活动中，有许多活动是例外的，如施工任务单和限额领料单的流转程序等，通常是通过制度来保证其顺利进行的，但也有一些不经常出现的问题，我们称之为"例外"问题。这些"例外"问题，往往是关键性问题，对成本目标的顺利完成影响很大，必须予以高度重视。例如，在成本管理中常见的成本盈亏异常现象，即盈余或亏损超过了正常的比例；本来是可以控制的成本，突然发生了失控现象；某些暂时的节约，但有可能对今后的成本带来隐患（如由于平时机械维修费的节约，可能会造成未来的停工修理和更大的经济损失）等，都应该视为"例外"问题，进行重点检查，深入分析，并采取相应的积极的措施加以纠正。

7. 责、权、利相结合的原则

要使成本控制真正发挥及时有效的作用，必须严格按照经济责任制的要求，贯彻责、权、利相结合的原则。

首先，在项目施工过程中，项目经理、工程技术人员、业务管理人员以及各单位和生产班组都负有一定的成本控制责任，从而形成整个项目的成本控制责任网络；其次，各部门、各单位、各班组在肩负成本控制责任的同时，还应享有成本控制的权力，即在规定的权力范围内可以决定某项费用能否开支、如何开支和开支多少，以行使对项目成本的实质性控制；最后，项目经理还要对各部门、各单位、各班组在成本控制中的业绩进行定期的检查和考评，并与工资分配紧密挂钩，实行有奖有罚。实践证明，只有责、权、利相结合的成本控制，才是名实相符的项目成本控制，才能收到预期的效果。

三、施工项目成本控制的程序

施工项目成本控制一般程序，如图 1-3-1 所示。

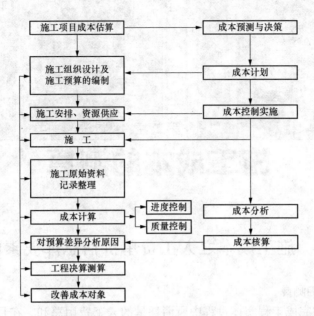

图 1-3-1　施工项目成本控制一般程序

建筑工程项目成本测算
控制与实例

第二章

施工成本的测算

第一节　施工成本之人工费单价信息库要素的测算

一、清包工单价的测算

人工费是指在完成工程实体过程中所消耗量的人工费用总和。在目前我国建筑市场上，劳务工人已逐步由计划经济时代固定工向市场经济时代以农民工为主的产业阶层模式，绝大多数的工程人工费是以劳务分包的形式支出的。

原建设部于2001、2005年相继颁布了《劳务分包企业资质》管理规定和《关于建立和完善劳务分包制度发展建筑劳务企业的意见》（建市〔2005〕131号）。随着建筑工程劳务分包制度的建立、完善，劳务分包市场的逐步健全和规范和劳务分包行为的规范化，国家也提倡由劳务公司来规范建筑市场，以规避农民工这个弱势群体在建筑市场中所面临的各种风险。一方面，传统造价理论教材中采用固定工的测算模式测算人工费，这是不合时宜的，所以，在测算人工费的过程中，我们认为按人工费的项目单价（清包价）来进行成本测算是符合建筑施工企业现行的人工组织调配形式的，而且以项目单价为测算对象来做人工费成本，也是符合市场供需现状的；另一方面，如果要细化到每一道工序，每一个分项子项所包含的人工费内容的话，就目前行业内的建筑企业来说几乎没有企业能够做到这一点，即使企业拥有自己的企业定额，但是人工费的价格波动很快，在同一年中，不同地区，不同时节价格都波动较大。人工费是整个造价中最不确定的因素，也是最为活跃的因素，所以对于最活跃的因素，也应该用市场化的手段来处理。当然，并不排除将人工费的消耗细化到分项、工序中去，但是这种手段仅局限于部分子项的测算或核算中，而不适合大面积使用。

1. 目前人工费的形式

目前国内建筑企业组织人员施工的形式主要有以下几种：

（1）包工不包料（简称清包工）。劳务分包是指由项目部与具备劳务分包资质的单位（当然，目前也存在着与分包包工头签订协议的情况）就工程施工过程中所需劳力达成的协议，可称之为"包清工"或"清包工"。

所谓清包，是指分包队伍只包人工，不包材料机具和技术管理。清包方式的优点很多，主要体现在以下几个方面：①工程所需材料、机械设备、三大工具统一由建筑公司

供应，有利于充分利用建筑公司的各种资源，减少自有设备等资源的闲置；②有利于建筑公司统一制的施工方案和施工组织设计的实施，采用清包方式，施工现场的技术、质量、安全、文明施工、工期管理、施工调度和材料供应等均由建筑公司负责，管理的深度和细度均需加强，给现场管理人员提供了锻炼和施展才华的机会，有利于人才的培养和锻炼。清包方式的缺点是：一旦管理不到位，造成材料浪费大；当材料、机具等供应不及时的时候，会造成窝工现象；施工队伍紧缺时，高素质的队伍难以留住。对于施工企业来说，工程的利润主要是来自工程成本中材料费和机械费，工程成本的直接费中，目前人工费的利润较低，要赢利只能从工程成本中的材料费和机械费上来获取。从利润的获取方法来看，如果自己施工对于施工企业来说应该是最能赢利的，但这种方式已不太适应目前形式。专业清包队伍在管理模式上以及人工费、管理费的控制上比建筑公司更合理、更有利，而清包方的成本意识、吃苦耐劳、敬业精神以及管理人员较高的综合素质等方面都是建筑公司所欠缺的，特别是目前建筑企业普遍缺少合格的一线管理人员的情况下更是如此。

劳务分包的合同可以按工种不同分别签订合同，也可以按工程分部（如主体、基础分部）签订合同，其合同价格一般以工程的建筑面积来确定的，通常是多少钱每平方米，这个合同价格称之为项目单价。目前常见的清包方式中又有三种取费形式：

1）劳务小包（分项单价），如某分项劳务费多少钱一平方米，多少钱一立方米等。劳动小包即将一个项目或一个单位工程，按分项（工种）或按楼层（段）的劳务作业分包给一个或几个承包人。以劳动小包方式进行劳务分包，总承包单位各方面的管理工作相对多一些，但是总承包单位可以进行更多的分包队伍比较、选择，从而得到更有利的价格与质量。这种劳务分包方式普遍采用，不管是在劳务分包制度的建立前还是制度推广以后。目前，劳务市场上存在的劳务小包的工种或分部分项工程有：模板作业分包、钢筋作业分包、混凝土作业分包（包土方）、砌筑作业分包、装修作业分包（瓦工、抹灰、贴砖等）、电气安装作业分包、给排水消防安装作业分包等，其相应的工程劳务计价方式有工程施工总承包合同价中相应工种的人工费部分或全部包干、以工种单价乘以相应工种的工程量计算等。

2）劳务大包（每平方米费用大包干）。劳务大包方式即从基础开挖到工程竣工的全部施工内容，按建筑面积实行费用包干，这种形式主要用于砖混多层住宅工程的分包。劳务大包方式将一个项目或一个单位工程的结构施工、装修施工及安装工程施工的劳务作业分包给一个承包人或两个承包人，或者将结构施工、装修施工及安装工程分别分包给一个承包人。采用劳务大包方式进行劳务分包，总承包单位的人员、技术、安全等方面的现场管理相对简单。目前，部分建筑总承包企业拥有的固定作业工人较多，这种分包方式也较少采用。劳务大包方式相应的工程劳务计价方式有工程施工总承包合同价中的人工费部分或全部包干、以建筑面积乘以相应工作内容的每平方米包干价计算等。

3）包定额人工费加取费分成。这种形式主要用于素质较高的一类队伍。

（2）包工包料方式。包工包料方式一般用于远离基地、机具设备运输有困难的工程；为了开拓市场，使用当地队伍，或任务总量多、管理人员和机具设备较少时，采用这种包工包料方式比较好。包工包料方式的缺点：因材料、机械都是分包提供，因此利

润大部分都流进了分包的腰包里,作为总包只收取几个点的管理费。包工包料方式的优点:因建筑市场运作的不规范,现在大部分工程需要垫资,垫资必然会带来风险,建筑企业必须将垫资的风险降到最低程度,解决的办法就是将垫资风险转移出去,建筑企业可以寻找合作方,即现在的大分包来转移垫资的风险和压力,这就出现了包工包料大分包的管理模式。对于包工包料大分包的管理模式,成本投入降低了,如果项目管理人员素质高一些,总包项目经理部只要从进度、质量、安全方面进行粗放式的管理就足够了,其他的管理人员可以让分包提供,借助分包的管理力量来进行有效管理。采用包工包料大分包的管理模式需要注意的是在分包队伍的选择上一定要高标准、严要求,分包队伍素质跟不上必然会给建筑企业带来"砸牌子"的风险。

(3)专业分包。如锅炉安装、电梯安装等带有很强专业性的分项工程,或为抢工期个别分项工程(如抹灰、油漆涂料、屋面、门窗等)来不及施工时,由总包管理,采用专业分包比较好。

(4)自行组织劳动力施工方式(直接雇佣工人、点工)。自行组织劳动力施工方式即建筑公司直接雇佣作业工人,由施工总承包企业的管理人员直接管理工人作业。工程劳务计价方式有以工种单价乘以相应工种的工程量计算、按不同工种的工日单价乘以工作日计算或月固定工资等。实际上,自行组织劳动力施工方式不属于工程劳务分包。在施工管理中,有极少数的工程会采用自行组织劳动力,以点工的形式来进行人工管理,就这种模式的好坏在这里暂时不加以讨论,暂且认为其"存在就是合理"罢了。自行组织劳动力施工方式模式的测算无疑是相当有难度的,测算的过程及时间都相对较长,适合于有企业定额的企业或项目部。

除了整个工程的劳动力都是以自行组织调配的情形外,即使是以项目单价为承包方式的项目在人工管理过程中也会产生一些点工,也就是通常所说的额外用工,这种情况在实际工作当中是很常见的。对于这部分点工的测算,可以在测算中按经验系数来进行估算,也可以按自行组织劳动力的工作内容进行单独的人工工日消耗量进行测算。但是这需要测算人员具备丰富的一线管理经验,对额外产生或可能额外产生的工作内容有较强的预见性,且对实体消耗量的工作量产生的人工费也有较丰富的经验。对于这部分的人工费测算,可以按经验或已完工程的历史数据给予一定比例或以项目单价的形式列入测算结果中,毕竟这部分的总价在整个工程中所占的比例是很小的,此举也符合成本测算过程中"抓大放小"的原则;单独的测算分析仅供测算精确度要求较高且有相应能力的工程人员参考。

在建筑工程劳务分包制度逐步推广后,劳务市场上总承包商(或专业承包商)大多数采用劳务小包的方式进行劳务分包。工程劳务计价较多采用以工种单价乘以相应工种的工程量计算,在一些工作量少或难于统计计算、技术复杂的工种方面有时辅以工种工日单价乘以工作日计算。

2. 选择分包队伍

建筑企业选择分包队伍主要考虑以下几个方面:

(1)根据工程特点选用施工队伍。一般,南方的施工队伍擅长钢筋混凝土框架结构的施工,组织较严密,管理水平和技术水平较高,不受夏收秋种农忙的影响,适合于承

担工程量大、技术复杂、工期要求紧的大型钢筋混凝土结构的工程。这类队伍素质好，工种配套，施工能力强，现场管理水平高；河南、河北的施工队伍擅长砌筑、抹灰工程，砌筑清水墙是这类队伍的绝活，但这类队伍组织管理能力较低，在夏秋两季的施工黄金季节，他们一般要有 50% 以上的人员返乡抢收抢种，常常耽误一个半月左右的施工时间，不过这类队伍价格较低。

（2）选择成建制的施工队伍。目前社会上各种施工队伍很多，也很杂乱，选择起来有一定难度。在选择时要本着以下原则：

1）工种齐全。随着建筑市场的发展，工程体量和建筑结构向高、大、难的方向发展，施工组织难度增大，要求施工队伍在工种配备上必须齐全。

2）班子成建制。无论采用何种方式进行分包，都必须按照项目法的要求来选择分包队伍，要求作业层技术管理人员配备齐全，能有效地贯彻项目管理层的施工组织和管理意图。

3）具备当地审批的合法施工手续。

二、清包工价格信息库的建立

目前，采用分项人工单价清包方式是建筑市场上的主流劳务方式，本节我们重点介绍此种方式。

1. 清包工价格信息库

目前，许多建筑公司已充分注意到了成本测算的重要作用，一些建筑公司都组织专门人员对工程（劳务）分包价，也就是我们常说的清包工价格或包清工价进行测算。

清包项目单价是一个综合性很强的经济指标，影响项目单价的因素也比较多，而目前建筑市场中的施工管理对项目单价往往是采用经验估算、市场询价两种方式来进行确定的，很少的项目单价是经过了详细的成本测算后再确定合同价格的。鉴于造价人员在施工管理经验方面比较欠缺，所以，造价人员在进行项目单价测算时不具备丰富的施工管理经验数据情况下，选择询价，而市场询价的方式有比较大的缺陷。人工费的项目单价作为成本测算的重点之一，进行详细的分析计算，对各种影响人工费的因素再结合工程实体特征分析出该工程与其他工程的差异，并建立一定的数学模型，对这些差异进行量化分析，最后得到相对准确的人工费项目单价，而且这个价格也可以用作为成本控制、合同管理方面工作的参考数据，具有较强的实用性。

在施工过程中，发生的项目单价主要为泥工、木工、钢筋工、架子工、粉刷工、水电安装及一些零星的清包价格（如：室内瓷砖、涂料工、油漆工）。当然，由于施工管理模式或当地市场习惯的不同，各工种的项目单价结算方式或合同内容有可能不尽相同，但是我们认为形式上的差别不会给最终的结果带来差异，毕竟成本测算的对象是工程实体的成本消耗额度。在本书中，将项目单价的类型和结算方式做了以下统一规定，如果与所在地区或企业有不同的地方，读者可以自行调整对本书中的模板做一些修改。

总之，项目单价的分类应该以施工管理及市场惯例来进行分类，原则上是以一份分包合同为一个单独的测算对象，当进行工程尚未开工的标前测算及开工前的测算时，就应该以拟劳务分包或市场惯例办法来进行分类。

【实例 2-1-1】 某建筑公司经测算并下发的清包单价表见表 2-1-1。

表 2-1-1　　　　　　　　工程（劳务）分包信息表（建筑部分）

序号	工程项目			单位	单价（元）
		1. 土石方工程			
1	人工挖土方（2m 以内）	人工挖土、场内倒运、弃土、地下障碍物挖除	实际挖方的天然密实体积	m³	29
2	人工挖桩间土	桩间土挖出，倒运、弃土	实际挖方的天然密实体积	m³	33
3	机械挖土方（运距1km 内）	机械挖土及人工配合挖土、运输、倒运、弃土、地下障碍物挖除，含机械进出场费	实际挖方的天然密实体积	m³	9.5
4	每增运 1km	机械挖土及人工配合挖土、运输、倒运、弃土、地下障碍物挖除，含机械进出场费	实际挖方的天然密实体积	m³	1.15
5	室外回填土	场内取土、回填压实	实际填方的压实体积	m³	12.5
		2. 混凝土及钢筋混凝土工程			
6	±0 以下钢筋制作安装	包工、包辅料、包加工机械，包含：钢筋及预埋件加工、运输（现场倒运）、绑扎、安装等	实际绑扎安装的钢筋长度乘以理论质量	t	680
7	±0 以上钢筋制作安装（住宅高层）			t	750
8	±0 以上钢筋制作安装（公共高层）			t	740
9	±0 以下商品混凝土浇筑（地泵）	包工、包辅料、包小型机械，包含：浇筑平台搭拆、泵管与布料机的安拆、转运、维护、混凝土振捣、养护	图示体积（不扣除钢筋）	m³	24
10	±0 以上商品混凝土浇筑（地泵）		图示体积（不扣除钢筋）	m³	29
11	商品混凝土浇筑（汽车泵）	包工、包辅料、包小型机械，包含：混凝土振捣、养护	图示体积（不扣除钢筋）	m³	20
		3. 砌筑工程			
12	砖基础砌筑	包工、包辅料、包小型机械，包含：砌筑材料倒运、砂浆的拌和、运输，墙体砌筑等	实际砌筑体积	m³	155
13	砖墙砌筑		实际砌筑体积	m³	165
14	多孔砖、空心砖砌筑		实际砌筑体积	m³	165
15	空心砌块墙砌筑		实际砌筑体积	m³	165
16	轻质砌块墙砌筑		实际砌筑体积	m³	165
		4. 楼地面装饰工程			
17	地面混凝土垫层	包工包辅料、包小型机具，包含：基层清理、混凝土搅拌、捣固、抹面养护等	图示面积	m²	11.5
18	地面水泥砂浆找平	包工包辅料、包小型机具，包含：基层清理、砂浆调制、抹面等	图示面积	m²	11.5

续表

序号	工程项目			单位	单价（元）
19	地面细石混凝土找平	包工包辅料、包小型机具，包含：基层清理、混凝土搅拌、捣固、抹面养护等	图示面积	m²	11.5
20	楼面水泥砂浆找平	包工包辅料、包小型机具，包含：基层清理、砂浆调制、抹面等	图示面积	m²	11.5
21	水泥砂浆楼地面	包工包辅料、包小型机具，包含：基层清理、砂浆调制、抹面等	图示面积	m²	12.5
22	水泥砂浆楼梯面	包工包辅料、包小型机具，包含：基层清理、砂浆调制、抹底面及楼梯面等	水平投影面积	m²	39
23	楼地面铺地砖	包工包辅料、包小型机具，包含：基层清理、砂浆调制、刷素水泥浆、砂浆找平、结合层及块料面层铺设、擦缝、净面等	实际铺贴面积	m²	34
24	卫生间地砖	包工包辅料、包小型机具，包含：基层清理、砂浆调制、刷素水泥浆、砂浆找平、结合层及块料面层铺设、擦缝、净面等	实际铺贴面积	m²	34
25	楼地面铺石材	包工包辅料、包小型机具，包含：基层清理、砂浆调制、刷素水泥浆、砂浆找平、结合层及块料面层铺设、擦缝、打蜡、净面等	实际铺贴面积	m²	34
26	楼梯面块料面层	包工包辅料、包小型机具，包含：基层清理、砂浆调制、刷素水泥浆、砂浆找平、底面抹灰、结合层及块料面层铺设、擦缝、净面等	水平投影面积	m²	53
27	水泥砂浆踢脚线	包工包辅料、包小型机具，包含：基层清理、砂浆调制、抹面等	实际长度	m	8
28	地砖踢脚线	包工包辅料、包小型机具，包含：基层清理、砂浆调制、刷素水泥浆、砂浆找平、结合层及块料面层铺设、擦缝、净面等	实际长度	m	6
	5. 墙柱面装饰				
29	内墙柱面砂浆找平	包工包辅料、包小型机具，包含：基层清理、砂浆调运、抹灰找平、搭架子等	实际抹灰面积（门窗洞口侧壁及顶面不增加）	m²	12.5
30	天棚面修补找平	包工包辅料、包小型机具，包含：基层清理、砂浆调运、抹灰找平、罩面、搭架子等	天棚图示面积	m²	6
31	内墙柱面抹灰	包工包辅料、包小型机具，包含：基层清理、砂浆调运、抹灰找平、罩面及压光、搭架子等	实际抹灰面积（门窗洞口侧壁及顶面不增加）	m²	14.5

续表

序号	工程项目			单位	单价（元）
32	外墙面抹灰	包工包辅料、包小型机具，清理修补基层表面、堵墙眼、调运砂浆；抹灰找平、罩面及压光、清理等，不含架子	实际抹灰面积（门窗洞口侧壁及顶面不增加）	m²	26
33	内墙面刷乳胶漆	包工包料，满刮腻子一遍、涂料两遍，包含：基层清理、满刮腻子、刷乳胶漆、清理、搭架子等	实际涂刷面积	m²	13.5
34	柱面刷乳胶漆		实际涂刷面积	m²	13.5
35	外墙面刷涂料	包工不包料，包含：基层清理、满刮腻子、刷乳胶漆、清理等，不含架子	实际涂刷面积	m²	22
36	天棚面刷乳胶漆（满刮腻子一遍、两边涂料成活）	包工包料，包含：基层清理、满刮腻子、刷乳胶漆、清理、搭架子等	实际涂刷面积	m²	12
37	内墙贴面砖	包工包辅料、包小型机具，包含：基层清理、砂浆调制、刷素水泥浆、砂浆找平、铺结合层及块料面层、擦缝、净面等	实际铺贴面积	m²	36
38	梁柱面贴面砖	包工包辅料、包小型机具，包含：基层清理、砂浆调制、刷素水泥浆、砂浆找平、铺结合层及块料面层、擦缝、净面等	实际铺贴面积	m²	36
39	外墙贴面砖	包工包辅料、包小型机具，包含：基层清理、砂浆调制、刷素水泥浆、砂浆找平、铺结合层及块料面层、擦缝、净面等	实际铺贴面积	m²	38
		6. 外墙保温工程			
40	外墙聚苯板 EPS 保温	包含基层墙体处理、黏接聚苯板、钻孔及安装固定件、玻纤维网格布铺贴、聚合物砂浆保温层铺设。含除聚苯板及聚合物砂浆外的人工、辅材、辅机的含税综合单价	按实际铺贴面积计算	m²	30
41	外墙挤塑聚苯板 XPS 保温	包含基层墙体处理、黏接聚苯板、钻孔及安装固定件、玻璃纤维网格布铺贴、聚合物砂浆保温层铺设。含除挤塑聚苯板及聚合物砂浆外的人工、辅材、辅机的含税综合单价	按实际铺贴面积计算	m²	30
42	外墙改性聚苯板保温	包含基层墙体处理、黏接聚苯板、钻孔及安装固定件、玻纤维网格布铺贴、聚合物砂浆保温层铺设。含除改性挤塑聚苯板及聚合物砂浆外的人工、辅材、辅机的含税综合单价	按实际铺贴面积计算	m²	30

续表

序号	工程项目		单位	单价（元）
43	外墙岩棉保温	基础处理、基层界面处理、铺设岩棉板、螺栓锚固、砂浆找平、铺网格布、铺设抗裂砂浆。含除岩棉、抗裂砂浆外的人工、辅材、辅机的含税综合单价	按实际铺贴面积计算	m²	40
44	外墙半硬质岩棉板	基础处理、基层界面处理、铺设岩棉板、螺栓锚固、砂浆找平、铺网格布、铺设抗裂砂浆。含除岩棉、抗裂砂浆外的人工、辅材、辅机的含税综合单价	按实际铺贴面积计算	m²	40
45	外墙胶粉 EPS 颗粒保温砂浆	包含基层处理、界面处理、保温砂浆调制、保温砂浆施工，多纤维网格布粘贴、镀锌钢丝网安装、抗裂防渗砂浆面层施工。聚苯板的铺设。含除颗粒保温砂浆及黏接砂浆外的人工、辅材、辅机的含税综合单价	按实际铺贴面积计算	m²	40
	7. 模板工程				
46	模板单项清包（4.5m 以内层高）	包工、包辅料、包小型机械，包含：模板及支架、垫片的制作、安拆、转运、清理、维修；以及铁丝、钉子、脱模剂、填缝双面胶等辅材；木工加工机械、设备、工具等	模板与混凝土实际接触面积	m²	29
	8. 脚手架工程				
47	双排落地钢管外脚手架（包工不包料）	包工、包辅材和小型机具，包含：脚手架搭拆、防护网挂设（含立网、水平网）、防护板、卸料平台及材料场内运输及码放等，不包括安全网、型钢、钢管扣件的材料费和租赁费及垂直运输机械	实际搭设的垂直投影面积	m²	16
48	双排悬挑钢管外脚手架（包工不包料）		实际搭设的垂直投影面积	m²	21
	9. 安装工程				
49	给排水	包工、包辅料、包小型机械，包含：系统用防水、穿（楼板）墙套管的预留、预埋、试压、防腐保温、冲洗、调试等	按定额计算的人工费用为基数	元	80
			按定额计算的辅材费用为基数	元	80
			按定额计算的辅机费用为基数	元	70
50	电气	包工、包辅料、包小型机械，包含：管路及套管预留、预埋穿线，灯具、插座、开关、配电箱、电能表箱安装，电缆桥架安装，线缆敷设，配电设备安装及调试等	按定额计算的人工费用为基数	元	80
			按定额计算的辅材费用为基数	元	70
			按定额计算的辅机费用为基数	元	60

续表

序号	工程项目		单位	单价（元）
51	通风空调	包工、包辅料、包小型机械，包含：通风管道、各种风机、诱导器、风口、调节阀、排风扇、防火阀、排烟阀、消声器、刷漆、保温等全部与通风空调系统相关的材料和设备安装、调试、验收等		
		按定额计算的人工费用为基数 元 80		
		按定额计算的辅材费用为基数 元 80		
		按定额计算的辅机费用为基数 元 70		

由于各个工程千姿百态，不可能完全有可比性，对清包价，特别是工程量较大分项的清包价，宜每个具体工程进行一次测算。但考虑到这样做工作量太大，许多建筑公司往往采用表 2-1-1 的方式，对典型工程进行集中测算，测算出常见分项的清包价，供成本测算时使用（类似做预算时套用定额基价）。

2. 影响人工费的因素

作为施工企业也好，建设单位也好，或工程各方来说，其所针对的工作对象都是一项一建筑物，而建设工程有个特点就是单一性，也就是唯一性。建设工程的唯一性也就造成了工程造价的单一性，人工费的成本是属于工程造价的一部分，所以人工费的构成在每个工程当中都不可能一样。这里所说的构成不只是人工费在工程中所占的比例，还指在同一种分项工程中的单价和消耗量也不尽相同的。

正是基于以上原因，在进行人工费测算的时候就必须分析各种影响人工费的因素，只有找出这些因素，在对人工费测算时就能够把握住各个工程的差异性，进行量化分析后，就能得出"最令人满意"的结果。

目前影响人工费的因素概括来讲主要有以下几个方面：

（1）**工程设计概况**。大家都知道，每个单体建筑都是有其唯一的一套图纸，所以每个工程的设计概况也是唯一的，设计的概况对造价的影响也是比较大的。先看一个例子：

曙光燃料有限公司建设 2 栋办公楼，均为 7 层，采用框架结构形式，分为 1 号楼和 2 号楼，无地下室。竣工结束后人工费的核算情况见表 2-1-2。

表 2-1-2   竣工后人工费核算表

人工费	1 号楼（元）	2 号楼（元）	备注
主体阶段	287	300	
装饰阶段	110	119	

工程的设计概况对人工费的影响深入分析后主要有这几个方面：

1）结构形式：面向不同的结构形式，工人的工作对象是有很大区别的，如砖混结构中，泥工的作业对象主要是砖砌体工程，而混凝土工程的比例相应降低，工作在施工现场的读者应比较清楚，在砖混结构的施工进度计划中也可以看出，砖混结构的砖砌体工程的持续时间也比较长；在框架结构中，泥工班更多的作业时间用在了混凝土的浇筑

工作中，类似的情况在木工作业、钢筋工作业中都比较多。在后面的测算过程中会对这些影响的因素进行量化实例分析。

2）建筑高度：建筑高度高，人工降效不可避免。比如在一幢33层的高层办公楼中，工人的作业材料需要从地面垂直运输到最高33层的位置。出于垂直运输的安全考虑，工人在装卸料的过程肯定要比低层的装卸料过程所消耗的时间长。同样出于安全考虑，其一次运输量也较小，再加上垂直运输的时间也更多。所以，建筑高度对人工费的影响是比较直观的，但是需要大家去细心观察和统计，对其分析后的数据可以作为相关测算的依据。

3）结构特征：工程的结构特征比较多，所以其对人工费的影响也比较多，而且比较细。比如说结构中所采用到的异形构件，无疑给木工工人、钢筋工人带来了作业难度，随之而来的作业消耗也增加。如果整个工程的构件相同尺寸的较少，都是比较单一的，那么无疑给木工、钢筋工作业带来更多的作业内容，受此影响，无论是人工费的项目单价还是分项的人工消耗都要增加。这种情况在别墅及展览馆等建筑中比较常见，故其人工费都要相应提高。结构特征对人工费的影响还有很多，这里仅提出几种情况，旨在告诉大家这方面的因素不容忽视也不应该是一带而过，应该具体问题具体分析，而且是详细分析。

4）平面布置：建筑物内部的平面布置、空间分隔与其建筑功能是分不开的。住宅分隔较密；厂房为了适应其生产需求，往往分隔较少；教室分隔比较有规律、一般较大；宿舍楼由于其功能要求，分隔较多。这些平面布置对人工费的项目单价影响很大，而如果施工企业是自行组织劳动力施工的话，此方面的因素倒不必过多考虑，因为因平面布置产生的工作内容增加已经包含在各个子项中了。

5）其他方面：影响人工费的设计方面的因素还有很多，比如建筑物的造型、外立面形象等一系列的因素都会对人工费产生影响。

（2）施工组织设计、施工进度计划、工料机计划。成本测算是属于工程经济方面的内容，但如果我们在进行成本测算时仅仅从经济上考虑是不合适的。"技术与经济相统一"是工程上一条不变的原则，由于不同的技术方案或组织调配会给成本带来两种不同的结果，做成本测算必须要充分考虑到工程技术方面的影响，所以，在进行所有工程经济方面的工作时，都必须结合工程技术来进行。

施工组织设计（施工方案）、施工进度计划、工料机计划这些都是属于工程技术方面的内容，但是由于造价人员在这方面不是专长，鉴于此，技术方案的可行性不在本书中做过多讨论，重点是讨论技术方案的经济性，也就是技术方案给成本带来的影响主要在哪些方面。

1）施工组织设计是工程上指导施工准备和组织施工的技术性文件。在进行成本测算工作时，首先是要查看施工组织设计中是否有新材料、新工艺的使用，如果在工程中采用了相关的新材料、新工艺的话，则必须先对这方面的人工经济指标或相关市场信息进行收集；其次，要注意其基础部分的施工方案，尤其是围护方案，这些在图纸中往往不会有详细的说明或图示，需要在施工组织设计（或施工方案）中明确，所以要多加注意。同时，工程是采用商品混凝土还是现场自拌混凝土，钢模还是木模、爬模，这些对

工人作业都是有影响的。

此外，对一些高层、构筑物等方面的脚手架搭设或内支模架的搭设要求需要特别注意，在这方面需要进行一些专项测算。总之，在施工组织设计中，必须要特别注意各个分项的施工方法及相关的操作流程，如高层外脚手架的搭设中，可以采用悬挑脚手架，也可以选用落地脚手架，两种技术方案对应的经济结果是不同的。

2）进度计划：进度对成本的影响不言而喻，反映在人工费上主要就是进度节奏快，工期要求紧，肯定要导致人工费增加，因为赶进度要求工人作业时间延长。根据调查显示，工人作业夜间时间工资一般是按平时作业工资的 1.5 倍计算的，而且在一些恶劣天气仍要继续作业，工人作业效率必然下降，这些都是比较直观的影响。

进度计划对人工费的影响还有一个方面就是施工组织调配中其作业时间能不能充足。由于目前大多数的工人都是按工作小时来计算工资的，如果进度计划安排后某一个工种工人的作业时间时断时续，这样一来，一则无法保证其工人收入，二则无法保证其劳务管理方的有效收益。作为有经验的劳务分包商，这些往往也是需要考虑的。

3）工料机计划：主要是指劳动力需求计划、材料进场计划、机械配备计划。工料机计划的三个部分中，材料进场计划对人工费的影响较少，主要分析劳动力需求计划及机械配备计划。首先是劳动力需求计划，如果工程的单体多，工人作业面则相应较广，劳动力需求量大，但是对人工费的影响不大；但是如果工程工期紧工作面又小，则劳动力需求也比较大，而且这种需求会导致人工费成本增加，这一点进度计划所反映的效果是一样的。另外是机械配备计划，应该说机械配备是工人作业条件的一个重要组成部分，尤其是在垂直运输机械等一些大型机械配备上，对工人作业效率颇有影响。

【实例 2 - 1 - 2】　某燃料有限公司建设 2 栋办公楼，均为 7 层，采用框架结构形式，分为 1 号楼和 2 号楼，无地下室。结构形式及平面布置一致的人工费开支情况见表 2 - 1 - 3。

表 2 - 1 - 3　　　　　　结构形式及平面布置一致的人工费开支情况

人工开支明细	1 号楼	2 号楼	人工开支明细	1 号楼	2 号楼
泥工	77.5 元/m²	67 元/m²	钢筋工	52.5 元/m²	45.5 元/m²
木工	112.5 元/m²	109 元/m²	合计	242.5 元/m²	221.5 元/m²

从表 2 - 1 - 3 中可以看出，2 号楼在主体施工期间的仅三个班组的人工开支就低于 1 号楼 21 元/m²。由于该工程的设计概况不存在大的差异，显然，工程的机械配备就成了影响人工费的重要因素之一（虽然可能存在其他因素）。

1 号楼在施工期间配备了一台 QTZ60 塔式起重机、一台人货升降机为垂直运输设备；2 号楼在施工期间则配备了一台 QTZ80 塔式起重机、两台人货升降机为垂直运输设备，见表 2 - 1 - 4。

表 2 - 1 - 4　　　　　　　　　某工程两标段机械配备分析表

机械名称	1 号楼	2 号楼	1 号楼在机械方面的劣势
塔式起重机	QTZ60 一台	QTZ80 一台	1 号楼在施工中钢筋等大材垂直运输效率更低
人货电梯	一台	两台	砖块、砂浆运输时间滞后；班组工人组织混乱

从表 2-1-4 中可以看出，机械配备计划对人工费的影响同样也是非常直观的，无论人工费是采用劳务分包的形式还是采用自行组织劳动力施工的形式，机械配备作为其作业条件都是直接影响工人作业效率的。

经过调查得出的混凝土工程中机械设备配备不同的情况下的泥工班工人的作业效率见表 2-1-5。

表 2-1-5　　　　　　　　混凝土工在各种机械配备条件的作业效率对比表

机械配备情况	出勤工人数（名）	日完成工作量（m³）	每立方米混凝土消耗人工（工日）
手推车上料、现场搅拌、井架垂直运输	18	55	0.327
手推车上料、现场搅拌、塔式起重机运输	14	85	0.165
商品混凝土、泵送	12	125	0.096
大铲车上料、搅拌站集中拌料、泵送	11	105	0.105

从表 2-1-5 可以看到，在混凝土工程的施工中，不同的机械配备造成工人作业效率影响是很大的，所以在考虑人工费的成本时应该对机械配备的情况进行详细了解并充分考虑。

（3）劳务合同因素。劳务合同是劳务公司与施工承包方所签订的关于工程劳务分包的书面法律文件。工程所签订的分包合同也是影响人工费项目单价之一的因素。抛开合同承包范围暂不讨论，仅就合同结算付款方式来说，如果承包方在合同中付款比较及时，每月付款额度较高，则作为劳务承包方来说其承包风险相应降低；相反如果承包方每月付款额较小，且在结算期间还要以各种名义压留工程款，则劳务方必然提高单价。任何事物都是两面性的，承包方对劳务方的付款额度小可以减轻其资金压力，但是也必须付出相应代价，因为劳务方或工人的"垫资"也是有"时间价值"的。目前国内建筑市场中劳务方或农民工往往都是弱势群体，在过去的几年中，民工或清工老板讨要工资的悲惨经历不在少数，他们往往听到工资款项付款不及时都会考虑到后期"不可预测"事件的概率，相应的，他们的报价要高一点。这种情况和承建商垫资承接项目价格要高一些的情况比较类似。

（4）地区差异。地区经济发展差异是一个不容忽视的问题，在进行人工费测算时，也要考虑地区差异，尤其是地区经济发展差异。根据所做的一些调查结果显示，在经济相对发达的长三角、珠三角、京津唐等地区，人工费的工日单价或项目单价都要比中西部地区高。

无论采用的劳务分包还是自行组织劳动力施工，工人工日工资都是对项目单价或工日单价起着决定性的因素的，对表 2-1-5 中所调查的项目中工人工日单价也做了一个抽样调查，每工作日作业时间为 10h，结果见表 2-1-6。

表 2-1-6　　　　　　　一线、二线地区两地工日单价抽样调查结果　　　　　（元/工日）

工种	一线地区	二线地区	工种	一线地区	二线地区
泥工	大工 120，小工 80	大工 105，小工 70	钢筋工	大工 120，小工 80	大工 105，小工 70
木工	大工 120，小工 80	大工 105，小工 70			

　　表 2-1-6 很直观地反映出了一、二线城市间的人工费差异，为什么一线地区的人工工资单价会比其他地区要高呢？众所周知，目前在建筑工地上从事一线地区生产的工人基本上是中西部地区的农民工，他们不远千里来到他乡从事这种辛苦且危险系数高的工作，动力之一就是为了能有比在当地更高的收入，这是其主观方面的要求；在客观方面，东部地区的生活消费水平、物价水平是比中西部地区更高的，这就客观上的要求工人工资水平随之上浮。当然，造成这种差异的原因还有很多，我们只是讨论建筑行业工人工资水平差异原因的一小部分，但是这种差异现象的存在相信大家都是认识的到的。

　　但是有一点需要提出的就是，在进行地区差异的分析时候，有一种比较特殊的情况：当劳务分包来进行人工费管理时，如果是从发达地区组织施工队伍调往异地施工的话，这种地区差异的分析就不能盲目的按地区的工日单价或物价水平来分析了。举个简单的例子：东部的一家施工单位要赴西部施工，出于长期合作的关系，施工单位从东部带了一支中部地区的劳务分包队伍进入当地市场，从其劳务分包合同显示，项目单价比在东部本地还要高，而且根据其他方面的资料，这种现象是普遍存在于异地施工中的，所以在做测算时要注意考虑到这点。

　　（5）其他因素。影响人工费的因素还有很多，比如施工方的信息渠道能力等。

　　1）政府相关部门公布的有关劳动定额。劳动定额多以时间定额的形式表现，是某种专业、某种技术、某级工人或某班组在合理的劳动组织与合理使用材料的条件下，完成单位合格产品所必需的工作时间。时间定额包括准备与结束时间、基本工作时间、辅助生产时间、不可避免的中断时间及工人必需的休息时间。时间定额以工日为单位，每一工日按 8h 计算。劳动定额是工程计价标准中人工消耗量确定的基础，同样也是劳务分包价格确定的基础，反应的是"完成单位合格产品所必需的工作时间"。目前，各类劳动定额未得到及时的修编，与相应新技术、新工艺等方面的项目增补未跟上，其适应性受到一定的局限。

　　2）相关部门公布的建设工程计价标准。建设工程计价标准是建设工程计价的指导性文件和基础，是编制工程标底的依据，也是投标报价的参考。相关建设工程计价标准在一定程度上左右了建设工程交易价格，工程交易价格的形成必然影响下游工程劳务分包价格的确定。较低的总承包价格必然对应较低的工程劳务分包价格，反之，则高。

　　3）相应时期政府劳动管理部门发布的最低工资标准。最低工资是指员工在法定工作时间内提供了正常劳动后，其所在用人单位应当支付的最低限额的劳动报酬。企业缴纳部分的社会保险费、劳动保护费、福利费、计划生育费、夜班津贴、加班工资都不计入最低工资。最低工资适用于所有企业员工，不论其是实行月工资，还是计件工资或是提成工资等工资形式，任何人或部门都不能动最低工资这一底线。用人单位不得以实行计件工资为由拒绝执行最低工资制度，不得利用提高劳动定额变相降低工资水平。最低工资线的高低将一定程度影响建筑用工市场的供求，从而影响各类工程劳务用工的价格。

　　4）建设管理部门发布的人工成本信息。根据《关于开展建筑工程实物工程量与建筑工种人工成本信息测算和发布工作的通知》（建办标函〔2006〕765 号），为认真贯彻《中共中央关于构建社会主义和谐社会若干重大问题的决定》，落实《建设部关于贯彻落

实（国务院关于解决农民工问题的若干意见）的实施意见》（国发〔2006〕5 号）的有关部署和要求，建设管理部门将从 2007 年起开展建筑工程实物工程量与建筑工种人工成本信息的测算和发布工作。开展人工成本信息发布工作是引导建筑劳务合同双方合理确定建筑工人（农民工）工资水平的基础，是建筑业企业合理支付工人劳动报酬和调解、处理建筑工人劳动工资纠纷的依据，也是工程招投标中评定成本的依据。各地工程造价管理机构在开展人工成本信息测算和发布工作中，应当组织专门力量，做好人工成本信息资料的收集、分析和测算等工作，并结合当地的实际情况，建立和完善信息数据库及相关制度。各地应当加强人工成本信息发布的管理，应当根据本地建筑劳务市场情况，真实、动态的发布且应当定期发布。从 2007 年起，原建设部标准定额司将发布直辖市和省会城市的人工成本信息。这些官方的信息将给我们提供一些重要的人工成本信息。

影响工程劳务作业价格的其他外部因素还有工资的实际支付方式和时间、工程施工现场作业和生活条件等方面。但是每个项目的唯一性、特殊性都决定了其因素的组合是唯一的，本书中也无法一一将所有因素列入，只能是把一些常见的、主要的、普遍存在的因素列入书中。

3. 项目单价的测算方法

（1）项目单价的测算主要是通过三个步骤完成：

1）收集相关的在建或已建工程的相关项目单价资料，主要是指劳务分包合同和竣工后的人工费结算资料。在准备这方面的资料时尽量收集一些与待测算工程结构形式或其他方面（具体可参照前述影响人工费的因素一节内容）尽可能相似的工程资料，这样可以使测算的结果更有说理力也更加准确。

2）对收集后的资料进行整理，主要是找出相关与待测算工程的不同点，其中包括工程特征的差别，也包括了地区因素及其他可能影响造价的差别，并对这些差别进行量化分析后得出测算成本。

3）对测算出的项目单价进行市场验证。只有通过市场验证的测算结果才能做最终的结果，如果我们的测算结果得不到市场的认可，那么工作就失去了其意义。但是，也要认识到由于市场惯例或其他原因，测算结果虽然是经得起书面上的论证，但是在分包模式或其他个性差异的原因，也有可能得不到市场认可，这时可以在进行市场验证时换取其他模式或承包方式进行验证，这方面的例子在后面的内容中将会有详细的介绍及案例分析。

（2）项目单价的分类及合同模式。项目单价的分类主要是以施工管理、合同形式、市场惯例三个方面来确定，在经过一些调查后，对目前建筑市场上比较通行的分类模式进行了收集，并对其合同的工作内容及双方义务等主要方面进行了调查。一个工程的总造价是一个封闭的环形结构，如果对合同中的承包内容或合同单价中所包含的内容进行调整的话，无论是增加或减少，都会导致工程实体中的其他方面的成本要增加，如：对泥工作业中的生产工具在合同中删除，这样必然导致在其他部分费用如现场管理费方面或零星材料费方面费用的增加，而此增加数量及金额显然是不容易确定的，这就给成本测算的过程及结果都带来了额外的工作。而将此部分费用综合在项目单价中的做法，一是减少了施工管理的烦琐性（相信从事施工管理或材料管理的读者应该比较有体会）；

二是对整个工程的成本测算的准确度和快捷都是很有帮助的。

如果项目单价包括的内容没有在此列出的案例中的项目单价所包含的内容多，确实是需要减少包含内容的话，在后面的测算案例中也对项目单价的各个组成部分给出了一定的量化数据供读者参考；但是如果实际环境中项目单价的内容比引用的案例中的项目单价内容还要多的话，读者可以根据你实际需要增加项目单价中额外增加（指此案例中的项目单价内容）。

三、 泥工班清包工分项单价的测算

1. 泥工班的概念

泥工班是指完成工程从基础开挖到主体结顶期间的泥工作业工作的班组，是工程施工中的一支主要劳务队伍。泥工班的劳务费用也是人工费总开支中的一个大项，根据历史工程的资料显示，泥工班的劳务费用一般占总人工费的 20% 左右。

泥工班劳务费的发生形式往往是以专业的劳务公司或目前部分地区还残留的"包工头"性质的清包工老板为总包商结算对象来完成人工费支付的。从调查结果来看，建筑工程中，由项目部或建筑公司自行组织劳动力施工直接与工人发生经济关系的情况几乎没有，说明"总包商－劳务分包公司（或清包老板）—工人"这种劳务模式在目前之中国是广泛存在并有其合理性的。从国家的相关政策颁布形势来看，政府也是逐步推行劳务公司承包工程清工的模式来规范建筑劳务市场，所以该模式随着社会发展和进步，必将得到进一步的发展和规范。而泥工班劳务费的价格确定方法，也往往是以建筑面积为结算单位，按"每建筑平方单价"的方式进行报价及合同签订的，这种劳务合同中的价格，我们称之为"项目单价"。

泥工项目单价也就是指完成该部分的工作所需要的总价在整个建筑面积中所均摊后的单价。项目单价类似于建筑工程中"单方造价"概念。

项目单价中所包含的工作内容受不同的合同条件、不同的工程特点等因素的影响导致其不尽相同。一般来说，泥工班的作业内容主要包括但不限于两方面的工作：混凝土浇捣和砌体砌筑。以此展开的工作内容主要包括但不限于：混凝土搅拌、输送、浇捣、养护及配套的脚手架（或跳板）的搭设；砂浆制作及运输、砖块水平运输、砌筑、养护及配套的脚手架（或跳板）搭设；以及相关的文明施工要求等。

泥工班作业内容不包括在施工过程中等需要大型机械设备完成的工作内容，如在基础土方开挖期间，其开挖机械的台班费用，外运费用；在桩基础工程施工当中如果需要大批量的人工配合费用等都是不包括在此单价中的。泥工班作业内容主要包括基础分部及主体分部中的混凝土子分部、砖砌体子分部的所有工作及其完成该工作的施工准备及相关的配套设施（如浇筑混凝土过程中所需要的临时通道的搭拆）工作。另外需要注意的是：在泥工班作业的项目单价中，已经包括了泥工班作业工人在作业过程中所需要的一些生产作业工具的费用，如振动棒、铁锹、翻斗车及线锤等工具的购买与维修都是包括在项目单价中的；项目部作为甲方只提供如塔式起重机、混凝土输送泵、搅拌机、井架等大型机械设备。

2. 泥工班人工费的测算依据

泥工班人工费的测算需要有可靠的资料反映准确的工程信息，在工程信息的基础之

上对成本发生额度做出合理的定量判断。泥工班人工费测算的依据其实也是对人工费的影响因素，只有在确定了工程中会影响人工费的几个因素后，再对影响人工费的因素进行分析后，方能得出泥工班人工费的项目单价或泥工人工费总额。根据一些工作经验和调查结果，泥工班的人工费测算中重点需要以下依据：

（1）已签订（或拟签订）的劳务分包合同是划分各个工种的各个作业班组工作范围的依据。泥工班只是众多班组中的一支劳务作业队伍，其工作内容直接影响到项目单价及泥工人工费总额。除此以外，劳务合同中付款条件、作业条件、零星（辅助）材料设备等双方权利、义务的划分对合同价格也有影响，考虑到测算的精度和深度两方面的原因，付款条件一项是暂不计入成本测算中的，如果在实际工作当中发生合同中垫资等付款条件的，可以按资金的时间价值计算公式计算资金成本并入工程成本中。

（2）施工组织设计。技术与经济是相统一的。施工组织设计对人工费的影响主要表现在：进度要求、质量要求、文明施工要求及工程施工机械配备等作业条件上；进度要求对泥工人工费的影响主要表现在劳动力需求量大且有可能需要夜间施工从而增加开支（夜间施工一般的每小时工资一般高出白天小时工资50%～100%）；质量要求则对工人工作效率有直接的影响，尤其是在砌筑工程中的外观质量及垂直度、平整度等方面要求都比较高，造成工人作业效率下降、返工率较高；文明施工要求对班组的开支也有一定的影响，如增加清扫、"落手清"等方面的零星用工。此外，现场自拌混凝土与商品混凝土相对应的泥工人工费差距是相当大的，而商品混凝土的输送方式——汽车泵送及地面泵送相对应的泥工人工费也是不一样的，这一点也是我们在测算之前需要重点关注的信息。

（3）机械配备情况。人工作业肯定是需要机械设备的配合的，而不同的机械配备条件对人工作业效率的影响也是显而易见的。在泥工班作业中，机械设备主要是混凝土机械及垂直运输机械两大类。混凝土机械主要指混凝土浇筑期间的后台机械及前台机械，后台采用的是搅拌机或泵送对泥工班人工的影响也是很明显的。后台上料是采用上料的方式进行后台作业对工人作业效率及工日消耗也是有影响的；前台机械则主要是指振动机械，如振动棒、平板振动器等，由于该类机械价值较低，因此一般不予重点考虑，而是采用单列的方式以估算列入成本，具体方法在后文中将有介绍。

（4）工程特点。工程特点是各个工程、各个分部分项成本测算都必须考虑的一个因素，也是测算的重要依据。在泥工班的人工费测算中，工程特点方面主要是工程设计中是否出现一些超高、超深、超宽的结构，或者异形结构（如弧形、圆形、双曲面等）。在这种结构施工中，泥工的工人作业效率分析和确定是不能按一般的基础数据或简单估算的。如果建筑中有这种设计，则在成本测算中应该单独将该部分工作量划分出来，专门做一个工人作业效率分析，这种情况在砌筑工程中涉及的比较多。

（5）市场价格。市场价格包含两个方面的价格。

1）第一个价格是人工工资单价，这是人工费测算中不可缺少的一个单价信息。每个地区的工人工资标准都是不一样的，为了保证测算结果确定性，就必须对工程地点的劳务价格或拟定分包的劳务方劳动力工资标准做一个市场调查。市场调查有三个需要注意的问题：一是工资标准通常是按工人的劳动技能分大工、小工两类工人的，大工与小

工的工资标准是不一样的，调查中需要分别调查；二是工程所在地点与劳务分包方的工资标准之间的差异。随着建筑施工单位的外埠经营活动增加，很多的工程中所分包的劳务施工队伍并不是从工程所在地挑选出来的，比如一线地区某施工单位到二线地区承建工程，二线地区当地的劳务价格比一线地区内劳务价格低，但是一线地区的劳务队伍不是从二线地区本地挑选，而是从一线地区带过来，则其人工工资标准是不能参照二线地区（工程所在地点）的工资标准来进行确定的；三是不同的劳动班组的工资标准也有可能是不一样的，比如泥工在市场调查结果中大工工资为 120 元/工日，但是同样的钢筋工大工工资标准很有可能是 140 元/工日，水电班大工工资甚至达 180 元/工日。这些都提醒读者市场调查中需要注意的几个问题。

2）第二个价格是与泥工工作有关的相关小型机械设备及工具、辅助材料的市场价格。因为在目前广为流行的劳务分包合同中，习惯于把泥工在施工中所需的翻斗车、振动棒振动器等小型机械设备、工具等由劳务方自行购置，而在泥工班的测算中，这些费用是需要考虑其成本的，所以其市场价格需要调查，以备测算组价之用。

3. 泥工班人工费测算方法与步骤

（1）熟悉工程图纸，划分确定泥工班承包范围。每一个成本测算基本都是从工程图纸开始的，图纸是反映工程实体特征的重要依据。在泥工班人工费测算中，熟悉工程图纸的主要目的就是对工程实体中所涉及的泥工作业内容进行浏览，并注意工程中有无特殊构造部位或其他的新型构配件等。尤其是在一些别墅的群体工程中，往往会出现一些比较复杂的屋面造型等，对于这种非常规的平面构造，应该要标明部位，以便在计算工程量时划分出来。

熟悉图纸后，应当结合企业或项目部的合同管理经验，划分确定泥工班作业内容及承包范围。工程开工之前，企业或项目部都会有一个前期的合同规划，即对工程中需签订的合同所涉及的范围进行划分。如泥工的劳务合同范围是确定在主体阶段还是"主体阶段＋装饰抹灰阶段"，是只含混凝土子分部工作还是"混凝土子分部＋砌体子分部"，这些方面就是合同管理规划中的内容。根据拟定的合同范围，对图纸中涉及的子项进行归类，是人工费测算中的一个重要步骤，必须做到不重不漏，以保证最终结果的准确性。

（2）计算泥工班工作内容中各个分部（子分部）分项的工程量。工程量的计算方法不是本书中要阐述的重点。在泥工班工作内容的工程量计算中需要注意：一是计量单位要以实体计量单位为原则，不能出现类似混凝土以"m^2"计算的工程量，尤其是楼梯、阳台等部位，各省市的定额中往往以 m^2 为单位，通过 m^2 的折算厚度以定额含量的形式来反映人工材料机械的消耗量，这种方式在成本测算中不宜出现；二是工程量计算的划分不但以合同约定的不同工作内容划分，还要考虑到一些特殊的造型或异形构件的施工中的工人作业效率差异等因素，需要划分出来计算，以便在工人作业效率分析中更有针对性及组价结果更准确。如某工程中的 240 标准砖外墙砌筑一项工作中，该建筑的东立面为弧形结构，砌体也随之为弧形砌体，则在计算工程量时该部分的砌体工作量需要单独列一项"弧形外墙"的工作项目，因为其工人作业效率与材料消耗量都是不一样的。

关于泥工班工作内容的划分归类，还需要注意以下几个方面的内容：

1）不同材料的工作项目需要划分归类，如水泥砂浆 M10 标准（水泥，河沙和水混

合比例是 1：5.27：1.13）砖砌体与混合砂浆砖 M5 标准（水泥：砂：水：石灰比例是 1：6.25：0.52：1.37）砖砌体两种砌体工作的工程量需要分别计算工程，主要是因为在材料费的测算中也需要用到该数据，为了避免重复计算，所以建议在人工费测算时就按此原则划分归类，以达到一个数据多次使用，提高工作效率的目的。

2）不同部位的工作内容应该分别标明计算后汇总得出总工作量。如一层柱混凝土方量和二层柱混凝土方量需要分别计算，并标明后再汇总到该工程中泥工作业的总混凝土方量。如此划分计算的主要目的是工程施工过程成本控制时需要利用准确的部位材料用量作为成本核算对比的依据，而在进行成本测算时，将各个部位各种材料的用量分别汇总后的工程量计算书则能很好的达到这种效果，也就是通常意义上所说的"施工预算"。这样一来，不但一个数据多次使用，而且一份计算书的"使用期"还能得到延长，为工程施工成本管理工作提供更多更有效的成本信息，是一项一举多得的工作。

以上是对人工费成本测算中关于工程量计算过程中的一些建议，如果测算的工作时间有限，不考虑这些因素，通过快速计算（或估算）工程量的方法得出各项工作的工程量也是可以达到测算目的的。

（3）测定泥工作业工人作业效率，进行工日消耗量分析，对泥工人工费进行分项组价。这一步是泥工班人工费测算中的重要步骤，通过工人作业效率确定，得出工日消耗量指标后，对已划分的各项泥工工作内容分别进行组价。

在进行工人作业效率确定之前，需要对工地现场的机械配备进行了解，明确泥工作业的机械条件，这是首要的问题。

根据工地机械作业条件，对各种机械作业模式下泥工完成各项指定工作的工人作业效率进行测定，这是人工费测算的关键一步。工人作业效率的测定是一项系统且复杂的工作，在传统的人工作业效率测定办法中，往往是根据现场旁站计时的方法来进行工人作业效率统计，主要有计时观察法、写实观察法等几种方法。这些方法虽然测定的结果比较精确，但是测定的过程无疑需要大量的精力来完成，且对于测定过程中的工人作业的基本工作时间、辅助工作时间等基本参数的确定比较烦琐。鉴于此原因，我们在结合大量的工程实地调研和工作总结后，摸索出一种能快速、简便的测定工人作业效率的方法，在经过一些实践工作的检验后，认为是能较客观的反映工人作业效率的一种方法。这种方法称为"虚拟反算法"。

所谓"虚拟反算法"也就是根据已确定的工人作业条件，对各种工作项目施工的劳动力组合进行虚拟，按照施工经验，确定工人在该条件下能完成或能达到的产量，再以此为依据，反算到参与完成该产量工作的工人数，再结合市场劳务工日单价，对不同等级的工人工资费用进行分别计算，最终得到工人作业效率数值及相应的人工费用。

"虚拟反算法"最初是从施工现场中的"点工"费用的临场确定的快速计算模式总结得出的，所以造价人员在进行成本测算时需要具备熟练的施工管理知识，特别是在一些工序施工中劳动班组的人力配备及其相应能完成的产量等数据上，基本是靠施工一线的经验总结出来的。当然，本书中也列举了一些劳动班组的人力配备及产量等方面的数据，读者可以参考使用，利用"虚拟反算法"进行工人作业效率确定的具体方法将在实例中结合实际工程进行详细介绍。

在完成初步的工人作业效率确定之后，还需要结合工程的质量要求对工人作业效率进行确定，以保证测定结果更能反映施工中实际的工人作业效率。不同等级的质量要求或工程创杯要求对工人作业效率的影响量化值，只能根据经验自行估算出一个系数，或根据历史创杯工程的奖励等数据单独列出一栏"创优费"计入成本。

工人作业效率分析、调整完毕后，即可对各个分项的人工费用进行组价。

（4）对测算结果进行修正。泥工班的各项工作的人工费用分别测算完毕后，所得出的人工费用总额并不能直接作为泥工劳务分包合同总价的参考价格，一是因为劳务合同中的工作并不只包括工程实体施工需耗用的工日或人工费，还有一些小型的机械设备（如振动器、平板振动器、翻斗车等），及一些小型材料等，所以还需要对合同中规定劳务方应承当的其他合同义务等方面的成本进行测算或估算；工人作业效率测算及组价只是反映了工程施工中的实际所耗用人工费用，并没有考虑到劳务公司（或"清包老板"）的利润，所以要出一份合理、可信且能被市场接受的测算报告，合理的利润空间是必须考虑的。

修正测算结果的过程其实也是增加工程分包施工中应发生的费用的过程，在修正时，主要从以下几个方面入手：

1）通过拟订合同中条款，对劳务方应承当的其他各项合同义务做定量分析。在泥工班《劳务分包合同》中，泥工作业时所需的一些小型机械、工具都是由班组自带的，如翻斗车、振动棒、平板振动器等，这部分小型机械的购置数量和购置费用需要确定。本着成本测算的"该粗则粗、该细则细"原则，对于小型机械的购置费用，建议采用估算的方式进行测定列入成本中。估算的方式是多种多样的，可以根据各种机械的使用寿命来计算。常见该类小型机械的使用寿命见表2-1-7，读者可以根据自己的经验参考使用。

表 2-1-7　　　　　　　　泥工班常用小型机械的使用寿命表

序号	机械名称	规格	使用用途	可使用寿命
1	震动棒	常规 6m	混凝土浇捣用	100m³ 混凝土
2	平板振动器	常规	混凝土浇捣用	300m³ 混凝土
3	翻斗车	常规	混凝土水平运输用	120 天或 500m³ 混凝土
4	翻斗车	常规	砖块砂浆运输用	120 天
5	水泵	常规 2in 管	混凝土养护用	2000 建筑平台/台

除班组自带小型机械设备等规定外，很多的工程合同中也规定临时设施的人工也要归集到相应的作业班组中去，如临时设施的场地硬化、房屋搭建等，属于泥工作业的工作内容也经常列入泥工劳务分包合同中，对于这部分费用的计算，同样可以采用估算的办法列入成本。具体方法可以采用"临时设施费投入总额×人工费比率×泥工班占总人工费比率"的办法计算。

【实例 2-1-3】　某工程的临时设施投入为 120 万元，所有临时设施人工均包含在工程劳务分包合同单价中，求该费用分摊在泥工班合同中费用是多少？

【解】　根据经验估算，临时设施投入中人工费占总投入比例的 10%，其中泥工班

的作业内容占临时设施人工费的 50%，即 120 万元×10%×50%＝6（万元）。

2）通过市场行情的了解，合理确定分包空间利润。将分包利润值列入人工成本是修正工人作业效率测算的重要步骤，而分包利润的比率则只能通过市场行情的调查与了解来实现，一般来说，泥工劳务分包商的毛利润空间一般在 15% 左右，期间包括了劳务提供方的组织、管理成本等，扣除这些费用，劳务分包商的净利润一般能在 10% 左右。

但是也要注意到一点，各个地区的泥工劳务分包利润空间是不一样的，不能盲目的根据局部地区的调查结果来作为一个标准使用。对于劳务分包商利润空间的确定，在劳务分包合同签订之前的人工费测算，也可以暂时不计分包利润，在劳务分包招标过程中通过询价来了解分包商利润空间的确定也是一种可行的办法，同时也作为选择分包队伍的一个参考依据。

（5）对测算结果进行市场验证。根据成本测算的原则，所有测算的结果都需要经过市场的验证。所谓市场验证，也就是将测算的结果放到市场环境中，看能否被市场各方所接受。

对于人工费的测算，这一点尤其重要。劳务队伍是通过市场来获取的，双方磋商过程中，合同价格不可避免的成为焦点，这对于人工费成本测算结果来说是一次考验，也是一次市场的验证。但是为了避免测算结果失误带来的不良后果，建议在完成成本测算时，需要及时的对测算结果进行市场验证。

市场验证可以通过两种方式完成：一是向一些劳务分包公司或施工队伍沟通交流，对测算结果进行评价，是否能接受该价格等；二是通过工程所在地点且工程特征类似的已完工程或在建工程中相关的劳务分包价格与测算结果进行比较，从而分析测算结果是否能够保证被市场接受，但是利用这种方式要注意建设工程是有其单一性特点的，也就是说，每个工程中每建筑平方米中所含的各个分部分项比例大多不可能是完全一致的，这种差异性在利用建筑面积单方价格做比较中要特别注意（关于这方面的阐述将在书中其他章节有重点介绍）。

无论采用什么方法对测算结果进行验证，都无非是紧紧围绕着"市场"二字，只有被市场接受的测算结果，才能算得上是一份合格的测算报告。如果在市场验证过程中，测算结果未能通过（或测算结果偏高，市场询价结果反而更低），则首先是应该考虑测算过程中是否有错误，是否出现重复计算、漏算；其次应该考虑在市场验证过程中的信息局限性问题，也就是说市场验证的对象不够广泛，只局限在某一地区、某一行业或某一类（如只向劳务公司或只向清包队伍）对象范围内，这样也就造成了本来可以接受的测算结果因此被否定，对此，只能变换市场验证对象，扩大市场验证对象；第三，如果通不过市场验证，而测算结果又相当有把握的话，能控制在成本范围内，则可以利用合同价格计算方式的调整来达到市场验证及成本控制的作用。

【实例 2-1-4】 某工程的泥工劳务分包中，通过测算每建筑面积项目单价 70 元/m² 可以作为分包合同的价格标准，但是通过市场验证过程中，各方报价均在 77.5 元/m² 以上。所以该测算结果一直未能得到认可，经过项目部研究讨论，决定通过调整合同价格计算方式，取消了以建筑面积单方价格的形式签订合同，改为"按标准砖块每块计取人工费、混凝土按每立方计取人工费＋零星点工"的价格计算方式，最终通过了市

场验证。在该工程竣工结算后，泥工作业人工费总额分摊到建筑面积后项目单价仅为 65 元/m²。

此案例便说明了合同管理在成本控制中的应用前景和效果都是很广泛的，就此问题书中也会有专门的章节介绍。

4. 泥工班人工费测算中需要注意的几个问题

通过测算方法与步骤的介绍，读者对泥工班人工费测算有了一定的认识，但是在测算过程中，还有几个值得注意的问题：

（1）测算过程中的重点是工人作业效率测算，而工人作业效率测算的基本依据则只能是施工现场的管理经验或施工作业的实际经历，尤其是在一些班组作业的劳动力组织，对测算的最终结果影响是比较大的，不同的机械配备情况下，泥工班的劳动力组织模式是不一样的，其单日产值也是不一样的。

这一步工作看起来是比较烦琐的步骤，但是却往往只需要对一种机械配备模式下的泥工作业效率的测算便可在其他工程中应用，相当于企业内部的消耗量指标。通过测算，完全可以逐步建立符合自己企业的各种工种消耗量的数据库。所以，在这个问题下做一定的深度探讨与研究是相当有必要的，也是非常有意义的。

工人作业效率测算中的泥工作业机械配备模式是对工人作业效率影响最大的一个因素。所以在工人作业效率测算分析中需要以此来作为分类标准。具体的功效测算方面的知识将通过实例工程的形式来进行讲解。

（2）测算过程中遵循成本测算的一般性原则，人工费的测算是成本测算中的一个重点，也是一个难点。在人工费测算中，更加要遵循成本测算的一般原则，如"该粗则粗，该细则细、粗细划分得当"的原则。在工程实体的作业中，泥工班的工人作业效率测算是整个泥工班测算的关键步骤。对此，就应该要采用深入分析各种工程信息，细致地对各项泥工工作所需的工日消耗量进行测定，此为"细"；而劳务合同中约定的临时设施建设中的泥工工作及其他的小型机械、辅助材料的测算则是完全可以采用估算的方式来测定成本，此为"粗"。总之，在成本测算中，细要细得有深度，粗要粗得有分寸，这样的测算工作才能得出满意的工作成果。

（3）在工人作业效率测算的环节中，工日单价组价不能盲目的按统一的市场单价来进行组价，必须要根据劳动力的配备情况，分技术工与普工（也就是通常所说的"大工"与"小工"）两种不同的工日单价来进行组价。而两种劳动力的比例或数量则是根据"虚拟反算法"中所设定的劳动力组织配备情况来进行判定，不能够按单位产量所消耗的工日数量为依据进行组价。原因在于各项工作的劳动力配备情况不一样的，如在混凝土浇筑工作中，泥工的技术工占班组工人总数的比例一般都是比砌筑工程中的比例高。所以，组价工作应该按劳动力配备的具体情况分别组价，以客观反映人工消耗情况。

为了让读者更好地了解泥工人工费测算方法，本书选取了某住宅楼工程的泥工人工费测算作为实例工程进行讲解。

【实例 2-1-5】 某住宅楼泥工班（混凝土分部工程）人工费测算报告。

（一）测算依据

1. 工程概况

该住宅 1 号楼位于某省，该工程为砖混结构，共 7 层，建筑面积 4719m²，檐口高度

为 23.8m，层高 3m，独立承台基础埋深 1.8m，底层为架空车库层。该工程为某开发商公司开发的商品住宅房，每层两个单元，一梯三户。

2. 拟定合同

项目开工后，施工方项目经理部经过讨论，决定将从工程开工到主体验收结束的泥工作业内容作为一个单项的劳务分包合同发包给某劳务工程公司，合同条款采用该项目部所属建筑公司内部颁发的《建设工程劳务分包示范合同》。

3. 施工组织设计

进度要求为每 10 天 1 层，泥工班劳动力高峰期在 50 人左右。

质量根据招标文件要求，该工程的质量目标为合格。

文明施工要求为"某市文明施工标准化工地"。

4. 机械配备情况

根据该工程投标阶段的施工组织设计，混凝土采用商品混凝土泵送浇筑。垂直运输机械为塔式起重机一台。

注：以上是该工程施工组织设计中与泥工班作业的机械配备情况，混凝土浇筑仅考虑"商品混凝土泵送"的施工组织方式。而考虑到垂直运输机械对砖砌体工作效率的影响相对有限，所以砖砌体使用商品砂浆的施工机械配备按人货电梯垂直运输机械考虑。

5. 工程特点分析

从该工程图纸可看出，该住宅楼为典型的小区砖混结构建筑，主要考虑一点是屋面为坡屋面，且该屋面的坡向与角度较为复杂，混凝土工在进行屋面混凝土的浇筑作业时有一定的安全风险和技术难度，所以会降低作业工人作业效率。有鉴于此，在工程计算中要求将屋面混凝土工程量单独计算，以便对特殊部位的作业工人作业效率进行单独分析。

在机械配备情况的介绍中，已经说明测算中将采用多种机械配备的模式下进行工人作业效率测算，对于"商品混凝土＋泵送"的虚拟模式，还需要考虑到泵送的方式。根据现场调查，泵送方式主要可分为汽车泵送和地面泵送两种方式。汽车泵送是采用混凝土运输车自带的混凝土输送泵来完成混凝土的出料、送料工作，汽车泵的灵活性非常强，其末端布料杆为软体，可以一次性完成该建筑楼面上各个部位的混凝土输送，从而避免了人工的水平运输和垂直运输工作，也减少了泥工班在混凝土浇捣时的劳动力配备，但是汽车泵的局限性在于其布料杆所能达到的最大高度有限，根据混凝土公司所提供的数据显示，一般的汽车泵实际能达到的最大作业高度为37m。结合本工程的设计图纸中相关数据表明，该建筑檐口高度为 23.8m，标准层楼面面积为 674m²，且施工现场场地开阔（住宅小区为了满足消防要求，建筑物间距都必须保证消防车辆顺利达到），所以采用商品混凝土运输车自带的汽车泵送可以满足施工要求，无须架设地面混凝土输送泵作业。

（二）测算过程

1. 熟悉工程图纸，划分确定泥工班承包范围

从示范合同书中分析可得出，劳务分包方——某劳务工程公司在该合同中应承当的合同义务主要为以下几项：

（1）基础机械开挖后的人工清理工作。

（2）从垫层到主体所有结构用混凝土的浇捣工作。

（3）工程基础分部及主体分部的砌筑工作。

（4）临时设施建设中属于泥工性质的工作内容。

（5）小型机械、工具及辅助材料的购置。

根据成本测算的原则精神，本工程的泥工班人工费测算应该"粗细划分得当"。结合人工费成本测算方法，工人作业效率测算作为人工费测算的重点，应该作为深入测算的对象；而在该合同范围中，混凝土浇捣工作和砌筑工作是占总人工费绝大比例的工作内容。综合确定：第（2）项工作内容和第（3）项工作是测算的重点，做细致的深入分析；其余三项合同义务依据相关信息做一个估算即可。

2. 计算工程量

通过熟悉图纸及工程特点的分析后，已经确定了屋面的混凝土工程量需要单独计算和分析，其他无特殊部位。

在工程量计算过程中，按照第一步中确定的各项工作内容测算的深度要求，只对混凝土及砖砌体两项工作内容进行详细的计算，混凝土的划分类别按标号和构件类型两项标准划分。

注：由于本书篇幅有限，没有对工程量按施工预算的要求分层、分轴进行统计汇总，只计算同标号、同构件类型的工程量，工程量计算方法详细可参考。另外，工程量计算只计算工程实体中的工程量，对于临时设施的泥工作业费用、土方清理费用、小型机械工具及辅助材料的购置费用等均在实体工程量的基础上做分析、估算。

11号楼泥工工作的工程量见表2-1-8。

表2-1-8　　11号楼泥工工作的工程量表

序号	项目名称	单位	工程量	备注
一、地基与基础部分				
1	碎石干铺	m³	49.08	
2	M10水泥砂浆标准砖基础	m³	71.85	
3	C10混凝土垫层	m³	40.60	
4	C15混凝土垫层	m³	42.96	
5	C25独立基础	m³	5.31	
6	C25基础梁	m³	166.75	
7	C25带形基础	m³	10.42	
二、主体部分				
1	M10混合砂浆标准砖240墙	m³	130.93	
2	M10混合砂浆标准砖120墙	m³	12.50	
3	M7.5砂浆多孔砖—砖墙	m³	598.79	
4	M5砂浆多孔砖—砖墙	m³	538.34	
5	C20混凝土构造柱	m³	197.89	

续表

序号	项目名称	单位	工程量	备注
6	C20 混凝土连续梁	m³	68.67	
7	C25 混凝土矩形圈梁	m³	228.85	
8	C20 混凝土过梁	m³	7.28	
9	C20 混凝土平板	m³	469.68	
10	C20 混凝土女儿墙	m³	8.81	
11	C20 混凝土楼梯	m³	30.99	
12	C20 混凝土雨篷	m³	13.75	
13	C20 混凝土阳台	m³	80.40	
14	C20 混凝土栏板	m³	25.92	
15	C20 混凝土窗台板	m³	15.27	
三、屋面结构混凝土量				
1	C20 混凝土屋面墙	m³	26.80	
2	C20 混凝土屋面坡板	m³	51.48	

该工程的工程量的划分部位与类别主要是为材料费测算或施工过程中成本控制等方面的需要而编制得比较详细，而在人工费测算中，为了方便分析计算，应该对该表中的一些相同类型的工作内容的工程量进行合并。合并的方法是同类工作内容的工程量一律合并，混凝土子分部中的工程量可以不考虑强度等级的差异（因为混凝土的强度等级对人工费成本几乎没有影响）。此外，结合施工技术方面的知识，对于在施工中一次浇捣完成的工作内容也做一个合并，如混凝土梁与混凝土平板，在实际施工中都是在一次作业内完成的；阳台、雨篷等构件也是在楼面结构施工中完成的。鉴于此，我们可以将混凝土工作内容的对象分为两类：混凝土构造柱及混凝土楼面结构（含板、梁、阳台、雨篷、女儿墙）；砖砌体分类也是采用类似的办法来进行的。

对表 2-1-8 中的工程量表二次编辑后，得出表 2-1-9。

表 2-1-9 　　　　　　　　　　　　**11 号楼泥工班工程量合并表**

序号	项目名称	单位	工程量	备注
1	碎石干铺	m³	49.08	
2	标准砖砌体	m³	215.28	
3	多孔砖砌体	m³	1137.13	
4	混凝土垫层、基础	m³	266.04	
5	混凝土构造柱	m³	197.89	
6	混凝土楼面结构	m³	949.62	
7	混凝土屋面结构	m³	78.28	

3. 混凝土浇捣的工人作业效率测定

根据机械配备情况中说明，本工程的人工费测算将采用商品混凝土泵送的配备模式来测定。

注：早些年使用现场浇筑混凝土模式较多，随着2015年国家环保治理风暴的到来，目前市场几乎都是商品混凝土泵送模式，所以顺应时代要求只做此模式的工人作业效率测定，至于将来装配式建筑的大力推行，与时俱进为大家带来新模式的工人作业效率测定。

商品混凝土是由专业的混凝土公司生产并运输到工地上，并采用混凝土输送泵抽送到混凝土浇筑点上的一种材料。

商品混凝土具有施工方便、质量可靠的特点，采用商品混凝土施工，还可以有效的提高工程施工的作业效率并降低施工噪声。在大多数的城市城区的建筑工程施工中，都强制性的要求使用商品混凝土，禁止现场自拌混凝土施工。这不仅是国家对文明施工的要求越来越高，也是保证工程主体质量、加快工程进度的一项有效措施。正是出于这种发展趋势，在本书的泥工班测算中，专门对商品混凝土施工的情况下人工费的测算做一个实例，以让读者更好地了解、掌握。

在本工程中，已经明确了商品混凝土的泵送方式为汽车泵送，这主要是从施工场地、建筑高度、单层面积三个主要方面的因素来考虑的。在实际施工中，混凝土输送除了汽车泵送之外，还有利用专门的混凝土输送泵抽送混凝土，俗称"地泵"。在一些高层、超高层的建筑工程施工中，由于建筑高度原因，往往还需要对混凝土输送方式做专项设计，布置多台或多种方式来实现混凝土的输送工作顺利进行。此时混凝土施工期间人工费开支与汽车泵的区别主要在于泵管的安装、移动、拆除、清洗等工作的人工消耗。对于这些特殊情况，无法一一做介绍，读者可以根据汽车泵送的测算方法，结合其他泵送方式的具体特点，自行测算。

（1）班组劳动力配备虚拟。在进行班组劳动力配备虚拟之前，必须先对商品混凝土泵送时的作业情况做一个全面分析，如此虚拟出的劳动班组才能符合工程施工中的实际情况和要求。

采用商品混凝土泵送之所以能提高工作效率，主要原因一方面由专业的混凝土公司拌制混凝土并由混凝土车辆运送至现场，解决了后台搅拌机械产能及人力配备的限制，有效地保障了前台作业的材料供应；另一方面利用混凝土输送泵代替地面水平运输和垂直运输、楼面水平运输工作，一步到位，尤其是在本实例工程中，由于整个楼面均在汽车泵管的覆盖半径内，所以其前端的软体布料杆，能很方便地将混凝土输送到需要浇捣的楼面各个构件、各个部位中。如此可以大大减少自位配备，节省人力，同时不存在运输环节带来的班组作业停顿现象，生产效率得到提高。

在商品混凝土泵送模式下的劳动力配备，还特别要注意一点，就是汽车泵的最大抽送高度是要求在建筑总高度之内且留有足够的前端回转料杆，前台才能不设置混凝土摊布岗位。如汽车泵的布料杆最大高度为42m，某建筑最大高度为40m，则在该建筑的顶层混凝土浇筑时，需要设置楼面水平运输岗位或摊布岗位，方能完成混凝土浇捣工作。类似的情况在地泵输送的作业模式比较常见，在测算时需要特别注意。至于该类情况人

员的配备，则应该是按照需要楼面运输的距离及混凝土方量来进行搭配。

根据商品混凝土泵送的作业模式特点，在本工程中，泥工班在进行混凝土浇筑作业时，无须配备后台人员，只要对作业前台的人员配备充足即可。在混凝土浇筑部位的划分方面，楼面结构与竖向结构是可以同时浇筑的，因为本工程所采用的商品混凝土是可以完全覆盖整个楼面的，在竖向结构混凝土浇筑中，汽车泵前端的软体布料杆可以伸入柱内，避免了因层高 3m 而可能产生的混凝土离析现象，所以在标准层施工中，水平方向与竖向结构一般都是同步进行，一次浇筑完毕的，在工人作业效率测定中也无须分类测算；而承台基础方面，由于承台的构造特点，混凝土二次摊布的人员可以相对配备较少，宜分类配备。

某工程中采用商品混凝土泵送，班组劳动力配备虚拟如下：

1）主体结构（梁板柱等构件）的泥工班组虚拟。主体结构采用商品（泵送）混凝土的劳动力配备一般为：振动棒 4 人、放料 2 人、光面 2 人、二次摊布 4 人、机动人自 1 名，详见表 2 - 1 - 10。

表 2 - 1 - 10　　　　　　　　　　　泥工班前台作业人员配备表

序号	岗位职责	人数	技术等级	工作内容
1	放料	2	普工（小工）	负责布料杆的移动与定位、俗称"扶泵"
2	混凝土二次摊布	6	普工（小工）	负责将泵送混凝土摊布均匀
3	混凝土振捣	4	技术工（大工）	负责将摊布好的混凝土振捣，3 名执振动棒、1 名执平板振动器
4	混凝土光面	4	技术工（大工）	负责将振捣好的混凝土表面压平（如将剔出露出表面的石子等工作）、压光，保证混凝土成形后外观质量符合施工规范要求
5	机动人员	1	技术工（大工）	一般为班组作业时的直接指挥人员，如前台作业其他岗位人员工作滞后时也需要其暂时顶替或帮助
6	泵车维护人员	1	普工（小工）	负责泵车出料维护，保障出料顺畅
7	合计	18	9 名普工 9 名技术工	前台作业

2）承台基础混凝土浇筑时的泥工班劳动力配备虚拟。承台基础混凝土浇筑时，二次摊布量的工作量比主体结构施工时要少，所以通常会减少相关人员，其他岗位基本不变；而承台构件的特点，在振捣工作中，无须用到平板振动器，所以也会减少振捣人员数量。此时，劳动力配备情况应为：放料 2 人、二次摊布 6 人、振捣 4 人、光面 2 人、机动人员 1 名、出料口维护 1 人，共计 16 名，其中技术工 7 名、普工 9 人。

其岗位职责与工作内容均同主体结构施工中安排。

3）泥工班组单个工日内人工费组价。单个工人人工费开支的组价过程中，工人工资按技术工与普工两种类别划分，其工资单价分别为技术工 120 元/工日、普工 80 元/工日，每工作日作业时间为 10h。按此标准组价结果见表 2 - 1 - 11。

表 2-1-11 泥工班浇筑混凝土期间劳动力配备及组价表

序号	工作内容	小工人数（人）		大工人数（人）		合计（人）	工资标准（元/工日）	单个工作日内班组人工费开支（元/工日）
		后台：0	前台：9	后台：0	前台：9	大工：9 小工：9	120 80	
1	主体混凝土施工							1800
2	承台混凝土施工	后台：0	前台：9	后台：0	前台：7	大工：7 小工：9	120 80	1560

（2）班组单日产值确定与反算。

1）班组单日产值确定。按照班组单日产值确定的办法，考虑本工程中的一些设计特点、场地现状、人力配备等因素，从工地施工现场的一些统计数据中分析出，在该种模式下，泥工班组的单日产值确定见表 2-1-12。

表 2-1-12 泥工班组单日产值确定表

序号	浇筑部位	班组产量	备注
1	主体结构	250m³/工作日	每工作日作业时间为 10h
2	承台基础	320m³/工作日	每工作日作业时间为 10h

2）反算出浇捣每立方米混凝土所需的人工费标准。

根据班组单日人工费开支及单日产值，反算过程如下：

a. 主体结构单方混凝土浇筑量人工费：1800/250＝7.2（元/m³）。

b. 承台基础单方混凝土浇筑量人工费：1560/320＝4.88（元/m³）。

c. 屋面结构单方混凝土浇筑量人工费：屋面结构的工人作业效率测定仍可以按照前两种模式的测算办法，以楼面结构的 80％工作效率作为其工人作业效率，则 7.2/80％＝9（元/m³）

结合以上两个数据，汇总见表 2-1-13。

表 2-1-13 单方混凝土直接消耗人工费单价

序号	分部分项名称	工程量	单价（元）	所包含的工作内容
1	混凝土垫层、基础	266.0m³	4.88	混凝土浇筑的所有工作及相关的脚手架、通道的搭拆等准备工作及扫尾工作
2	混凝土主体	1147.4m³	7.2	混凝土浇筑的所有工作及相关的脚手架、通道的搭拆等准备工作及扫尾工作
3	混凝土屋面结构	78.28m³	9.0	混凝土浇筑的所有工作及相关的脚手架、通道的搭拆等准备工作及扫尾工作
4	人工费合计（元）			10264

通过工人作业效率测定，可以反映出工程施工与工程造价的紧密结合，对测算人员的所具备的专业知识有一定的综合要求，这也符合工程造价的发展方向。在今后的建设

工程中，工程造价的确定与控制将与施工结合得越来越紧密。

在虚拟反算法的运用中，班组劳动力配备是重点，班组劳动力配备的人员组合要根据作业特点等一系列的因素来确定，劳动力配备既有其普通性，又有其特殊性，没有固定的劳动力组合。人员配备的合理性主要反映在完成工作内容所必需的岗位都安排了足够的人员，且人员组合没有漏排、多排；而班组单日产值的确定则是虚拟反算法中的难点，难在该产值数量的确定只能通过现场观察和施工经验来确定，而且在确定过程中又要充分考虑到该工程的作业特点，总之，在单日产值的确定上，需要丰富的施工经验来进行确定，切不可盲目套用其他工程数据。

综观工人作业效率的测定过程，都是围绕施工经验的论证与工程特点的分析来进行的，所以在其最终的测定结果上来说，不一定是能反映或代表所有工程的泥工作业的工人作业效率。但是这种测定的方法却是可以运用的，无论是在不同的地区，还是在不同的工程类别中，都可以按照虚拟反算法，对实例中的一些基础数据（如人工工资单价、班组单日产值等）做修改，以满足或正确反映工程特征，测算出"最令人满意的结果"。

4. 泥工班人工费单价补充与修正

通过虚拟反算法的办法确定出来的人工费单价，由于在班组单日产值的确定中是根据现场调查记录分析得出的，一方面是反映了劳动班组作业管理的中上水平，另一方面该产值数据也是包含了班组作业前的准备工作及完成工作内容后的扫尾工作等情况下得出的，但是不包含机械设备可能出现的大修等重大故障，也不包含因质量问题而出现的返工等二次修补的工作内容，所以，要完整地测算泥工班劳务分包的合同价格，还需要对其做进一步的补充与修正。泥工班人工费测算的最终目的是为劳务分包合同价格确定提供决策依据，所以人工费测定不仅要包含工程实体的泥工作业内容，还要包含在拟定合同中劳务分包方需要承担的除工程实体劳务作业以外的一些合同义务。在以上实例工程的劳务分包合同中，规定了泥工作业所需要的小型机械设备、工具（"除垂直运输机械及搅拌机械以外的所有小型机械设备及工具"）及其他工作任务。所以在混凝土人工费单价补充与修正步骤中，需要对与合同有关且与合同条款有关的工作内容或合同义务进行测算，以保证最终结果严谨与正确。通过前几步的测算所得出的结果，只是对成本做了一个测定，而在实际的劳务合同价格中，必须要包含分包商所应得的分包利润。对于分包利润的空间，需要通过市场调查，按比例列入成本，以作为分包商的外部关系协调及管理费用开支等工作，以保证最终的测算结果是符合市场经济要求，符合市场规律，能被市场所接受。

根据泥工班人工费测算方法与步骤中要求，在工人作业效率测定完毕后，应对人工费单价进行补充与修正。

对测定结果补充修正工作分三个步骤进行，第一步是结合对实体工作中可能出现的一些延误作业的因素做一个定量的估算；第二步对合同中涉及泥工劳务中需要劳务方承担的合同义务做一个定量的补充；第三步是对分包利润空间做一个合理的确定。

（1）不确定因素的定量估算。首先，在严格意义上来说，不确定因素对班组作业效率各个方面的影响需要利用不确定性分析方法进行线性分析，以确定对人工费的影响值。这种方法是最科学的方法，但是在实践中却不一定是最合理的方法，主要原因在于

不确定性分析法对基础数据的准确性要求比较高，而在实际当中，对各种因素的发生频率几乎没有统计数据。另外，目前在建设工程造价领域中的从业人员在该方面的知识，坦而言之，还没有达到能将不确定性分析法应用到工作中各个细节中去的能力（市场验证时要做一个不确定性分析的敏感性分析）。

从立足点来说，在成本测算需要考虑不确定性因素对成本的影响，主要是不确定性分析、风险分析两部分内容，对于其影响值与发生频率，可以通过估算的方式来考虑，并以风险备用金的形式列入成本，作为测算结果的补充或修正。另外盈亏平衡点分析对工人作业效率方面没有直接的影响，只是在最终的合同价格签订上有影响。所以在本部分中将不对其做盈亏平衡点分析，在后面的市场验证环节，我们将做详细介绍。

在泥工班组作业中，可能对工人作业效率产生影响的因素主要有天气、停水停电、机械故障等三方面的事故。

1）天气原因。如在混凝土浇筑时，遇大雨天气，需要暂停施工，对班组影响主要在于扫尾工作量增加，相关的成品保护工作增加。

2）停水停电。在施工中，无可避免的在中途出现停水停电现象，这对于工人的实际工作时间会有影响，而期间可能随着出现的一些工序（如搅拌机抽水或出余料）增加工作内容。

3）机械故障。无论是现场自拌混凝土还是商品混凝土施工，都离不开机械的配备，而机械故障则基本是从机械工业诞生以来就有的一种现象。作为泥工班作业，机械故障往往导致施工停顿，工人作业时间的实际利用率降低。在一些劳务分包商向总包商的索赔报告中，经常可以看到因机械故障而出现的人工窝工补偿内容。

以上不确定因素，可以以建筑 $1 元/m^2$ 的单价作为合同价格补充。

（2）合同义务要求对价格进行补充单价。补充主要是依据拟定的劳务分包合同中的相关条款来进行的，所以必须先理解合同条款，明确各项义务，再对各项合同义务进行一一测定。值得注意的是，在工人作业效率测定中只是对工程实体的混凝土浇筑过程中的人工消耗数据，所以除实体浇筑人工以外的合同义务均需列入。

1）合同中规定的其他义务条款。

a. 混凝土养护。混凝土浇筑完毕后，需要对混凝土成品进行养护，养护的主要工作内容是覆盖、浇水及搭设简易栏杆或设置标识等工作。

b. 砖砌体养护。在砖砌体施工前，需要对现场堆放的砖块进行浇水湿润，以便于保证砌体之间的黏结强度及砌筑质量。在砌体完成之后，也需要对砌体进行浇水养护，以防止因砂浆中的水泥产生水化热反应导致的质量缺陷。

c. 碎石干铺、人工修土等零星作业的费用。通过合同及工程图纸内容，可以看出，泥工班在签订劳务合同后，除了混凝土及砌体两个主要工作内容外，还有一些其他的零星工作内容，如碎石干铺、人工修土等工作。这些零星工作的人工费用开支需要做一个成本测算，作为合同价格的必要补充内容。

d. 小型机具设备的购置。根据合同，混凝土浇筑期间所需要的插入式振动器、平板振动机、人力翻斗车、铁锹及工人作业用的各种小型工具均要求劳务承包方自行购置。

e. 安全防护器具的购置。为保障安全施工要求，作业工人均须佩戴安全帽，雨天作业还需要雨衣、雨靴等，如果根据合同要求，这些都需要劳务分包方自行购置，所以也需要列入合同价格成本构成范围内。

f. 临时设施建设中的泥工工作。如根据合同中要求，该工程临时设施建设中所有的泥工的项目工作也需要劳务分包方提供，该费用包括在拟定的合同单价内，主要工作包括场地硬化、临时设施搭建、建筑内的粉刷及装饰、砖围墙及工地大门的砌筑等工作。

2) 各项合同义务的成本估算。之所以采用估算的方式来测定成本，其原因在于两个方面：一是上面所列的每一项合同义务在经济指标中不会占主导地位，其价值也不高，本着成本测算的相关精神，可以采用估算的形式来进行确定；二是由于各项工作的具体作业要求及内容没有固定的量化依据，无法对其做静态的详细测算。所以，将采用估算的方式对上面所列的四项合同义务做成本测定。

以混凝土养护费用举例养护费估算。

【实例 2-1-6】　某工程的标准层楼面为 $674m^2$，按养护期 7 天来计算，每天养护 6 次（每 2 小时浇水养护一次），每次 20min，则每天的养护时间为 $7 \times 6 \times 20min = 12(h)$；养护人员为普工，工资按 80 元/工日计算，每养护一层楼面的人工费开支为 $12/10 \times 80 = 96(元/层)$；已知每标准层的混凝土方量为（楼面结构及屋面结构混凝土）$949.6 + 78.28 = 1027.88(m^3)$；以上数据折合到标准层每立方米混凝土含量为 $1027.88/4719 = 0.22(m^3)$。则说明，在楼面结构及屋面结构中，每立方米混凝土的养护费用为 $96/(0.22 \times 674) = 0.64(元/m^3)$。

由于混凝土养护费为估算，则承台基础、垫层、柱等其他构件的混凝土养护费用均按此标准计取，汇总见表 2-1-14。

表 2-1-14　　　　　　　　　混凝土养护费用单价表

序号	分部分项名称	工程量	单价（元）	合价（元）	所包含的工作内容
1	混凝土垫层、基础	$266.0m^3$	0.64	170.24	混凝土浇水养护费用
2	混凝土梁板柱等	$1147.4m^3$	0.64	734.34	混凝土浇水养护费用
3	混凝土屋面结构	$78.28m^3$	0.64	50.1	混凝土浇水养护费用
	合计	$1491.68m^3$		954.68	

(3) 市场验证。市场验证项目单价是否合理，其实也就是一个市场价格的询价的过程，并以询价的结果来评价成本价格是否能被市场所接受，或通过询价结果来评定分包商希望获得的利润空间是否能被总包商所接受。市场询价的对象通常是潜在的劳务分包人，一般为专业的劳务公司或市场所充斥的清工老板。

【实例 2-1-7】　某住宅楼泥工班（砌筑工分部）人工费测算报告。

(一) 测算依据

测算依据（同【实例 2-1-5】）。

(二) 砖砌体砌筑工作工人作业效率测定

砖砌体子分部的工作内容也是泥工班的一个主要工作，而且其占总泥工工作费用的

比例是所有工作中最大的。所以，对于砖砌体砌筑工作的工人作业效率需要做深入细致的测定，以保证最终测算结果的准确度。

砖砌体工程主要包括砂浆制备及运输、砖块运输、砖块砌筑、砌体养护等工作内容，作业方式也是由后台供料、前台作业两班流水配合施工。在混凝土工人作业效率测定中，已经按不同的机械配备条件下的作业模式分别做了测定。在砖砌体工程的测算中，为了让读者更加全面的了解和掌握砖砌体的工人作业效率测定，也将以不同的机械配备条件分别测定其砌筑工人的作业效率。

根据混凝土工人作业效率测定中的假设，在砖砌体施工中，也采用商品砂浆使用人货电梯运输的模式，下面仅以此模式下的砖砌体砌筑工作的工人作业效率测定进行示例。

（1）班组劳动力配备虚拟。泥工班在进行砌筑工程作业时，其工作流程及工作内容分别是：商品砂浆出料并运输到作业点→砖块装车→砖块运输到作业点→前台砌筑→清扫落地灰等扫尾工作→成品养护。

在以上各个环节中，商品砂浆采用的是人力翻斗车装卸运输；砖块装车为人工装车；砂浆及砖块的水平运输均采用人力翻斗车运输；在前台砌筑环节中，还包含了砌筑所需的跳板（或脚手架）等辅助措施的搭设与拆除工作；在工作中，还需要对落地灰及时的清扫并回收再利用。

在劳动力配备虚拟中，考虑到地基与基础分部的砖基础砌筑中，无需垂直运输及跳板搭拆工作，所以在本工程的砌筑工程的人工费测定中将分基础部分及主体部分两种类型做虚拟配备。另外，由于在该工程中所采用的两种砌筑材料——多孔砖及标准砖的作业方式基本一样，故在劳动力配备过程中，将不分类虚拟。

在砖砌体工程的施工中，后台的运转负荷率是很低的，也就是说后台作业可以很轻松的实现前台作业的材料供应，相应的后台劳动力也可以从简配备，劳动力的重点投入应放在前台作业中。

1）主体分部砖砌体工程的劳动力配备虚拟。

a. 后台作业人员配备。根据现场观察及施工经验，后台的作业人员配备为：商品砂浆地面运输2人、砖块装车及水平运输4人，共6人，皆为普工，相关信息详见表2-1-15。

表2-1-15　　　　　　　　　泥工班后台作业人员配备表

序号	岗位职责	人数（人）	技术等级	工作内容
1	商品砂浆地面运输	2	普工（小工）	负责将制备好的砂浆地面水平运输工作并协助上料
2	砖块装车及水平运输	4	普工（小工）	负责将砖块装车并运到井架内
	合计	6	皆为小工	后台作业

b. 前台作业人员配备。根据机械产量数据及后台作业人员的配备情况，前台的作业人员配备为：砌筑工20人、砌筑工助理10人、机动人员1名。共31人，详见表2-1-16。

表 2 - 1 - 16　　　　　　　　　　泥工班前台作业人员配备表

序号	岗位职责	人数（人）	技术等级	工作内容
1	砌筑工	20	技术工	负责砌筑工作，包括拉线、刮灰等
2	砌筑工助理	10	普工（小工）	负责砖块、砂浆的楼面水平运输工作及协助砌筑工作业时所需要的各种材料、工具的递送配合等
3	机动人员	1	技术工（大工）	一般为班组作业时的直接指挥人员，如前台作业其他岗位人员工作滞后时也需要其暂时顶替或帮助
合计		31	21名技术工，10名普工	前台作业

c. 主体砖砌体工程劳动力配备汇总及组价。按前台及后台的劳动力配备，在砖砌体施工中，泥工班组的人员配备为37人。工人工资水平仍按混凝土工程施工时的工资水平列入组价，即技术工120元/工日，普工80元/工日，每工作日作业时间按10h计算。泥工班主体分部砖砌体工程施工劳动力配备汇总及组价信息详见表2-1-17。

表 2 - 1 - 17　　　　泥工班主体分部砖砌体工程施工劳动力配备及组价表

工作内容	小工人数（人）		大工人数（人）		合计（人）		工资标准	单个工作日内班组人工费开支
主体分部砖砌体工程施工	后台：6	前台：10	后台：0	前台：21	大工：21	120元/工日		3800元/工日
					小工：16	80元/工日		

2）砖基础工程的劳动力配备虚拟。

a. 后台人员配备。在砖基础工程的劳动力配备中，后台人员按主体施工时后台作业方式要求配备，共配备普工6名。

b. 前台人员配备。前台作业人员配备与主体砖砌体施工时人员配备一致，即技术工21名，普工10名，共31名。

c. 基础砖场体工程劳动力配备汇总及组价。泥工班在砖基础施工时单个工作日内班组人工费开支与主体砖砌体工程施工开支一致，即3800元/班组工作日，详见表2-1-18。

表 2 - 1 - 18　　　　泥工班基础分部砖砌体工程施工劳动力配备及组价表

工作内容	小工人数（人）		大工人数（人）		合计（人）		工资标准（元/工日）	单个工作日内班组人工费开支（元/工日）
基础分部砖砌体施工	后台：6	前台：10	后台：0	前台：20	大工：21	120		3800
					小工：16	80		

（2）班组单日产值确定与反算。

1）班组单日产值确定。

a. 主体分部中砖砌体工程单日产值。在确定单日产值时，需要对不同的建筑材料分别做产值确定，在本工程中，只采用了两种砌筑材料：多孔砖与标准砖。由于其作业方式基本相同，故在人力配备的相同的基础上，靠两种砌筑工作的产值来分类测算。

泥工班在砖砌体工程施工时的单日产值确定也是只能通过现场的调查资料来进行，

但是与混凝土工人作业效率测定不同的是，砖砌体工程的单日产值决定于砌筑工数量的多少，也就是说，所有的后台人员或前台助理人员都是为了保证砌筑工的原料供应的。在本工程中，一个作业班组工 37 人，除去一名机动人员，实际作业人员为 36 名，其中砌筑工人数为 20 名。

根据调查资料显示，在保证后台供应工作连续，砌体质量要求为"合格"标准的前提下，在类似工程中（层高 3.6m 以内砖混结构），每个砌筑工的单日产值见表 2-1-19。

表 2-1-19　　　　　主体分部砌筑工人单日产值调查结果　　　　　（块/工日）

序号	工作名称	单位	数量	工作内容
1	标准砖—砖墙砌筑	块	1400	拉线、砌砖、质量自查、勾缝
2	多孔砖—砖墙砌筑	块	850	拉线、砌砖、质量自查、勾缝

按表 2-1-19 中数据，结合劳动力配备中的砌筑工数量，对两种砌筑工作的单日产值确定见表 2-1-20。

表 2-1-20　　　　主体分部泥工班组砖砌体工程单日产值调查结果

序号	工作名称	单位	砌筑工人数（人）	数量（块）	合计（块/班组工作日）
1	标准砖—砖墙砌筑	块	20	1400	28000
2	多孔砖—砖墙砌筑	块	20	850	17000

b. 基础分部中砖砌体工程单日产值。在本工程中，基础的最大埋深为 1.8m，砖基础的使用部位在地梁上，即 ±0.00 以下 600mm，所以在基础分部中的砖砌体施工中，不存在垂直运输工序，也无需跳板搭设工作，所以砌筑工的工人作业效率在此比主体施工中的工人作业效率要高。根据调查显示，每名砌筑工在标准砖的砖基础施工中一般可达 1500 块/工日，结合基础分部砖砌体工程施工劳动力配备表中数据，泥工班组在砖基础工程中每日的班组产值为：1500 块/工日×20 工日=30000（块）。

2）反算每立方砌体所需的人工费标准。

a. 主体施工阶段标准砖（一砖墙）的人工费标准。已知每立方米标准砖墙（一砖墙）的砖块数为 521 块，拟定的泥工班组的单日人工费开支为 3800 元，班组单日产值为 28000 块，则每立方米砌体所需的人工费标准为（3800/28000）×521=70.70（元/m³）。

b. 主体施工阶段多孔砖（一砖墙）的人工费标准。已知每立方米多孔砖墙（一砖墙）的砖块数为 340 块，拟定的泥工班组的单日人工费开支为 3800 元，班组单日产值为 17000 块，则每立方米物体所需的人工费标准为（3800/17000）×40=76（元/m³）。

c. 基础施工阶段标准砖（一砖墙）的人工费标准。已知每立方米标准砖墙（一砖墙）的砖块数为 521 块，拟定的泥工班组的单日人工费开支为 3800 元，班组单日产值为 30000 块，则每立方米砌体所需的人工费标准为（3800/30000）×521=66（元/m³）。

将以上各个人工费标准代入已计算的工程量表中，所得结果见表 2-1-21。

表 2 - 1 - 21　　　　　　　　　　单方砌体直接消耗人工费单价

序号	分部分项名称	工程量（m³）	单价（元）	合价（元）	备注
1	基础标准砖砌体	71.85	66	4742.1	
2	主体标准砖砌体	143.43	70.70	10140.50	
3	主体多孔砖砌体	1137.13	76	86421.88	
4	人工费合计			101304	

四、 脚手架清包工分项单价的测算

1. 脚手架的基本概念

脚手架工程是指建设工程施工过程中出于安全生产或施工措施的需要而进行的脚手架搭设及拆除工作。在土木工程领域中，脚手架按其搭设材料主要分为钢管扣件式脚手架、碗扣式脚手架、毛竹脚手架。在本书中，由于篇幅有限，只针对目前建筑工程中应用最广泛的钢管扣件式脚手架工程的成本测算做一个介绍及实例演示，见表 2 - 1 - 22，其他种类的脚手架可以参考钢管扣件脚手架的测算思路和方案进行测算，书中不再赘述。

表 2 - 1 - 22　　　　　　　　　　钢管扣件式脚手架基本概念

序号	名称	释义
1	脚手架	为建筑施工而搭设的上料、堆料与施工作业用的临时结构架
2	单排牌手架（单排架）	只有一排立杆、横向水平杆的一端搁置在墙体上的脚手架
3	双排脚手架（双排架）	由内外两排立杆和水平杆等构成的脚手架
4	结构脚手架	用于砌筑和结构工程施工作业的脚手架
5	装修脚手架	用于装修工程施工作业的脚手架
6	敞开式脚手架	仅设有作业层栏杆和挡脚板、无其他遮挡设施的脚手架
7	局部封闭脚手架	遮挡面积小于 30% 的脚手架
8	半封闭脚手架	遮挡面积占 30%～70% 的脚手架
9	全封闭脚手架	沿脚手架外侧全长和全高封闭的脚手架
10	模板支架	用于支撑模板的、采用脚手架材料搭设的架子
11	开口型脚手架	沿建筑周边非交圈设置的脚手架
12	封圈型脚手架	沿建筑周边交圈设置的脚手架
13	扣件	采用螺栓紧固的扣接连接件
14	直角扣件	用于垂直交叉杆件间连接的扣件
15	旋转扣件	用于平行或斜交杆件间连接的扣件
16	对接扣件	用于杆件对接连接的扣件
17	防滑扣件	根据抗滑要求增设的非连接用途扣件
18	底座	设于立杆底部的垫座
19	固定底座	不能调节支垫高度的底座
20	可调底座	能够调节支垫高度的底座

续表

序号	名称	释义
21	垫板	设于底座下的支承板
22	立杆	脚手架中垂直于水平面的竖向杆件
23	外立杆	双排脚手架中离开墙体一侧的立杆或单排架立杆
24	内立杆	双排脚手架中贴近墙体一侧的立杆
25	角杆	位于脚手架转角处的立杆
26	双管立杆	两根并列紧靠的立杆
27	主立杆	双管立杆中直接承受顶部荷载的立杆
28	副立杆	双管立杆中分担主立杆荷载的立杆
29	水平杆	脚手架中的水平杆件
30	纵向水平杆	沿脚手架纵向设置的水平杆
31	横向水平杆	沿脚手架横向设置的水平杆
32	扫地杆	贴近地面、连接立杆根部的水平杆
33	纵向扫地杆	沿脚手架纵向设置的扫地杆
34	横向扫地杆	沿脚手架横向设置的扫地杆
35	连墙件	连接脚手架与建筑物的构件
36	刚性连墙件	采用钢管、扣件或预埋件组成的连墙件
37	柔性连墙件	采用钢筋作拉筋构成的连墙件
38	连墙件间距	脚手架相邻连墙件之间的距离
39	连墙件竖距	上下相邻连墙件之间的垂直距离
40	连墙件横距	左右相邻连墙件之间的水平距离
41	横向斜撑	与双排脚手架内、外立杆或水平杆斜交呈之字形的斜杆
42	剪刀撑	在脚手架外侧面成对设置的交叉斜杆
43	抛撑	与脚手架外侧面斜交的杆件
44	脚手架高度	自立杆底座下皮至架顶栏杆上皮之间的垂直距离
45	脚手架长度	脚手架纵向两端立杆外皮间的水平距离
46	脚手架宽度	双排脚手架横向两侧立杆外皮之间的水平距离；单排脚手架为外立杆外皮至墙面的距离
47	立杆步距（步）	上下水平杆轴线间的距离
48	立杆间距	脚手架相邻立杆之间的轴线距离
49	立杆纵距（跨）	脚手架立杆的纵向间距
50	立杆横距	脚手架立杆的横向间距；单排脚手架为外立杆轴线至墙面的距离
51	主节点	立杆、纵向水平杆、横向水平杆三杆紧靠的扣接点
52	作业层	上人作业的脚手架铺板层

钢管扣件式脚手架工程按其搭设方式又主要分为落地式脚手架、悬挑式脚手架、自动提升式脚手架、满堂脚手架、移动式脚手架等类型。前三种脚手架主要应用在建筑施工中的外脚手架工程中，后两种搭设方式的脚手架主要应用在装饰装修阶段的室内施工工程中。除此之外，为了方便总成本的统计与计算，应把钢筋混凝土结构工程主体施工中用的模板支撑架也作为脚手架工程成本测算的一个内容。

脚手架工程成本测算的对象主要包括以下几个方面的内容：

（1）外脚手架。外脚手架指在工程施工过程中，从主体施工开始到外墙装饰装修工程结束时间为止，为了保证工程施工安全，防止高空坠落、方便施工作业而在建筑物外周边搭设的脚手架，其搭设类型主要有落地式脚手架及悬挑式脚手架、自动提升式脚手架。

（2）内脚手架。内脚手架指在工程装饰装修等室内工程施工期间，为了便于施工作业而搭设脚手架，一般在建筑物层高较大，搭设简易的施工跳板方法无法满足作业需求时搭设的脚手架。根据内脚手架搭设方式，主要有满堂脚手架及移动式脚手架两种类型。

（3）模板支撑架。模板支撑架指在钢筋混凝土结构的主体施工期间，出于施工措施要求而搭设的模板支撑架。目前建筑施工过程中模板支撑架的搭设主要有钢管扣件式支撑架、碗扣式钢管支撑架、木支撑、工具式支撑架等支撑类型，本书只介绍目前应用最广泛且计算难度最大的钢管扣件式支撑架。

（4）安全防护栏杆。安全防护栏杆指在工程施工过程中，出于安全考虑，对已完成的主体施工的楼层四周尚无砌体等围护结构而设置的临时围护栏杆，主要起安全防护作用。在外墙或砌体工程施工完毕后拆除的安全防护栏杆，也包括建筑物临边、洞口、电梯口、楼梯口等需要临时安全防护部位设置的栏杆等。

（5）其他需用钢管扣件的部位。由于各地各工程的施工方案和技术要求不一，所以在一些工程中，还会有其他需要采用钢管扣件作为施工要求的，我们也统一列入脚手架工程专项测算中，比如在混凝土柱的支模过程中，有些施工项目部也习惯于采用钢管抱箍扣件紧固的方式进行柱模加固、定位等。除此之外，在井架及现场搅拌机等机械中，根据安全生产要求，也需要利用钢管扣件等材料搭设安全防护棚。总之，在工程中发生的一些零星用量，为方便测算归类组价在施工过程中的控制及核算需要，统一列入脚手架工程费用中。

2. 脚手架工程成本测算的必要性

脚手架工程成本测算是一项很系统、复杂的工程，尤其是脚手架工程的专业性很强，测算过程中需要与技术紧密结合，从技术角度考虑经济成本。测算过程虽然难，但却是在工程成本管理中有非常明显作用，且非常有必要性的一项工作。

目前广大造价人员无论是在进行投标报价还是成本管理中，脚手架工程的费用往往都是按照政府定额的费用标准进行计算或调差来完成。而根据调查和了解，目前大多数的政府定额在脚手架工程的费用子目中普遍是按"建筑面积"或"外立面面积"两种方式以平方米来计算造价的，这种模式虽然计算简便，但是却有不可避免的不足之处。工程量清单计价中，措施费由施工企业自由报价，脚手架工程成本合理测算显得更为

重要。

脚手架工程的费用计算与其他分部分项工程的费用计算不一样。脚手架费用应当考虑三个因素：消耗量、单价、时间，而其他分部分项工程的费用计算只需要考虑量和价两个因素即可满足费用计算要求。在按照政府定额的费用标准进行计算的脚手架工程中，无论是哪部分费用，都是按量价的计算原则来进行费用计算的，不考虑时间因素的测算不能说是错误的，只是没有考虑到工程的实际规模和工期之间的确切关系，以摊销系数的方式来计算消耗量会导致项目单价综合程度相当高；而简单的以建筑面积或外立面面积的指标来推算脚手架的使用时间，并以此来计算其摊销数量及费用，忽略了建设工程单一性的特点。所以，不考虑时间因素的测算在成本测算中显得是不能满足需求的。

脚手架工程价格失真，首先在投标报价工作中会使投标单位处于不利地位，施工单位无法正确地计算出工程成本，对整个投标报价策略带来不稳定因素；而且由于政府定额编制年限等原因，往往是导致脚手架工程的费用随着建筑设计水平的发展进步和安全生产要求的逐步提高而增加。对施工方来说，迫切需要工程中各个分部分项工程的真实准确成本，以便在此基础上做出正确合理的报价方案，脚手架工程的成本测算在此阶段的重要性由此也逐步显现。

在施工项目的成本管理中，脚手架工程成本测算也是一项非常重要的工作。在成本管理的目标成本的环节中，制定一个准确可行的专项成本计划是成本管理工作顺利开展的先决条件。增加工程成本的透明度使成本控制的方法与手段更加有的放矢，以提高成本管理的效率。通过脚手架工程成本测算得出钢管扣件脚手架材料的进度用量及总用量，可以有效指导脚手架工程的材料采购、保管等管理工作，从而实现"计划—控制—核算"的有效管理机制，有效解决施工项目部在钢管扣件等材料的积压和损耗过大的问题。

脚手架工程虽然在工程成本中所占的比例不大，但是根据项目管理中动态控制的原则，脚手架工程就是工程成本中最容易受到干扰的几个分部分项工程之一。工程暂停、工期拖延等工程事件的发生，脚手架费用都会很直观的受到影响，无论是工程哪一方的原因造成的脚手架费用增加，都应该对其成本了如指掌。所以造价人员在成本控制工作中，想要实时有效地控制工程成本，必须重视脚手架工程费用的测定与监控。

3. 脚手架清包单价的测算

脚手架部分的成本主要由搭拆人费、材料租金等组成。脚手架清包工单价的来源主要有：

（1）班组实测。班组实测的具体测算方法可以参考人工班虚拟反算的方法，本节不再详述。

（2）市场询价。市场询价是指对初步测算结果，要结合市场询价结果进行比对，以确保测算结果的有效性。

4. 脚手架费用测算的构造要求

（1）脚手架设计尺寸常用敞开式单、双排脚手架的设计尺寸，宜按表 2-1-23 和表 2-1-24 中的数据采用。

表 2 - 1 - 23　　　　　常用敞开式双排脚手架的设计尺寸　　　　　（m）

连墙件位置	立杆横距	步距	脚手架允许搭设设计高度 H
二步三跨	1.05	1.20~1.35	50
		1.8	50
	1.3	1.20~1.35	50
		1.8	50
	1.55	1.20~1.35	5
		1.8	37
三步三跨	1.05	1.20~1.35	50
		1.8	34
	1.30	1.20~1.35	50
		1.8	30

表 2 - 1 - 24　　　　　常用敞开式单排脚手架设计尺寸　　　　　（m）

连墙体设置	立杆横距	步距	脚手架允许搭设设计高度 H
二步三跨	1.20	1.20~1.35	24
		1.8	24
三步三跨	1.40	1.20~1.35	24
		1.8	24

（2）纵向水平杆的构造要求。纵向水平杆宜设置在立杆内侧，其长度不宜小于 3 跨；纵向水平杆接长宜采用对接扣件连接，也可采用搭接、对接；搭接纵向水平杆的对接扣件应交错布置，两根相邻纵向水平杆的接头不宜设置在同步或同跨内，不同步或不同跨两个相邻接头在水平方向错开的距离不应小于 500mm，各接头中心至最近主节点的距离不宜大于纵距的 1/3，如图 2 - 1 - 1 所示。

搭接长度不应小于 1m，应等间距设置 3 个旋转扣件固定，端部扣件盖板边缘至搭接纵向水平杆杆端的距离不应小于 100mm；当使用冲压钢脚手板、木脚手板、竹串片脚手板时，纵向水平杆应作为横向水平杆的支座，用直角扣件固定在立杆上；当使用竹笆脚手板时，纵向水平杆应采用直角扣件固定在横向水平杆上，并应等间距设置，间距不应大于 400mm，如图 2 - 1 - 2 所示。

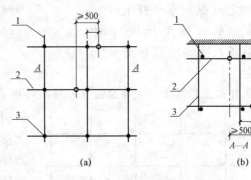

图 2 - 1 - 1　纵向水平杆对接接头布置
（a）接头不在同步内（立面）；（b）接头不在同跨内（平面）
1—立杆；2—纵向水平杆；3—横向水平杆

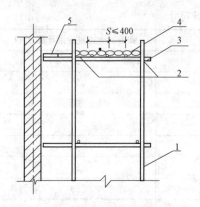

图 2-1-2 铺竹笆脚手板时纵向
水平杆的构造

1—立杆；2—纵向水平杆；3—横向水平杆；
4—竹笆脚手架；5—其他脚手板

（3）横向水平杆的构造要求。主节点处必须设置一根横向水平杆，用直角扣件扣接且严禁拆除，主节点处两个直角扣件的中心距不应大于 150mm；在双排脚手架中，靠墙一端的外伸长度 a 不应大于 0.41 且不应大于 500mm；作业层上非主节点处的横向水平杆宜根据支撑脚手板的需要等间距设置最大间距不应大于纵距的 1/2；当使用冲压钢脚手板、木脚手板、竹串片脚手板时，双排脚手架的横向水平杆两端均应采用直角扣件固定在纵向水平杆上，单排脚手架的横向水平杆的一端应用直角扣件固定在纵向水平杆上，另一端应插入墙内，插入长度不应小于 180mm；使用竹笆脚手板时，双排脚手架的横向水平杆两端应用直角扣件固定在立杆上，单排脚手架的横向水平杆的一端应用直角扣件固定在立杆上，另一端应插入墙内，插入长度亦不应小于 180mm。

（4）脚手板的设置要求。作业层脚手板应铺满、铺稳，离开墙面 120～150mm；冲压钢脚手板木脚手板、竹串片脚手板等应设置在三根横向水平杆上；当脚手板长度小于 2m 时，可采用两根横向水平杆支承，但应将脚手板两端与其可靠固定，严防倾翻。此三种脚手板的铺设可采用对接平铺，亦可采用搭接铺设，脚手板对接平铺时，接头处必须设两根横向水平杆，脚手板外伸长度应取 130～150mm，两块脚手板外伸长度的和不应大于 300mm；脚手板搭接铺设时，接头必须支在横向水平杆上，搭接长度应大于 200mm，其伸出横向水平杆的长度不应小于 100mm，如图 2-1-3 所示。

竹笆脚手板应按其主竹筋垂直于纵向水平杆方向铺设，且采用对接平铺，四个角应用直径 1.2mm 的镀锌钢丝固定在纵向水平杆上；作业层端部脚手板探头长度应取 150mm，其板长两端均应与支承杆可靠地固定。

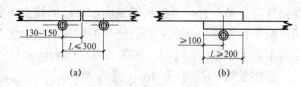

图 2-1-3 脚手板对接、搭接构造
（a）脚手板对接；（b）脚手板搭接

（5）立杆构造每根立杆底部应设置底座或垫板。脚手架必须设置纵横向扫地杆，纵向扫地杆应采用直角扣件固定在距底座上皮不大于 200mm 处的立杆上，横向扫地杆亦应采用直角扣件固定在紧靠纵向扫地杆下方的立杆上；当立杆基础不在同一高度上时，必须将高处的纵向扫地杆向低处延长两跨与立杆固定，高低差不应大于 1m，靠边坡上方的立杆轴线到边坡的距离不应小于 500mm，如图 2-1-4 所示。

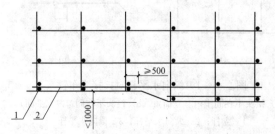

图 2-1-4 纵、横向扫地杆构造
1—横向扫地杆；2—纵向扫地杆

脚手架底层步距不应大于 2m；立杆必须用连墙件与建筑物可靠连接；立杆接长除顶层顶步可采用搭接外，其余各层各步接头必须采用对接扣件连接。

对接、搭接应符合：立杆上的对接扣件应交错布置，两根相邻立杆的接头不应设置在同一个步距内，同一个步距内隔一根立杆的两个相隔接头在高度方向错开的距离不宜小于 500mm，各接头中心至主节点的距离不宜大于步距的 1/3；搭接长度不应小于 1m，应采用不少于 2 个旋转扣件固定，端部扣件盖板的边缘至杆端距离不应小于 100mm；立杆顶端宜高出女儿墙上皮 1m，高出檐口上皮 1.5m；双管立杆中副立杆的高度不应低于 3 个步距，钢管长度不应小于 6m。

(6) 连墙件的构造要求连墙件数量的设置应符合表 2-1-25 的规定。

表 2-1-25 连墙件布置最大间距

脚手架高度		竖向间距/h	水平间距 l_a	每根连墙件覆盖面积（m²）
双排	≤50	3h	$3l_a$	≤40
	>50m	2h	$3l_a$	≤27
单排	≤24m	3h	$3l_a$	≤40

注 h 为步距；l_a 为纵距。

连墙件的布置规定：宜靠近主节点设置，偏离主节点的距离不应大于 300mm；应从底层第一步纵向水平杆处开始设置，当该处设置有困难时，应采用其他可靠措施固定；宜优先采用菱形布置，也可采用方形、矩形布置；一字形、开口形脚手架的两端必须设置连墙件，连墙件的垂直间距不应大于建筑物的层高，并不应大于 4m（2 个步距）；对高度在 24m 以下的单、双排脚手架宜采用刚性连墙件与建筑物可靠连接，亦可采用拉筋和顶撑配合使用的附墙连接方式，严禁使用仅有拉筋的柔性连墙件；对高度在 24m 以上的双排脚手架，必须采用刚性连墙件与建筑物可靠连接。

连墙件的构造规定：连墙件中的连墙杆或拉筋宜呈水平设置，当不能水平设置时，与脚手架连接的一端应下斜连接，不应采用上斜连接；连墙件必须采用可承受拉力和压力的构造，采用拉筋必须配用顶撑，顶撑应可靠地顶在混凝土圈梁、柱等结构部位；拉筋应采用两根以上直径 4mm 的钢丝拧成一股，使用时不应少于 2 股，亦可采用直径不小于 6mm 的钢筋；当脚手架下部暂不能设连墙件时可搭设抛撑（与脚手架外侧面斜交的杆件），抛撑应采用通长杆件与脚手架可靠连接，与地面的倾角应在 45°～60° 之间，连接点中心至主节点的距离不应大于 300mm，抛撑应在连墙件搭设后方可拆除。

架高超过 40m 且有风涡流作用时应采取抗上升翻流作用的连墙措施。

(7) 门洞构造措施单、双排脚手架门洞宜采用上升斜杆、平行弦杆桁架结构形式，如图 2-1-5 所示，斜杆与地面的倾角应在 45°～60° 之间。

单、双排脚手架门洞桁架的构造规定：单排脚手架门洞处应在平面桁架的每一节间设置一根斜腹杆，双排脚手架门洞处的空间桁架，除下弦平面外，应在其余 5 个平面内的图示节间设置一根斜腹杆。

斜腹杆宜采用旋转扣件固定在与之相交的横向水平杆的伸出端上旋转扣件，中心线至主节点的距离不宜大于 150mm，当斜腹杆在 1 跨内跨越 2 个步距时，宜在相交的纵向

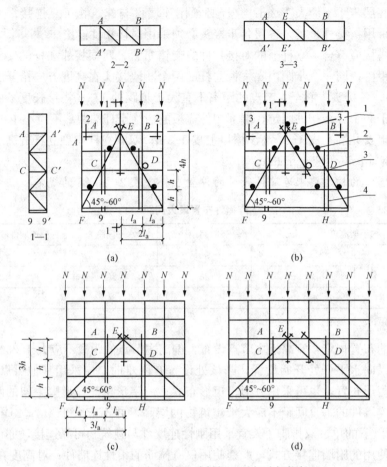

图 2-1-5　门洞处上升斜杆、平行弦杆桁架
(a) 挑空一根立杆（A 型）；(b) 挑空两根立杆（A 型）；(c) 挑空一根立杆（B 型）；(d) 挑空两根立杆（B 型）
1—防滑扣件；2—增设的横向水平杆；3—副立杆；4—主立杆

水平杆处增设一根横向水平杆将斜腹杆固定在其伸出端上；斜腹杆宜采用通长杆件，当必须接长使用时，宜采用对接扣件连接，也可采用搭接。

单排脚手架过窗洞时应增设立杆或增设一根纵向水平杆，如图 2-1-6 所示。

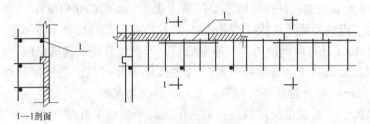

图 2-1-6　单排脚手架过窗洞构造
1—增设的纵向水平杆

门洞桁架下的两侧立杆应为双管立杆，副立杆高度应高于门洞口 1～2 个步距；门洞桁架中伸出上下弦杆的杆件端头均应增设一个防滑扣件，该扣件宜紧靠主节点。

（8）剪刀撑与横向斜撑。双排脚手架应设剪刀撑与横向斜撑，单排脚手架应设剪刀撑，剪刀撑的设置规定：每道剪刀撑跨越立杆的根数确定规定：每道剪刀撑宽度不应小于 4 跨且不应小于 6m，斜杆与地面的倾角宜在 45°～60°之间；高度在 24m 以下的单双排脚手架，均必须在外侧立面的两端各设置一道剪刀撑，并应由底至顶连续设置，中间各道剪刀撑之间的净距不应大于 15m，如图 2-1-7 所示。

高度在 24m 以上的双排脚手架应在外侧立面整个长度和高度上连续设置剪刀撑；剪刀撑斜杆的接长宜采用搭接；剪刀撑斜杆应用旋转扣件固定在与之相交的横向水平杆的伸出端或立杆上，旋转扣件中心线至主节点的距离不宜大于 150mm。

横向斜撑的设置规定：横向斜撑应在同一节间由底至顶层呈之字形连续布置；一字形、开口形双排脚手架的两端均必须设置横向斜撑，中间宜每隔 6 跨设置一道；高度在 24m 以下的封闭型脚手架可不

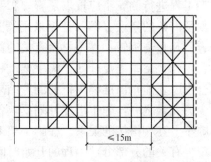

图 2-1-7　剪刀撑布置

设横向斜撑，高度在 24m 以上的封闭型脚手架，除拐角应设置横向斜撑外，中间应每隔 6 跨设置一道。

（9）斜道构造要求人行并兼作材料运输的斜道的形式确定要求：高度不大于 6m 的脚手架宜采用一字形斜道；高度大于 6m 的脚手架宜采用之字形斜道。

斜道的构造规定：斜道宜附着外脚手架或建筑物设置；运料斜道宽度不宜小于 1.5m，坡度宜采用 1∶6，人行斜道宽度不宜小于 1m，坡度宜采用 1∶3；拐弯处应设置平台，其宽度不应小于斜道宽度；斜道两侧及平台外围均应设置栏杆及挡脚板，栏杆高度应为 1.2m，挡脚板高度不应小于 180mm；连墙件每两个步距应加设水平斜杆，应按规定设置剪刀撑和横向斜撑。

斜道脚手板构造规定：脚手板横铺时，应在横向水平杆下增设纵向支托杆，纵向支托杆间距不应大于 500mm；脚手板顺铺时，接头宜采用搭接，下面的板头应压住上面的板头，板头的凸棱处宜采用三角木填顺；人行斜道和运料斜道的脚手板上应每隔 250～300mm 设置一根防滑木条，木条厚度宜为 20～30mm。

（10）模板支架。模板支架立杆的构造规定：支架立杆应竖直设置，2m 高度的垂直允许偏差为 15mm；设在支架立杆根部的可调底座，当其伸出长度超过 300mm 时，应采取可靠措施固定；当梁模板支架立杆采用单根立杆时，立杆应设在梁模板中心线处，其偏心距不应大于 25mm。

满堂模板支架的支撑设置规定：满堂模板支架四边与中间每隔四排支架立杆应设置一道纵向剪刀撑，由底至顶连续设置；高于 4m 的模板支架，其两端与中间每隔 4 排立杆从顶层开始向下每隔 2 个步距设置一道水平剪刀撑。

5. 脚手架工程成本测算的依据

脚手架工程是建筑工程中一个专业性比较强的分项工程。脚手架工程的成本测算结果是技术与经济相结合的产物。

脚手架工程成本测算的依据主要有以下几个方面的内容：

　　（1）施工组织设计或专项施工方案。施工组织设计是工程项目施工中的指导性技术文件，通过施工组织设计可以得到工程中各个部位及各种脚手架的搭设方案及要求；施工方案则是属于针对性更强、实施性更强的技术文件。专项施工方案一般包括外脚手架施工方案、模板支撑架搭设方案等一系列的脚手架作业要求及材料要求。技术性文件是脚手架工程成本测算的编制基础之一，必须仔细阅读和充分了解技术要求后方可对脚手架工程进行测算。应重点了解外脚手架的步距、大小横杆间距、立杆间距等基本技术数据及内架的搭设方案（是否采用满堂架或移动架等）、相应的安全防护方案等方面的内容，凡是与钢管扣件等材料有关的作业内容都要求熟悉，并列入成本测算的范围。

　　（2）施工进度计划。脚手架工程成本的计算必须由消耗量、单价及时间三个要素综合考虑才能得出准确可行的测算结果。施工进度安排正是脚手架工程成本测算中不可缺少的元素之一，施工进度计划反映各个单体工程的开、竣工日期和各个单体工程在施工顺序上互相搭接的关系。在脚手架工程成本测算中，重点是从进度计划中得出与脚手架工程有关的分部分项工程的开始时间与结束时间，并在此基础上进行整个工程用的脚手架使用日期综合分析，以得出钢管扣件的进度用量及总用量。

　　（3）工程所在地点的市场价格信息。市场价格信息是工程成本测算组价的基础，在脚手架工程成本测算中，主要收集钢管、扣件、安全网、脚手片等材料及各种人工的价格。在收集过程中应该遵循市场交易的实际情况，需要实地了解和调查才能作为测算的依据。如果是工程中标后的测算，有已签订的相关合同，应该按照合同中的人、材、机单价列入成本测算中。

　　【实例 2 - 1 - 8】　　某建筑公司成本部门收集的某地区的脚手架工程人、材、机等市场单价见表 2 - 1 - 26。

表 2 - 1 - 26　　　　某地区脚手架工程材料单价表（2017 年 2 月）

序号	项目名称	规格	单位	单价（元）	备注
1	钢管	$\phi48×3.5mm$	元/（m·天）	0.015	租赁费
2	扣件	国家标准	元/（个·天）	0.011	租赁费
3	安全网	密目 1800×6000mm	m²	3.15	
4	脚手片	毛竹 1000×1200mm	m²	13.1	
5	钢管损耗率		%	2	综合考虑
6	扣件损耗率		%	5	综合考虑

　　在脚手架工程的人工市场单价方面，劳务清包的价格是最适合于作为成本测算时人工费的处理方式。因为劳务清包模式既符合工程施工管理的现状，也符合市场的实际情况，是源于施工、指导施工、取于市场、调控市场，但在劳务清包价格的收集中也同样要注意各种价格所包含的工作内容及其合同结算方式。相应地，对于取之于市场的价格信息，也同样需要对其做出相应的价格论证，以保证所需要采用的市场价格是准确、合理的价格。

　　脚手架工程的机械费市场单价方面，也应该和实体工程项目中的机械费一样需要注意两个方面：一是不要将各种劳务清包合同单价或其他合同中所包含的机械费用重复计

算到脚手架的工程成本中，比如钢材切割机费用，无论是在劳务合同还是其他合同中一般都是属于合同价包干的费用，所以在此处机械费用的市场单价收集方面不要重复计算；二是在机械费是否有必要单独列出进行成本计算的选择方面，造价人员应该有工程成本的全局观念，对于一些零星的机械费或工具费，由于其机械价值很低或在工程中使用的日期或频率都很低，则不需要单独进行机械费测算，一般可以采用估算一项总金额处理即可。

一般来说，在脚手架工程成本测算中需要单独列出计算的机械费应该是金额较大，且不被包含在其他的合同价格中的机械费用，常见的需要单独计算的机械费主要有：自动提升脚手架的机械装置费用、特殊脚手架工程施工用大型机械设备（装置）费用。另需要说明的是脚手架工程施工中的垂直运输设备（如塔式起重机、井架等）的费用一般不需要另外计算，因为该部分费用已经包括在工程机械费的测算部分中。

6. 脚手架工程成本测算中应注意的问题

脚手架工程成本测算是一份对综合能力要求很高的复杂工作，尤其是在工程进度的综合分析过程中，更是要求从业人员保持清晰的思维和持续的逻辑思路。为此，将在脚手架工程成本测算中需要注意的几个问题罗列出来，以利于培养从业人员在该方面的成本测算能力。

（1）脚手架工程成本测算过程中要有对工程总成本的全局观念，避免费用的重复计算和遗漏计算。在本书所介绍的整个成本测算体系中，很多分部分项的费用存在交叉与单列的情形，这与传统的造价分解模式有出入，但无论是交叉还是单列，都是建立在施工管理的实际操作模式与建筑市场中的交易惯例来进行组合的。这种交叉与单列的变动在脚手架工程中占的比例较多，主要反映在：结构施工中的模板支撑架费用是按传统模式是与现浇构件绑定在一起的，而在本书中是单列出与外架等部分费用统一计算；安全防护栏杆的费用按"住房和城乡建设部 财政部关于印发《建筑安装工程费用项目组成》的通知（建标〔2013〕44号）"文的规定，是以安全施工费的组织措施费的形式来计算其费用的，而本书也统一将其列入脚手架工程成本测算中计算。这些费用的归类希望不会给读者带来迷惑，尤其是在其相关的费用计算中，应该要有工程成本的全局观念。比如在模板支撑架及柱模紧箍的费用计算中，人工费已经包含在木工班的劳务清包单价中（详见人工费成本测算），此处要注意避免人工费的重复计算。另外在安全防护费用的测算中，安全防护费用的人工费用一般都包含在整个外脚手架搭拆的劳务合同价格中，安全防护栏杆的搭拆作为合同中应完成的内容，其人工费也不应该重复计取。总之，全局观念在成本测算的各个阶段和部分都是必需的，在脚手架工程的测算中，尤其显得明显。

（2）测算过程中应该要有主次深浅、区别对待的思想。本书中脚手架工程所包含的工作内容和测算对象比较多，基本上是只要采用钢管扣件的分部分项工程的成本都在此分析计算。面对多个费用测算对象，在有限的时间里是很难逐一完成精细测算的。所以在脚手架工程的成本测算过程中，应该要有主次深浅区别对待的思想，对于造价金额较高的工作内容或对工程施工过程中的成本控制有较大影响的工作内容，应该投入精力深入分析测算其成本；而对于一些零星的、金额较小的工作费用，则可以采用估算方法以

"项"为单位列一笔金额进行计算。一般来说，工程外脚手架应该是测算深度要求最高的一个分项工程，而柱模紧固、机械安全防护棚等工作内容的费用测算则可以适当减少工作精力投入，以经验法估算即可，这也是遵循了工程成本测算原则中"抓大放小"的原则。

（3）脚手架搭拆时间模型可以近似作为一个等差数列模型来考虑。

（4）注意考虑钢管定尺长度对工程进度用量的影响。用于外脚手架工程中一般都是定尺6m的钢管，虽然项目部可以根据工程特点自行选择不同定尺长度的钢管，但是基于进度要求、安全要求等方面的考虑，往往在主体施工阶段中，都是按6m定尺的钢管作为材料采购（租赁）对象的。这一点，在对外脚手架成本测算时需要考虑到，尤其是在立杆长度的计算过程中，不能一味地按照建筑物的层高等特征来进行，否则会偏离了工程实际施工过程中的材料进度用量，导致测算结果失真或不具备成本控制的纲领性作用。比如在某层高为3.0m的6层砖混住宅中，如果在计算1层的外架钢管数量时，仅以理论值"3.0（层高）+L8（步距）"的方式计算1层立杆高度显然是不合理的，应该是按6m定尺的钢管在1层施工时作为立杆高度才是合理的。这一点与钢筋下料的钢筋定尺长度对用量影响的问题比较相似。

所以，在对各层的进度用量计算过程中，根据图纸中相关数据计算出的钢管长度，应该再结合钢管的定尺长度对其数据进行调整，尽量与施工中钢管的进度用量相近似。

但是，考虑钢管定尺长度对工程进度用量的影响并不是在所有的工程测算中都适合，在一些高层或超高层的建筑中，外架的高度和进度用量往往是非常大的，如果考虑钢管定尺长度，不但工作量非常大，而且最终对总成本的影响也不会占很大的比例。有鉴于此，可以认为：在高层或超高层的外脚手架工程成本测算中，可以不考虑钢管定尺长度对工程进度用量的影响；而在单层、多层的建筑中，外脚手架的成本测算则是需要考虑这一因素的。

（5）组价过程中各种材料的计价方式。正确处理脚手架工程的主要材料计价，应该根据材料性能及特征来进行分别处理。脚手架虽不是构成工程实体的材料，只是属于措施项目中的材料，按脚手架性质来说，也都是属于周转性材料。但是在成本测算中，对于钢管扣件两种用量最大的主要材料，我们并不主张以材料的周转次数确定摊销量的形式进行组价。可以认为，以租赁费的形式来进行两种材料的使用费计算是比较合理的。以租赁费的形式计算材料使用费的方式可以避免钢管扣件的使用周转次数、摊销系数、残值、折旧率等一系列高难度的基础数据的测算工作，同时也考虑了材料在工程施工中实际的使用时间，因此是比较合理的一种材料计价方式。钢管扣件材料在实际施工中来源有两种形式：一是从物资租赁站以租赁的形式租入；另外一种是由施工企业或项目自行采购，属自有周转材料，但是无论哪一种形式，以租赁费的形式计算材料费都是可行的。租赁的钢管扣件以租赁费计算材料费与实际情况相符，自有钢管扣件以租赁费计算材料费也是合理的，以市场特性反映了承包商的机会成本，这也是符合工程成本测算需求的。在标前测算中，可以作为下浮考虑的依据，在标后的测算中，可以作为工程成本核算分析的考评依据。

脚手架工程中还需要使用安全网、脚手片等周转材料，对于这种材料的计价，按租

赁费的方式处理显然是不合适的。市场中尚未有关于安全网、脚手片等周转材料成熟的、规模的租赁交易行为。考虑到这两种材料的成本在脚手架工程中所占的比例不大，所以建议采用模糊的折旧法，按材料的性能做一个周转次数的估计。由于安全网、脚手片等周转材料的回收价值较低，其残值可以不予考虑，如安全网一般 6 个月的使用即达到使用寿命极限，需要重新更换；脚手片的使用寿命一般也不超过 12 个月。按此现场经验数据，可以满足测算该材料费时的测算精度要求。

对于外用悬挑脚手架中所用的钢材（槽钢、工字钢等）、斜拉钢丝绳等材料，由于使用寿命较长，其用量较小，所以建议采用按钢材（槽钢、工字钢等）、斜拉钢丝绳等材料的高峰期用量（即进度用量最大值）作为材料用量，按一次购入一次摊销的办法计算该部分材料费。

在脚手架工程中还有一些如钢丝等小型材料，按照"抓大放小"的成本测算原则，一般可以按"项"估算其费用总额或按脚手架投影面积以单位面积用量简单计算即可。根据我们的经验，在外脚手架工程中，用于挂安全网和脚手片固定的钢丝用量一般为 2～3kg/m² （按外脚手架立面面积计算）。

总之，在材料计价的过程中，应该根据材料的性能、特点及在总造价中所占的比例等特点，灵活运用各种材料计价办法，合理、快速地计算出材料使用费。

7. 脚手架工程成本精确测算步骤

在明确了脚手架工程的对象，收集好了成本测算的依据之后，即可进行该部分的测算工作了。在成本测算过程中，脚手架工程可以按以下方法与步骤进行测算：

（1）确定脚手架工程的内容划分范围。划分测算内容也就是对脚手架工程测算工作进行规划，主要是通过技术方案等文件，对需要列入脚手架工程成本测算的工作内容进行统计，明确拟测工程的脚手架费用分几部分，比如柱模的紧固用料、模板支撑方式等内容，需要在测算之前明确相关信息，此过程相当于定额计价时期预算编制过程中的"列项"工作；同时也要制订规定各个部分的测算深度和精度要求计划，以便提高成本测算的工作效率。划分完成后可以编制计划表，以便于后续工作更加有条理。

【**实例 2 - 1 - 9**】 脚手架工程成本测算计划表见表 2 - 1 - 27。

表 2 - 1 - 27　　　　　　　　　　脚手架工程成本测算计划表

序号	项目名称	测算深度	备注
1	外脚手架	＊＊＊＊＊	悬挑脚手架
2	模板支撑架	＊＊＊＊＊	
3	室内装饰工程脚手架	＊＊＊＊	移动式脚手架
4	室内安全防护栏杆	＊＊＊＊＊	临边、五口防护
5	井架、搅拌机防护棚	＊＊	共 4 个防护棚
6	柱模紧固用料	＊＊	钢管抱箍
7	临时设施用料等	＊＊	加工棚

注　＊表示重要程度。

（2）计算脚手架工程的材料进度用量及总用量需要根据图纸、施工组织设计或专项

施工方案、施工进度计划表等技术性文件进行材料用量的计算。由于脚手架工程的施工过程是一个呈逐月递增再逐月递减的过程，所以需要按工程进度来计算材料进度用量，明确工程施工工期内各个时间段内的材料进场、出场量。计算方法可以按各个部位的材料用量单独列项，分别计算进出场时间，以使计算过程更有条理性。具体的计算过程我们将在下文中以实例介绍。

（3）对各工作内容中脚手架用量进行综合分析。对各个工作内容（如外脚手架、内脚手架、承重架等）的主要材料用量计算出后，再通过整个工程的施工进度要求，对其进行综合分析，以优化最终的总用量及材料使用日期。这个过程也是对工程施工活动开展之后的脚手架实际进场、出场时间及材料进度用量做一个仿真模拟，主要是针对现场各工作之间的材料调配及综合平衡的过程。

（4）组价完成上述工作之后，即可对其进行组价，按照已收集的市场人工、材料、机械等价格信息，以科学合理的组价方式进行工程成本的计算。

8. 落地式外脚手架工程成本测算实例

针对脚手架工程成本测算的内容和对象，结合常规的施工方案，对脚手架工程的成本测算方法逐一介绍如下：

（1）落地式外脚手架的基本搭设参数。落地式外脚手架是为保障安全生产及作业方便而搭设的防护措施。本书中所涉及外脚手架均指采用钢管扣件为主要材料而搭设的脚手架，落地式外脚手架一般是沿建筑物外墙边搭设，按搭设要求和搭设方式主要有单排脚手架与双排脚手架，其中双排脚手架在施工过程中应用最为广泛，也是本书中讲解的重点。

落地式脚手架的搭设参数主要有以下几个：

1）横向间距或排距：指在双排架中内外两道立杆之间的距离，通常为1000mm。

2）步距：指脚手架外立面中横杆的间距，通常为1800mm。

3）纵距：指脚手架立杆之间的横向间距，通常为1500mm。

4）大横杆：指与步距钢管平行并与建筑物外边同长的横杆。

5）小横杆：指与建筑物外边垂直，起连接内外立杆作用的横杆。

6）剪刀撑：指防止脚手架纵向变形，增强脚手架的整体刚度的支撑，钢管搭接长度一般是1200mm。

7）内排架距离墙长度：指脚手架内侧与外墙的距离，通常为300mm。

8）搭设高度：指脚手架整体搭设高度，一般比施工层或建筑物总高度高出一个步距。

9）搭设周长：指脚手架的搭设总长度；一般为建筑物外边周长加离墙距离并以脚手架的外墙中心线长度计算。如某建筑平面尺寸为13.5m×65.8m，搭设参数以上述中的参数为准，则其脚手架搭设周长应为(13.5+0.3+0.5)×2+(65.8+0.3+0.5)×2=161.8(m)。落地式外脚手架的搭设如图2-1-8和图2-1-9所示。

（2）落地式外脚手架的搭设技术要求根据国家相关的安全生产操作规程及作业标准，笔者摘录了某地《落地式外脚手架的搭设技术要求验收表》中相关内容，供读者参考。

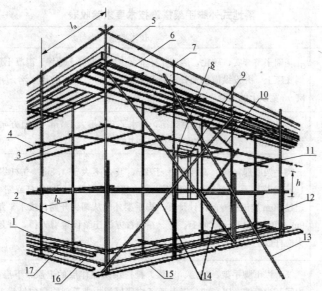

图 2-1-8 扣件式钢管脚手架各杆件位置

1—外立杆；2—内立杆；3—横向水平杆；4—纵向水平杆；5—栏杆；6—挡脚板；7—直角扣件；
8—旋转扣件；9—连墙件；10—横向斜撑；11—主立杆；12—副立杆；13—抛撑；14—剪刀撑；
15—垫板；16—纵向扫地杆；17—横向扫地杆

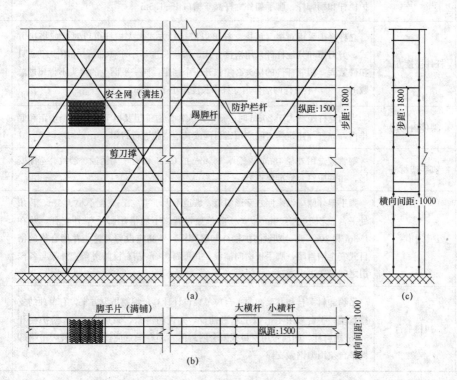

图 2-1-9 落地式脚手架图

(a) 落地式外脚手架立面图；(b) 落地式外脚手架平面图；(c) 落地式外脚手架剖面图

【实例 2-1-10】 落地式外脚手架的搭设技术要求验收表见表 2-1-28。

表 2-1-28　　　　　　　落地式外脚手架搭设技术要求验收表

序号	验收项目	技术要求	验收结果
1	立杆基础	基础平整夯实、硬化，落地立杆垂直稳放在混凝土地坪、混凝土预制块、金属底座上，并设纵横扫地杆。外侧设置 20cm×20cm 的排水沟，并在外侧设 80cm 宽以上的混凝土路面	
2	架体与建筑物拉结	脚手架与建筑物采用刚性拉结，按水平方向不大于 7m，垂直方向不大于 4m 设一拉结点，转角 1m 内和顶部 80cm 内加密	
3	立杆间距与剪刀撑	脚手架底部（排）高度不大于 2m，其余不大于 1.8m，立杆纵距不大于 1.8m，横距不大于 1.5m。如搭设高度超过 25m 须采用双立杆或缩小间距；如超过 50m 应进行专门设计计算。脚手架外侧从端头开始，按水平距离不大于 9m，角度在 45°～60°的上、下、左、右方位连续设置剪刀撑，并延伸到顶部大横杆以上	
4	脚手板与防护栏杆	25m 以下脚手架：顶层、底层、操作层及操作层的上层、下层必须满铺，中间至少满铺一层；25m 以上架子应层层铺；脚手架应横向铺设，用不细于 18 号钢丝双股并联 4 点绑扎；脚手架外侧应用标准密目网全封闭，用不细于 18 号钢丝双股并联绑扎在外立杆内侧；脚手架从第二个步距起须在 1.2m 和 30cm 高处设同质材料的防护栏杆和踢脚杆。脚手架内侧如遇门窗洞也应设防护栏杆和踢脚杆，脚手架外立杆高于檐口 1～1.5m	
5	杆件搭接方式	立杆必须采用对接（顶排立杆可以搭接）方式，大横杆可以对接或搭接方式，剪刀撑和其他杆件采用搭接方式，搭接长度不小于 40cm，并不少于 2 只扣件紧固；相邻杆件的接头必须错开一个档距，同一平面上的接头不得超过总数的 50%，小横杆两端伸出立杆净长度不小于 10cm	
6	架体内封闭	当内立杆距墙大于 20cm 时应铺设站人片，施工层及以下每隔 3 个步距和底排内，立杆与建筑物之间应用密目网或其他措施进行封闭	
7	脚手架材质	钢管应选用外径 48mm、壁厚 3.5mm 的 Q235 钢管，无锈蚀、裂纹、弯曲变形，扣件应符合标准要求	
8	通道	脚手架外侧应设来回之字形斜道，坡道不大于 1∶3，宽度不小于 1m，转角处平台面积不小于 3m²；立杆应单独设置，不能借用脚手架外立杆，并在 1.3m 和 30cm 高分别设防护栏杆和踢脚杆，外侧应设剪刀撑，并用合格的密目式安全网封闭，脚手板横向铺设，并每隔 30cm 左右设防滑条；外架与各楼层之间设置进出通道	
9	卸料平台	吊物卸料平台和井架卸料平台应单独设计计算，编制搭设方案，有单独的支撑系统；平台采用 4cm 以上木板铺设，并设防滑条，临边设 1.2m 防护栏和 30cm 踢脚杆，四周采用密目式安全网封闭。卸料平台应设置限载牌，吊物卸料平台须用型钢做支撑	

　　表 2-1-28 中的搭设技术要求只是某地区性的要求，在施工过程中，落地式脚手架中脚手片的搭设视地区情况不同可能出现不同的技术要求。随着国家对安全生产环境的重视，有些地方性的规定要求脚手片必须层层满铺，且外架通道的立面也要求用脚手片

围护，类似这方面的问题需要在测算前了解具体的相关信息，以避免测算失误。

（3）落地式脚手架工程量。计算脚手架的成本工程量的计算规则与传统预算中脚手架的工程量计算规则大相径庭，传统预算脚手架工程量的计算以追求简便、近似为原则，得出的计算结果往往与实际施工相去甚远。工程量清单计价条件下，脚手架这块已由施工单位自由报价，因而精确地计算出其实际成本对投标、施工管理的意义都是深远的。

计算工程量先要确定计量单位，在脚手架成本中，计量单位尽量与市场实际交易情况保持一致，以便于组价。

由于脚手架成本测算要求较细，所以在计算规则上是要求以实际材料用量来分别计算的，材料的损耗率可按照当地的实际施工损耗数据列入，也可参照定额或类似数据。

在工程量计算过程中，要注意"粗细划分得当，该粗则粗，该细则细"的成本测算原则。对于一些工程量较小且单项合价不高的工作内容，可以采用综合单价平方包干的形式计算工程量。对于脚手架搭设中所用的扣件，我们认为在测算中可以不分扣件类型（如十字扣、死扣、连接扣），因为各种类型扣件的市场租赁价格及销售价格都是一样的。另外，就扣件的数量来说，要计算其实际使用个数是比较困难的，建议按照"每吨钢管配 200 个扣件"的方式来计算总用量。这个数据是经过大量工程实践得出的经验数据，在实际的材料租赁活动中，也通常作为双方进料配料的依据，有较高的可信度。

作者根据一些脚手架成本测算工作中总结出的各项工作内容的成本工程量计算方法，供读者参考，见表 2-1-29。

表 2-1-29　　　　　　　　落地式外脚手架成本工程量计算方法

序号	工作项目	计算方法	单位
1	立杆基础	搭设周长×（外架横向间距＋内侧离墙距离＋1m），以面积计算	m²
2	立杆	以搭设周长除以纵距计算排数，再乘以每排立杆数（如单立杆双排架为 2，双立杆双排架为 4 等）得出立杆根数，再乘以搭设高度得出数量	m
3	剪刀撑	以整个脚手架的外立面展开矩形中，通过 45°～60°的反正弦长度计算出单向剪刀撑设置长度，并乘以 2（双向剪刀撑），汇总后总长度乘以 1.2（为搭接系数）	m
4	脚手片	按实际铺设面积以 m² 计算。注意：脚手片只能以最大的进度用量为结果，不得以总用量或最小进度用量值计	m²
5	防护栏杆	（搭设高度/步距）×搭设周长×栏杆排数	m
6	安全网	搭设周长乘以最大搭设高度以 m² 计算。注意：安全网是一种寿命期较短的材料，结合外架使用工期，按每 6 个月重新备一次计算总用量	m²
7	大横杆	（搭设高度/步距）×大横杆根数×搭设周长，最终以长度计算	m
8	小横杆	（搭设周长/纵距）×步距数×单根小横杆长度单根长度＝立杆横距＋0.2m	m
9	踢脚杆	（搭设高度/步距）×搭设周长×踢脚杆排数	m
10	扣件	按每吨钢管 200 个计	个
11	钢管损耗率	2%	
12	扣件损耗率	5%	

续表

序号	工作项目	计算方法	单位
13	安全网安全使用期	6个月	
14	脚手片安全使用期	12个月	

根据以上计算方法，结合工程施工方案查出相关基本搭设参数及进度计划，可以得出落地式脚手架的工程量。

（4）落地式脚手架费用组价。完成工程量计算后，即可对工程成本进行组价。落地式脚手架的组价与实体项目的分部分项工程组价方法大体是一致的。但是要注意两个方面的问题：一是进度用量与总用量的区别；二是材料价格一律按租赁价格计算（特殊情况除外）。

具体的组价方法，下面将通过列举实例工程的方式进行讲解。

【实例 2 - 1 - 11】　某市燃料集团公司综合楼工程落地式脚手架工程成本测算。

1. 工程概况

燃料集团公司综合楼工程位于某市某园区，为整体楼群中一单体工程，工程采用现浇框架结构，共5层。

工程室内设计地坪标高±0.000m，相当于黄海高程3.250m，室内外高差0.150m；屋面标高为22.80m。平面图、立面图分别如图 2-1-10 和图 2-1-11 所示。

2. 进度计划

总进度计划表见表 2-1-30。工程名称为燃料集团公司综合楼主体工程。

3. 施工方案

根据施工单位组织编制的《燃料集团公司综合楼施工组织设计》中相关内容，该工程外脚手架采用落地式脚手架，施工设计方案如下：

（1）脚手架参数双排脚手架搭设高度为 24.6m，6.50m 以下采用双管立杆，6.50m 以上采用单管立杆；搭设尺寸为：立杆的横距为 1.50m，大小横杆的步距为 1.80m；内排架距离墙长度为 0.30m；大横杆在上，搭接在小横杆上的大横杆根数为 2 根；采用的钢管类型为 $\phi 48 \times 3.5$；横杆与立杆连接方式为单扣件；连墙件采用两步三跨，竖向间距 3.60m，水平间距4.50m，采用扣件连接；连墙件连接方式为单扣件；剪刀撑为水平方向每 6.8m 起一道，以 60° 角度向上设置，交叉双向布置。

（2）活荷载参数。施工均布活荷载标准值为 3.000kN/m²；脚手架用途：结构脚手架；同时施工层数为 2 层。

（3）风荷载参数。本工程地处某省某市，基本风压为 0.45kN/m²；风荷载高度变化系数为 0.62，风荷载体型系数为 0.65；脚手架计算中考虑风荷载作用。

（4）静荷载参数每米立杆承受的结构自重标准值为 0.1248kN/m²；脚手板自重标准值为 0.300kN/m²；栏杆挡脚板自重标准值为 0.150kN/m²；安全设施与安全网为 0.010kN/m²；脚手板铺设层数为 8 层；脚手板类别为竹笆片脚手板；每米脚手架钢管自重标准值为 0.038kN/m²。

（5）地基参数地基土类型为碎石土；地基承载力标准值为 500.00kN/m²；拟采用 C15 混凝土 100mm 基础。

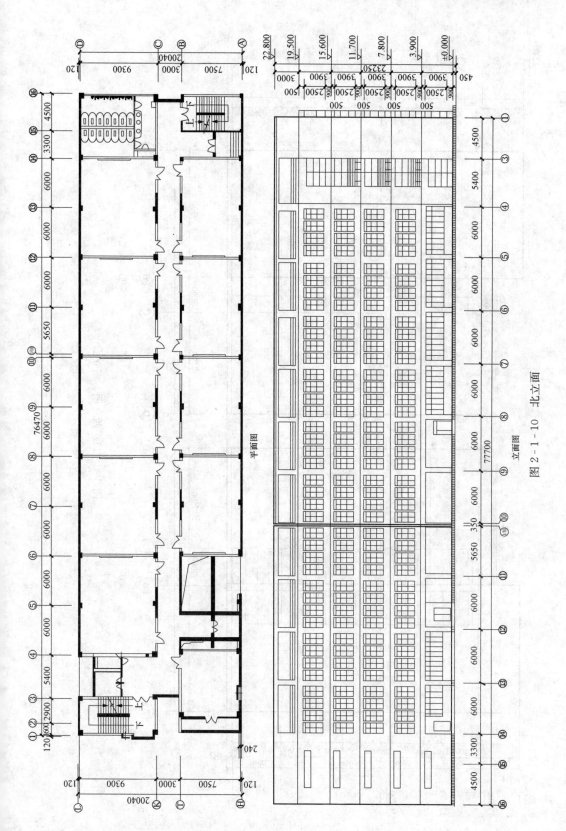

图 2-1-10　北立面

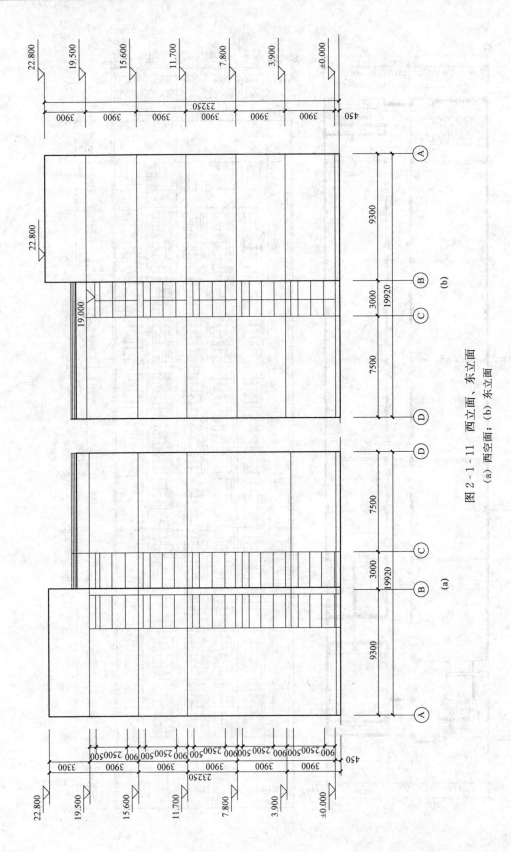

图 2-1-11 西立面、东立面

(a) 西立面; (b) 东立面

表 2 - 1 - 30

施工总进度计划表

分部工程进度	2017 年 1 月			2017 年 2 月			2017 年 3 月			2017 年 4 月			2017 年 5 月			2017 年 6 月			2017 年 7 月		
	上旬	中旬	下旬	上旬	中旬	下旬	上旬	中旬	下旬	上旬	中旬	下旬	上旬	中旬	下旬	上旬	中旬	下旬	上旬	中旬	下旬
打桩工程																					
土方工程																					
基用工程																					
主体 1 层																					
主体 2 层																					
主体 3 层																					
主体 4 层																					
主体 5 层																					
屋面工程																					
外墙装修																					
内墙粉刷楼地面装修																					
打尾作业																					
水电安装																					

（6）计算过程（略）。

4. 市场价格信息

市场价格信息按表 2-1-31 执行。编制单位为某建筑公司，编制日期为 2017 年 7 月。

表 2-1-31　　　　　　某省某市脚手架工程材料单价表

序号	项目名称	规格	单位	单价（元）	备注
1	钢管	$\phi48 \times 3.5$mm	t	4000	16 元/m
2	扣件	国家标准	个	7.50	
3	钢管	$\phi48 \times 3.5$mm	元/（m·天）	0.015	租赁费
4	扣件	国家标准	元/（个·天）	0.011	租赁费
5	安全网	密目 1800×6000mm	m²	3.15	
6	脚手片	毛竹 1000×1200mm	m²	13.1	
7	钢管损耗率		%	2	综合考虑
8	扣件损耗率		%	5	综合考虑

注 钢管按每吨 250m 计。

5. 计算过程

结合《落地式外脚手架工程量计算方法》中的相关规则，在图纸信息及施工方案的基础上逐步计算：

（1）周长：$[(77.82+0.12)+(0.3+0.5)]\times2+(20.04+0.3+0.5)\times2=199.16$（m）。

（2）搭设高度：$22.8+1.8+0.15=24.75$（m）。其中，1 层主体搭设高度为 $(3.9+0.15)+1.8=5.85$（m）；2 层主体搭设高度为 $5.85+3.9=9.75$（m）；3 层主体搭设高度为 $9.75+3.9=13.65$（m）；4 层主体搭设高度为 $13.65+3.9=17.55$（m）；5 层主体搭设高度为 $17.55+3.9=21.45$（m）。

结合钢管定尺长度 6m 的实际情况，对各层中的实际高度修正如下：

其中，1 层主体搭设高度为 6m；2 层主体搭设高度为 12m；3 层主体搭设高度为 18m；4 层主体搭设高度为 18m；5 层主体搭设高度为 24m；最大搭设高度为 24m。

（3）立杆长度。立杆根数为 $199.16\div1.5=133$ 道×2（双排架）；立杆最大高度为 24m；总长度为 $133\times2\times24=6384+133\times6\times2$ {6.5m 以下采用双立杆} $=7980$（m）；配扣件个数为 $[7980\text{m}\div250（\text{m/t}）]\times200$（个/t）钢管 $=6384$（个）。

（4）立杆进度用量：1 层主体立杆用量为 $133\times6\times2\times2=3192$（m）；2 层主体立杆用量为 $3192+133\times6\times2=4788$（m）；3 层主体立杆用量为 $4788+133\times6\times2=6384$（m）；4 层主体立杆用量：3 层用量可满足 4 层施工安全防护要求，无须增加；5 层主体立杆用量为 $6384+133\times6\times2=7980$（m）。

（5）大横杆长度：步距为 $24\div1.8=14$（步）；搭设周长为 199.16m；大横杆单步根数为 $2+2=4$（根）；总长度为 $14\times199.16\times4=11154$（m）；配扣件个数为 $(11154/250)\times200=8923$（个）。

（6）大横杆进度用量：

1 层：搭设高度为 6m，共需 $(6/1.8)+1$（最底部用）≈4（步），$4\times199.16\times4=3187$（m）；

2 层：搭设高度达到 12m，在 1 层之上还需 6/1.8≈3 步，3×199.16×4＋3187＝5577（m）；

3 层：搭设高度达到 18m，在 2 层之上还需 6/1.8≈3 步，3×199.16×4＋5577＝7967（m）；

4 层：3 层用量可满足 4 层施工安全防护要求，无须增加；

5 层：搭设高度达到 24m，在 4 层之上还需（6/1.8）＋1（最顶部用）≈4 步，4×199.16×4＋7967＝11154（m）。

（7）小横杆长度：单根长度为 1.0＋0.2＝1.20（m）；根数为立杆排数×步距数＝133×14＝1862（根）；总长度为 1862×1.20＝2235（m）；配扣件：[2235m/250（m/t）]×200（个/t）＝1788（个）。

（8）小横杆进度用量：小横杆的数量在总用量中所占比例不大，可以采用模糊计算方法。即利用大横杆和小横杆之间的关系（小横杆的用量随着大横杆的用量增加而增加，成正比关系），大横杆的进度用量与总用量比例如下：1 层，3187/11154×100%＝28.57%；2 层，2390/11154×100%＝21.43%；3 层，2390/11154×100%＝21.43%；4 层，3 层用量可满足 4 层施工安全防护要求，无须增加；5 层，3187/11154×100%＝28.57%。

（9）小横杆的进度用量：1 层，28.57%×2235＝638.54（m）；2 层，21.43%×2235＝478.96（m）；3 层，21.43%×2235＝478.96（m）；4 层，3 层用量可满足 4 层施工安全防护要求，无须增加；5 层，28.57%×2235＝638.54（m）；

（10）剪刀撑长度：剪刀撑根数为 199.16/6.8（≈30，不按四舍五入，小数进入）×2＝60（道）；剪刀撑高度为 24m/sin60°（＝27.7m）×1.2（搭接系数）＝33.24（m）；总长度为 33.24×60 道＝1995（m）；配扣件个数为 [1995m/250（m/t）]×200（个/t）＝1596（个）。

（11）剪刀撑进度用量：剪刀撑的进度用量计算可以参照小横杆的计算方法，采用与之有逻辑关系的立杆数量来计算其进度用量，立杆进度用量与总用量比例关系如下：1 层主体立杆用量为 31922/7980×100%＝40%；2 层主体立杆用量为（4788－3192）/7980×100%＝20%；3 层主体立杆用量为（6384－4788）/7980×100%＝20%；4 层主体立杆用量，即 3 层用量可满足 4 层施工安全防护要求，无须增加；5 层主体立杆用量为（7980－6384）/7980×100%＝20%。则剪刀撑的进度用量为：1 层，40%×1995＝798（m）；2 层，20%×1995＝399（m）；3 层，20%×1995＝399（m）；4 层，3 层用量可满足 4 层施工安全防护要求，无须增加；5 层，20%×1995＝399（m）。

（12）安全网用量：安全网用量可以按一次投入量计算，即计算总用量，不必进行进度用量分析计算。搭设周长为 199.16m；最大搭设高度为 24m；总用量为 199.16×24＝4780（m²）。

（13）脚手片用量：根据落地式脚手架搭设技术要求验收规范中规定："25m 以下脚手架顶层、底层、操作层及操作层的上层、下层必须满铺，中间至少满铺 1 层"。本工程一共 5 层，按此规定需要层层满铺，故亦按此计算即可：搭设周长为 199.16m；步距数为 14 步；立杆横距为 1m；总用量为 199.16×14×1＝2788（m）。

（14）踢脚杆长度：踢脚杆的设置步数与脚手架的步距数是相同的（每步一道），亦

为 14 步。因工程外墙多为大窗，故应内外均设置踢脚杆（详见标准层图纸），则其用量为总长度为 $199.16 \times 14 \times 2 = 5576$（m）；配扣件个数为 $[5576m/250（m/t）] \times 200$（个/t）$=4461$（个）。

（15）踢脚杆的进度用量：踢脚杆的进度用量与大横杆的用量比例是一样的，即：1 层，$28.57\% \times 5576 = 1593$（m）；2 层，$21.43\% \times 5576 = 1195$m；3 层，$21.43\% \times 5576 = 1195$m；4 层，3 层用量可满足 4 层施工安全防护要求，无须增加；5 层，$28.57\% \times 5576 = 1593$（m）。

（16）防护栏杆长度：防护栏杆的总长度及进度用量与踢脚杆的用量是一致的，即：

总长度为 $199.16 \times 14 \times 2 = 5576$（m）；配扣件个数为 $[5576m/250（m/t）] \times 200$（个/t）$=4461$（个）。

（17）防护进度用量：防护栏杆的踢脚杆的进度用量与大横杆的用量比例是一样的，即：1 层，$28.57\% \times 5576 = 1593$（m）；2 层，$21.43\% \times 5576 = 1195$（m）；3 层，$21.43\% \times 5576 = 1195$（m）；4 层，3 层用量可满足 4 层施工安全防护要求，无须增加；5 层，$28.57\% \times 5576 = 1593$（m）。

（18）脚手架地基与基础面积：根据计算规则，结合《落地式脚手架搭设技术要求验收表》中相关内容，对于脚手架底座的工作内容，以面积计算：$199.16 \times (1.0 + 0.3 + 0.8 + 0.2) = 458$（m²）。

（19）脚手架拉结点个数：根据计算规则，按每 $10m^2$ 设置一个拉结点计算：$(199.16 \times 24)/10 = 478$（个）。

6. 进度分析及工程量汇总

工程量计算完毕后，结合工程进度计划，对各种材料用量进行汇总，并编制落地式脚手架工程量汇总表见表 2 - 1 - 32。工程名称：某公司综合楼外脚手架工程。

表 2 - 1 - 32　　　　　　　落地式脚手架工程量汇总表

材料 进度	1 层主体		2 层主体		3 层主体		4 层主体		5 层主体		屋面施工		外墙施工		合计
材料	钢管	扣件	钢管	扣件	钢管	扣件	钢管	扣件	钢管	扣件	钢管	扣件	钢管	扣件	
立杆 (m)	3192	2554	4788	3830	6384	5107	6384	5107	7980	6384	7980	6384	7980	6384	钢管损耗率 2%，扣件损耗率 5%，统一按采购费计算损耗费，实际中以赔偿的形式支付
大横杆 (m)	3187	2550	5577	4462	7967	6374	7967	6374	11154	8923	11154	8923	11154	8923	
小横杆 (m)	639	311	1118	894	1597	1278	1597	1278	2236	1789	2236	1789	2236	1789	
剪刀撑 (m)	798	638	1197	958	1596	1277	1596	1277	1995	1596	1995	1596	1995	1596	
踢脚杆 (m)	1593	1274	2788	2230	3983	3186	3983	3186	5576	4461	5576	4461	5576	4461	
防护栏杆 (m)	1593	1274	2788	2230	3983	3186	3983	3186	5576	4461	5576	4461	5576	4461	

续表

材料 进度	1层主体		2层主体		3层主体		4层主体		5层主体		屋面施工		外墙施工		合计
进度 累计 (m)	11002	8802	18256	14605	25510	20408	25510	20408	34517	27614	34517	27614	34517	27614	
施工 工期	10天		10天		10天		10天		10天		20天		50天		120天
租金 测算 (元)	1650	968	2738	1606	3826	2245	3826	2245	5178	3037	10356	6075	25890	15188	84828
损耗费 (元)	3520	3301	2320	2177	2320	2177	2320	2177	2320	2177	已达到高峰用量， 损耗计取完毕				24809
安全网 (元)	8365× 1.8														15057
脚手片 (元)	4879× 7.5														36593
拉结点 (元)	836× 10														8360
成本 合计 (元)															169647

该工程中外用落地式脚手架的成本为169647元，折算成单方造价为169647/7815＝21.71（元/m²）。

在汇总过程中，进度分析是一个重点和难点，分析过程中重点考虑以下两个方面的问题：

（1）工程进度模型的设定。工程进度用量的计算是按工程进度计划中的时间界限进行计算的，但计算出来的只是脚手架搭设时间，而在脚手架拆除前的最后一项工作持续时间中，钢管用量是有一个递减阶段的。如在本实例工程的最后一项施工工作—外墙装饰装修工程中，持续时间为50天。外墙装饰装修工程的施工期间，落地式脚手架在实际中不是一次性拆除的，而是随着外墙作业的完成自上而下逐层拆除的，这就涉及了一个用量递减阶段的问题。在进行测算时，可以根据精度要求等实际情况，自主选择是否考虑外脚手架最后使用阶段中的用量递减问题。本实例工程中对用量递减问题是没有考虑的，而在本书中关于脚手架测算的另外一个超高层的实例中，由于工程规模大、工期长，又必须考虑拆除期间的用量递减对成本测算结果的影响。

为了更直观地了解工程进度用量测算中对于外架拆除中的逐步递减情况，根据实例工程中的相关数据绘制了两种情况的数据表，如图2-1-12和图2-1-13所示。

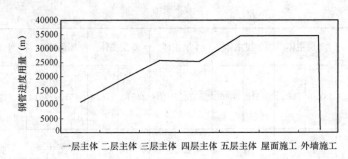

图 2-1-12　钢管进度用量走势图一（不考虑拆除外脚手架期间用量递减因索）

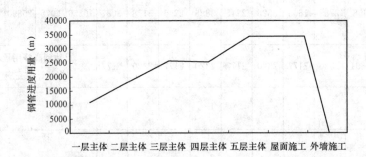

图 2-1-13　钢管进度用量走势图二（考虑拆除外脚手架期间用量递减因素）

　　从图 2-1-13 中可知，拆除期间用量递减的问题在外墙施工期间主要表现在最后一道需要外脚手架的工序中。在实际中，外墙施工期间的进度用量不是一个恒等数，而是一个递减数，按外墙工期 50 天，共 5 层来看，每 10 天进度用量减少 20％，直到最终外脚手架全部拆除。下面把这两种不同的考虑方式对成本的影响程度进行分析：

　　1）不考虑外脚手架拆除期间用量递减因素时，外墙施工期间外脚手架钢管的租赁费为：25890 元。

　　2）考虑外脚手架拆除期间用量递减因素时，外墙施工期间外脚手架钢管的租赁费为：外墙工期 50 天，按平均每 10 天 1 层，对期间进度用量再细分，见表 2-1-33。

表 2-1-33　　　　　　　　　　　　　　外墙进度用量细分表

序号	时间段	作业部位	钢管数量（m）
1	第 1～第 10 天	5 层外墙	34517
2	第 11～第 20 天	4 层外墙	27614
3	第 21～第 30 天	3 层外墙	20710
4	第 31～第 40 天	2 层外墙	13807
5	第 41～第 50 天	1 层外墙	6903

　　注　钢管数量按 34517/5＝6903（m）等差数列递减。

　　根据表 2-1-33 中数据结合相关的价格信息，其成本应为 $(34517 \times 10 \times 0.015) + (27614 \times 10 \times 0.015) + (20710 \times 10 \times 0.015) + (13807 \times 10 \times 0.015) + (6903 \times 10 \times 0.015) = 15533$（元）。

　　两种不同深度的进度模型设定，成本测算的结果之差为 25890－15533＝10357（元），相对偏差额为总成本的 6.0％（10357/169647＝0.060）。

　　进度模型的设定应该是一个预测和模拟的过程，也是一个假设的过程。在设定过程中，一方面要考虑模拟的真实性和准确度，另一方面又要考虑假设中不可避免的差异或局部的粗略考虑。个中取舍只能由成本人员结合实际情况决定。

　　（2）进度分析中是按各个阶段中材料总用量作为进度用量来进行计算的，工期按期间工作内容的持续时间计算，然后再将各个分段间费用汇总得出总的用量。

　　从实例工程的进度分析及汇总表中可以看出，成本构成是按施工进度随着外脚手架的加高而设置的进度用量来计算区间费用的，这种计算方法得出的成本，也可以作为项目部资金计划安排的依据，在实际工程中，通常是按每个月材料租赁的费用计入成本或列入资金计划表中。

五、 模板清包工分项单价的测算

1. 混凝土模板工程的含义

　　混凝土模板工程是指在混凝土结构工程施工中为混凝土浇筑成型而进行的一项施工技术措施工作。

　　目前国内施工行业中主要应用的混凝土模板有组合式模板、工具式模板、永久性模板及胶合板模板等类型，其中应用最广泛的当属胶合板模板。胶合板模板有木胶合板和竹胶合板两种，由于胶合板模板的材料自重轻、板幅大、板面平整且加工方便，既可减少安装工作量、节省现场人工，又可减少混凝土外露表面的装饰及磨去接缝的费用。所以在大多数的现浇混凝土结构工程施工中，胶合板模板都得到广泛的使用。

　　本书中，混凝土模板的专项测算是基于胶合板模板的施工方案来进行介绍，一是考虑到本书篇幅有限；二是该类型的模板是目前行业中应用最为广泛的一种施工方法。本书中，涉及"模板工程"除特殊说明外均指胶合板模板工程。

　　随着高层建筑、超高层建筑的发展，组合式模板、工具式模板的应用也较为广泛，如爬模施工、滑模施工等工艺。对于这类施工方法的成本测算，应该采用分包询价的方式来处理，因为其施工工艺专业性很强，项目部采用此工艺的初期投入及人员培训等方面开支比较大，一般都是由专业的机械施工公司或分包商整体分包来进行施工的，其价格经过招标程序后的一般都是符合市场实际情况的。如果是企业或项目部自有设备且需要详细测算的，结合财务中折旧、摊销等办法进行测算。

2. 混凝土模板工程专项测算的对象

　　混凝土模板工程专项测算的内容即为模板工程施工所需的各种人工材料机械等费用，本部分只将模板工程施工材料的费用作为测算对象。

　　模板工程常规施工中所需要的主要材料为：胶合板、方挡、铁钉、钢丝、"步步紧"、钢管、扣件、拉杆等材料。在项目施工管理中，铁钉、钢丝、"步步紧"、拉杆等材料属小材料，通常包含在模板施工班组的劳务分包价格之内，所以在本专项测算部分不需要对其进行重复计算；而钢管扣件作为紧固材料（具体采用何种紧固方式以施工方案为准）的费用已经列入脚手架工程的专项测算中，此处也不需要重复计算。

　　所以，在混凝土模板工程专项测算中，主要的测算对象是胶合板和方挡两种材料。

常用材料规格见表2-1-34。

表2-1-34　　　　　　　　常用胶合板、方挡材料规格表

序号	材料名称	材料规格（长×宽×高）（mm×mm×mm）	备注
1	胶合板	1830×915×17	
2	胶合板	2440×1220×17	
3	方挡	2000×50×100	
4	方挡	4000×50×100	
5	方挡	2000×60×80	又称"六八方"
6	方挡	2000×40×60	又称"四六方"

3. 模板费的测算

（1）混凝土模板工程专项测算的必要性。混凝土模板工程是一项施工技术措施工程，一般在建筑工程中占总造价的5%～7%，但却是投标报价与成本控制过程中的重点。

在投标报价过程中，混凝土模板费用作为一个技术措施费项目，在清单招投标中，业主是不提供该部分的工程量及相关的价格参考的，是完全需要施工单位独立计算并自主报价的一项工作内容。在实体工作量确定的条件下，技术措施项目的差异在日益激烈的市场竞争中拥有很大的制胜权，在很多大型工程的投标中，模板的专项测算得到了广泛的应用。

在施工成本控制过程中，模板措施费更是控制中的重点。由于工程实体的工作量已经在合同、图纸中明确约定范围及数量，要压缩施工成本，在模板措施费方面的控制可谓是最具潜力的一个方面，而模板工程费的控制得当，是成本控制中效果显著的表现，其费用压缩不影响工程实体的缺失与增加。所以，在很多的大型项目施工中，模板措施费的施工管理往往是由专门的科室或部门来负责的。而要控制成本，首先一个前提就是要有目标成本，通过模板工程专项测算来进行模板工程费用的测算，对拟建工程施工所需的材料进行分析并优化组合，制定出科学合理的目标成本，并以此来进行成本控制与成本核算，这样颇有成效。

（2）混凝土模板工程专项测算的依据。混凝土模板工程专项测算是技术与经济相结合的一项工作，也是一项统筹计划、统一安排的工作，既要对模板的材料用量进行分析，又要结合材料性能及材料规格进行优化。在测算过程中，主要依据以下材料：

1）工程施工图纸。工程施工图纸是工程施工的基本文件，"按图施工"是每个工程项目部目标管理的主要内容；成本测算也是需要图纸提供信息，在图纸的基础上得出相关的工作量等数据；在模板工程的测算中，首先要通过图纸来计算混凝土模板的使用面积，即混凝土接触面积，图纸中所明确的各部位各构件尺寸也是模板分析与优化的依据。

2）施工组织设计及专项施工方案。模板工程测算离不开技术文件的支持，施工组织设计是工程施工的纲领性技术文件，是模板工程测算的基础。从施工组织设计中需要获取模板的搭设方案以正确计算材料用量；从施工进度计划表中获取进度要求进行材料

进度用量计算；从现场总平面图中获取相关信息以优化材料进度用量；施工方案则是对模板具体搭设方法做了比较详细的验算并得出详细的计算依据参数（如柱子抱箍间距、平板模板下方挡的间距等）；对于一些大跨度或特殊的混凝土结构模板，专项施工方案也会有相应详细的模板搭设方法介绍。这些依据是弥补成本人员经验不足、正确反映工程施工技术的重要文件。

3）各种材料的性能及市场价格。纳入本专项测算部分的模板材料只考虑胶合板及方挡两种材料的使用费。由于模板材料是属于非实体消耗的周转性材料，所以对于材料性能要非常熟悉，如胶合板的周转次数，从行业内很多的相关数据来看，基本上是 4～6 次。但是这些经验的总结中忽略了一个因素，就是材料性能。材料的性能与材料质量是有直接关系的，而材料的质量又与材料价格相挂钩，也就是通常所说"一分钱一分货"的道理。在建筑市场中，胶合板的规格一般只有两种，但是其质量等级、品牌却种类繁多，这也是造成各地各项目所总结出来的胶合板周转次数不一的原因之一。通过调研所得出的材料性能情况见表 2 - 1 - 35，读者可以参考表中数据作为模板工程成本测算的依据。

表 2 - 1 - 35　　　　　　　　　　常用胶合板、方挡材料规格参数

序号	材料名称	材料规格（长×宽×高，mm×mm×mm）	参考单价	最大周转次数
1	胶合板	1830×915×17	55 元/张	6 次
2	胶合板	2440×1220×17	123 元/张	6 次
3	方挡	2000×50×100	9 元/根	10 次
4	方挡	4000×50×100	17 元/根	10 次
5	方挡	2000×60×80	8.5 元/根	10 次
6	方挡	2000×40×60	4.5 元/根	10 次

表 2 - 1 - 35 中只是罗列了各种材料的理论周转次数，但实际施工中，材料的周转次数不仅仅是以材料性能来决定，影响其周转次数的因素还有结构工程中的各种构件的截面尺寸及现场材料管理等因素。构件的截面尺寸及构件截面变换（在结构设计中，通常会出现各种构件在不同部位、不同楼层出现变化的情况）也不尽相同，截面变换会导致模板材料的损耗率不一，因为市场中胶合板的出厂规格一般都是这两种。如果构件的截面尺寸与胶合板的尺寸不配套，则有可能会增加胶合板的损耗量。

【实例 2 - 1 - 12】　某工程层高 4.2m（主梁高度 600mm），采用的 600mm×600mm 截面，40 根混凝土柱为结构柱网，共需要模板数量为：

如选用 1830mm×915mm×17mm 规格的胶合板，在柱模板的配料中，每一张模板只能裁出其中一个柱面的一部分高度内所用模板，则需要模板数量为：

每根柱子混凝土接触面积（扣除主梁所占高度）：(4.2−0.6)×0.6×4=8.64(m²)；

单面柱模实际配料应为：两张 1830mm×915mm 平面尺寸的模板裁好为一个柱面的模板，即 1.830×0.915×2＝3.35(m²)，其中余料规格为 1830mm×315mm（共 2 块）。项目部竹胶板费用开支测算表格见表 2 - 1 - 36，供读者参考。

表 2 - 1 - 36　　　　　　　　　　　项目部竹胶模板费用开支测算（元）

序号	名称	规格	单位	最小投入数量（整体工程）	费用		周转次数	单位混凝土摊销量	备注
					单价	合价			
1	竹胶板								
2	支撑型钢								
3	压条								
4	加工制作费								
5	板方材								
6	其他								
⋮	……								

负责人：　　　　　　　校核：　　　　　　　编制：

六、钢筋班清包工分项单价的测算

1. 钢筋班的概念

钢筋工程在整个建筑工程中的重要性是显而易见的，它是整个工程的骨架。钢筋工程是重点检查的分项工程，所以控制钢筋工程的各项指标意义重大。钢筋班的分包单价目前有多种形式，有按建筑面积为单位的单价模式，还有以钢筋吨位为单价的模式，计酬劳的方式也就是"点工"模式也有存在，用得最多的还是以钢筋吨位的方式。存在这几种计价模式的主要原因在于建筑工程的结构模式不同：

（1）面积计价模式。面积计价模式主要应用于大面积小区，且小区以多层为主的房子，砖混结构及框架结构中均有应用。

（2）吨位计价模式。吨位计价模式广泛应用于各类工程，比如地下车库；人防建筑、小高层及高层建筑，还有工业厂房设施建筑中均多采用该种模式。

（3）酬劳计价模式。酬劳计价模式被采用很少，一般用于小型工程或者比较复杂、难以用直观的方法来计算的工程。

2. 钢筋班承包单价的影响因素

影响钢筋班承包价格的因素有很多，各工程都有自身的特点，地质的不同、使用功能的不同、设计人员的保守程度不同等诸多原因都可能造成各单位工程会有各自单一的特点，所以设计人员在配钢筋的时候也会有格子不同的想法。这样在施工过程中就会遇到或简单、或复杂的各类问题，钢筋工是最基本的执行者，面对一个工程，就会出现"好做"与"不好做"的情况。下面分析一下在钢筋工种作业中造成人工费增减的因素。以吨位计价包清工模式为例：

（1）钢筋直径的大小。钢筋直径大小直接影响到人工费，同样截面的两组柱子，其中一组配筋为 $8\phi18：\phi8@200$，另外一组配筋却为 $8\phi22：\phi10@200$，相对比较一下就知道，前一组工程量明显要比后一组多些，而所需要的人工却是一样的，即人工费效率不变，支出却增加了。

（2）构件结构形式。构件结构形式的不同也很直观的影响到人工费的开支，比如两种不同的基础，一种是筏板式基础，一种是桩基独立基础。假设两种基础所需要的钢筋

数量是等同的,那么筏板式基础所需要的人工则比桩基独立基础要少,因为筏板式基础所需钢筋加工简便,大部分都可以不用加工直接将原材料进场即可;而桩基独立基础就加工费而言,其开支则大得多。

(3) 材料运输方式。材料的运输方式有多种,人工扛抬、井架运送、塔式起重机水平垂直运输等方式均有用到,同样一捆钢筋,用人工传递的方式要两个小时,井架运送则一个小时,而用塔式起重机则只要短短 10min。充分利用机械运送,可大大节省人工费。

(4) 合同约束力。每份合同都有它特定的约束能力,是协议双方完成各自义务的根据。合同的内容要尽量完善,该完成的工作量是否已包括在协定单价以内,这些都值得细细思量,比如说弯曲机、截断机、电焊机及焊条,还有扎丝等材料设备由哪方承担,植筋哪方来承担等系列问题都要清楚,这些问题或直接或间接影响到人工费的支出,单价的多少。

(5) 质量要求的影响。如果说某个建筑工程要求创标化,那么其质量要求势必会高。这样,在同样的 1 层钢筋施工过程中,在质量要求高的情况下,工人做活的要求也肯定会提高,需要更多的时间将钢筋绑扎工整,规范化,工时变长,人工费也随之而增加。

(6) 进度要求的影响。如果某个工程因某种原因必须在短时间内加快进度,其现有的人工数量不能满足进度要求时,那么必须临时调配人手入场,这无形中也会增加人工费的支出;而且,加快进度一般都采用夜间施工的方法,而夜间施工加班费不可能同正常白天工作一样支付,一般为白天的 1.5 倍,夜间施工费的增加,造成短期内人工费跟着上涨。

3. 钢筋分包承包合同分析

合同是控制人工费高低的一个重要因素,有必要针对常用的钢筋工合同,对其内容进行分析,特别是对影响人工费的部分内容进行详细分析。

(1) 清包所承担的义务。

1) 甲方将工程中的钢筋制作、安装部分以包清工形式包给乙方施工;乙方自负所需的切割片、扎丝、焊条、塑料马墩、植筋剂等材料。清包所承担的义务内容明确指出钢筋的制作和安装均由乙方完成,且零星辅助材料均由乙方自行承担。一切涉及钢筋工程的义务均要由乙方自行解决,即从钢筋原材料到构件成型这一过程中,钢筋工必须完整地将该流程做好,做到位。

2) 乙方工作内容为工程中所有钢筋的制作、安装、焊接,拉结筋的制作、预埋、焊接、植筋;保护层垫块的制作、安装;钢板止水片焊接;场内钢筋的搬运,钢筋材料试验的取样等钢筋工的工作。这是将钢筋工种的内容再细化,以免在施工过程中另起争端。

3) 乙方自备使用的各种钢筋制作、加工、焊接等工具。钢筋的制作过程中需要各种器具,包括电焊机、弯曲机、截断机等。器具需要一定的资金来解决,而这也是影响清包价格的一大因素,该合同已明确了这些器具归乙方承担。

(2) 清包价格。

1) 商铺、小高层的清包价格为 668 (元/t)。商铺因为是单层,基础钢筋含量较大,

但其质量比楼房少，暂时考虑单价与小高层一样，根据现场经验，可以得出单吨钢筋人工参数，见表 2-1-37，以供参考。

表 2-1-37　　　　　　　　　　单吨钢筋人工参数　　　　　　　　　　（元/t）

制作费	安装费	辅材、机械损耗费	不可预知费	总计
144	360	72	36	612

从上面可以看出，清包利润可得到 56（元/t），再将表内各项参数再分解，以求证它的合理性，见表 2-1-38。

表 2-1-38　　　　　　　　　　单吨钢筋人工参数分解　　　　　　　　　　（元）

费用名称	工日	单价	合计
制作费	1.2	120	144
安装费	3	120	360
辅材、机械损耗费	—	72	72

注　以上参数由现场考察或者咨询现场钢筋代班或清包老板所得出。

2）半地下室、地下人防工程的清包价格为（包括支护结构）616 元/t。该类工程为地下工程及人防工程，单方配筋量理因比较大，制作、安装也相对比较简单，所以这类工程人工单价也适当偏低。列表分析见表 2-1-39。

表 2-1-39　　　　　　　　　　单吨钢筋人工参数　　　　　　　　　　（元）

制作费	安装费	辅材、机械损耗费	不可预知费	总计
120	336	60	24	540

从上面可以看出，该类工程的清包利润更大些，可达 76（元/t）。单吨钢筋人工参数分解，见表 2-1-40。

表 2-1-40　　　　　　　　　　单吨钢筋人工参数分解　　　　　　　　　　（元）

费用名称	工日	单价	合计
制作费	1	120	120
安装费	2.8	120	336
辅材、机械损耗费	—	60	60

上面两类工程的参数均有其合理性，那么在分包的同时，是否就可以考虑再降低其单价呢？显然，可以根据整个工程的分布情况来下定论，视小高层的面积和地下工程的面积的比例而定。在保证清包的适当利润下在合理调节单价，以达到节支的效果。

（3）签订钢筋分包合同时应注意的问题。

1）拉结筋的义务承担问题。很多协议在签订时都会忽略这方面，拉结筋在钢筋工程中占有一定的比例。以往对拉结筋都不怎么重视，都是由钢筋工自行钻洞，涂植筋剂

再植筋。而现在建筑市场渐渐规范起来，植筋必须由专业的、有资质的单位来实行，如此一来，钢筋清包还需承担此项费用，单根钢筋植筋人工参数见表2-1-41。

表2-1-41　　　　　　　　单根钢筋植筋人工参数　　　　　　　　　（元）

制作费	植筋费	辅材、机械损耗费	总计
0.1	1.05	0.06	1.21

某建筑总建筑面积为4800m²，9层带架空层及阁楼层，总共需要植筋8500根，植筋费即为10285元；而该幢楼房的钢筋人工费总计为117600元，植筋费占到了9%，含量确实不低。从此看出，植筋费用的支出相当可观，把好这关也很重要。

2）废料量的控制问题。废料量的控制其实也很重要，是对一个班组素质的考验，同时也负面影响着人工费的多少。众所周知用原材料直接加工比利用废料要方便得多，废料加工要多花时间焊接和调直，导致工时增加同时人工费也固然增加。而一旦放弃对可利用的废料进行加工使用，势必造成材料的多余损耗，所以需要花精力解决在废料量的控制，在适当增加人工费的前提下保证废料的利用率。一般，废料损耗应控制在1%以内，超出的由清包方承担50%的材料成本费。

其他影响到清包人工费的内容还有很多，诸如进度要求、质量要求、办暂住证等各类证件等内容。

4. 钢筋班人工费测算实例

为了将钢筋人工费测算讲的更具体，选用两个工程钢筋人工费测算来详解。

【实例2-1-13】 某框架住宅钢筋清包人工费测算报告

（一）测算依据

1. 工程概况

该住宅工程位于某省，其中15号楼为框架结构，共9层带阁楼层，圆弧带斜屋面。建筑面积4620m²，檐口高度32.8m，层高2.9m，独立承台基础埋深1.9m，底层为架空层车库。该工程每层两个单元，两梯四户；18号人防工程地下室为框剪结构，单层地下结构，建筑面积为1275m²，层高4.03m。18号人防工程有单层环梁支撑系统，环梁一般截面积为1000mm×500mm，支撑一般截面积为500mm×500mm，底板和屋面板厚度均为350mm厚，剪力墙300mm厚。

2. 施工组织设计

工程进度要求为8天1层，钢筋工劳动力高峰期在25人左右。根据招标文件规定的工程质量要求，该工程的质量目标为良，文明施工要求为"某省文明施工标准化工地"。

3. 机械配备情况

根据施工组织设计，现场配备塔式起重机两台，15号楼和其他两个楼共用其中一台塔式起重机，且15号楼配备井架一台。钢筋制作所需的电焊机、弯曲机、截断机、调直机均由清包工自行承担。18号人防工程也同其他两个楼共用另外一台塔式起重机，其他机械设备也同15号楼一样情况。

4. 工程特点分析

从该工程图纸看出，15 号楼为典型的框架结构建筑，而屋面为坡屋面且带圆弧屋面，结构比较复杂，在上面绑扎钢筋时有一定的安全风险和技术难题，作业效率会随之降低，所以将屋面部分的钢筋工程的内容提出来单独分析，标准层仅取一层来分析，其他节点比如线条、阳台栏板、钢筋混凝土压顶等有特定性的单独分析。18 号楼人防工程为全框架剪力墙结构，底层屋面 2 层板，剪力墙上来，独立柱支撑系统。

因塔式起重机是同其他两个楼共用的，必须考虑塔式起重机的利用率，还有其他的偶然机械损坏因素也将考虑进去。天气原因可能造成的停工现象在建筑行业是不可避免的，也要适当考虑因停工必须补贴的人工费，即不可预见费。

（二）测算过程

测算过程以 15 号楼为例。

（1）基础部分。基础钢筋用量汇总见表 2 - 1 - 42。

表 2 - 1 - 42　　　　　　　　　基础钢筋用量汇总表

钢筋型号	长度（m）	比重（kg/m）	质量（kg）
φ6	747	0.261	195
φ8	4235	0.395	1673
Φ10	1460	0.617	901
Φ12	2082	0.888	1849
Φ14	1340	1.21	1622
Φ16	249	1.58	394
Φ18	3004	2.02	6067
Φ20	3091	2.47	7635
Φ22	62.6	2.98	187
Φ25	362	3.85	1395
汇总			21917

从表 2 - 1 - 42 可以看出钢筋的直径大小分布，钢筋种类比例：圆钢比例（195＋1673）/21917×100％＝8.5％，螺纹钢比例 1－8.5％＝91.5％。

单方质量：21917/440＝0.498（t/m²）。

基础中，圆钢只用于基础梁的箍筋，箍筋制作是最花费人工的一种作业，箍筋的数量也重要地影响着人工费的开支。根据现场调查，得出来的基础钢筋人工参数见表 2 - 1 - 43。

表 2 - 1 - 43　　　　　　　　　基础钢筋人工参数　　　　　　　　　（元）

制作费	安装费	辅材、机械损耗费	不可预知费	总计
2904	7392	1473	1200	12969

从表 2 - 1 - 43 中可以计算单吨钢筋的人工成本费：单价＝12969 元/21.917t＝592（元/t）。前面合同内容分析的价格为 612 元/t，两者有一定差别，这属于正常情况，因为基

础钢筋在制作上和绑扎上有比楼上标准层要简便，人工花费自然也就比标准层的少。

（2）标准层梁板。标准层梁板的钢筋用量见表2-1-44。

表2-1-44　　　　　　　标准层梁板钢筋用量汇总　　　　　　　　（元）

钢筋型号	长度（m）	比重（kg/m）	质量（kg）	9层总质量（kg）
ϕ8	10861	0.395	4290	38611
Φ10	3883	0.617	2396	21560
Φ14	139	1.21	168.2	1514
Φ16	1198	1.58	1892	17030
Φ18	676	2.02	1366	12290
Φ20	422.3	2.47	1043	9387
Φ22	235.6	2.98	702	6318
汇总			11856.58	106709.22

钢筋种类比例：圆钢比例38611/106709×100％＝36％；螺纹钢比例100％－36％＝54％。

单方质量：11856/435＝0.273（t/m²）。

标准层钢筋作业中，箍筋数量增加，且ϕ8的板筋也占板筋的多数，这样在制作和绑扎过程中，消耗人工也随之增加，从现场咨询得出的结果见表2-1-45。

表2-1-45　　　　　　　标准层梁板钢筋人工参数　　　　　　　　（元）

制作费	安装费	辅材、机械损耗费	不可预知费	总计
2166	4410	849	283	7708

单价＝7708/11.86＝650（元/t）。

此单价比前面合同分析单价高，鉴于各部位操作的异同，暂时认为它是合理的。

（3）阁楼层梁板。阁楼层梁板与标准层梁板相差不大，暂且认为它与之一样，即单价取定为650元/t，总量算出是12t，那么其总人工费＝650×12＝7800（元）。结果在后面总计时再拿出来应用。

（4）柱子钢筋用量汇总见表2-1-46。

表2-1-46　　　　　　　柱子钢筋用量汇总

钢筋型号	长度（m）	比重（kg/m）	质量（kg）
ϕ8	29361	0.395	11597
Φ10	11544	0.617	7123
Φ16	12827	1.58	20266
Φ18	18411	2.02	37190
Φ20	6049	2.47	14940
汇总			91116.638

钢筋种类比例：圆钢比例 11597/91116×100％＝12.7％；螺纹钢比例 100％－12.7％＝87.3％。

柱子钢筋作业是钢筋工程中非常灵敏的，制作很简单，成捆截断即可，绑扎也很简便，所以在这方面人工费开支比较低，见表 2-1-47。

表 2-1-47　　　　　　　　　　柱子钢筋人工参数　　　　　　　　　　（元）

制作费	安装费	辅材、机械损耗费	不可预知费	总计
10920	30576	6552	1872	49920

单价＝49920/91.116＝548（元/t），初步结果显示其单价比合同分析单价要低。

（5）屋面梁板钢筋用量见 2-1-48。

表 2-1-48　　　　　　　　　　屋面梁板钢筋用量汇总

钢筋型号	长度（m）	比重（kg/m）	质量（kg）
$\phi 8$	3975	0.395	1570
$\Phi 10$	8593	0.617	5302
$\Phi 14$	185.6	1.21	224.6
$\Phi 16$	798.8	1.58	1262
$\Phi 18$	500.3	2.02	1011
$\Phi 20$	463	2.47	1144
$\Phi 22$	210.5	2.98	627.2
$\Phi 25$	20.9	3.85	80.6
汇总			11221.11

钢筋种类比例：圆钢比例 1570/11221×100％＝14％；螺纹钢比例 100％－14％＝86％。

单方质量：11221.11/396＝0.283（t/m²）。

坡屋面钢筋施工过程中，由于安全风险和技术难题的原因，势必会影响到施工过程中人工费，造成人工费的增加，见表 2-1-49。

表 2-1-49　　　　　　　　　　屋面梁板钢筋人工参数　　　　　　　　　（元）

制作费	安装费	辅材、机械损耗费	不可预知费	总计
2155	5654	806	1037	9652

单价＝9652/11.22＝860（元/t）。

很显然，屋面人工费比合同分析单价高得多。

（6）楼梯节点。楼梯钢筋用量见表 2-1-50。

表 2-1-50　　　　　　　　　　楼梯钢筋用量汇总

钢筋型号	长度（m）	比重（kg/m）	质量（kg）
φ6	9184	0.261	2397
φ8	18421	0.395	7276
φ10	3884	0.617	2396
φ12	2308	0.89	2049
φ16	2598	1.58	4105
φ18	53.44	2.02	107.9
φ20	544	2.47	1344
汇总			19675.2

钢筋种类比例：圆钢比例（2397＋7276）/19675.2＝49.2%；螺纹钢比例100%－49.2%＝50.8%。

楼梯及节点都是比较烦琐的施工部位，比如线条、压线、栏板以及后做飘窗等，烦琐的过程当然会引起人工费的增加，圆钢的比例近乎一半，制作和安装的费用当然也会增加，楼梯及节点钢筋人工参数见表 2-1-51。

表 2-1-51　　　　　　楼梯及节点钢筋人工参数　　　　　　（元）

制作费	安装费	辅材、机械损耗费	不可预知费	总计
3763	8467	1519	504	14253

单价＝14253/19.67＝725（元/t）。

此单价与前面合同分析单价相比，单价高出很多。坡屋面钢筋施工过程麻烦比较多，人工费开支相对要多，暂时认为单价是合理的。

上文已经将各部位钢筋施工的人工参数列出来，这样可以再将总费用统计出来，以测定整个单位工程的平均单价，再与前面的合同分析单价做比较，就可以知道测定的单价是否合理了。

单位工程总人工费＝基础＋标准层梁板＋阁楼层梁板＋柱子＋屋面梁板＋节点＝12969＋7708×9＋7800＋49920＋9652＋14253＝163966（元）。

整个单位工程的钢筋量＝21917＋106709＋12037＋11221＋91116＋19675＝262.676(t)。

测定单价为：163966/262.676＝624（元/t）。

合同分析单价 612 元/t，经测定的单价为 624 元/t，两者相差不大，考虑在施工过程中，不可预见的情况比较多，且调查咨询得出的数据不可能百分百准确，认为该测算合理，下面阐释各部位人工费和总人工费的关系，见表 2-1-52。

表 2-1-52　　　　　　单位工程人工费测算汇总表（15 号楼）

项目	钢筋量（t）	总人工费（元）	单价（元/t）
基础	21.916	12969	592
标准层	106.71	69372	650

续表

项目	钢筋量（t）	总人工费（元）	单价（元/t）
阁楼层	12.04	7800	650
柱子	91.12	49920	548
屋面	11.22	9652	860
楼梯节点	19.67	14253	725
总计	262.68	163966	624

上面将15号楼各部位进行分解讨论，各项数据具有一定的合理性，当然各地方规定的不同、工人工资及生产能力的不同、整体要求的不同都会造成人工费的差异。

实例2-1-12是按吨位计价模式的工程，现代建筑市场也不可能全部是这种模式，为了可以将测算方法表现得更加完善，下面介绍一下以面积计价的模式，以供参考。

【实例2-1-14】 某砖混住宅楼钢筋清包单价测算报告

（一）测算依据

1. 工程概况

该工程位于某省，为村民安置房，其中5号楼为砖混结构，六层带阁楼，平屋面结构，底层架空层；两个单元，两梯四户；建筑面积 $3237m^2$。

2. 工程特点

工程基础为两桩承台和单桩承台及基础梁承重，标准层梁大多尺寸为 $250mm×400mm$，板均为单层加负筋样式；屋面为平屋面，便于施工。因整个工程均为六层，故不考虑塔式起重机进场，搬运由人工和井架运送，这也会造成工人作业效率不高，人工费也会有所增加。

（二）测算依据

根据合同资料，该工程钢筋分项以清包方式，单价以26元/m^2计算。单方钢筋人工参数参考表2-1-53中各项参数。

表2-1-53　　　　　　　　　　单方钢筋人工参数　　　　　　　　　　（元）

制作费	安装费	辅材、机械损耗费	不可预知费	总计
5.52	13.68	2.4	1.2	22.8

清包利润可知为3.2元/m^2，再将各参数分解，钢筋人工参数分解见表2-1-54。

表2-1-54　　　　　　　　　　钢筋人工参数分解

费用名称	工日	单价（元/工日）	合计（元）
制作费	4.6	120	552
安装费	11.4	120	1368
辅材、机械损耗费	—	240	240

上列数据经现场调查咨询而来。将整个单位工程分解开来，以各分部的人工费推算

总价，求证合理性。

（1）基础部分（架空层面积244.6m²），见表2-1-55。

表2-1-55　　　　　　　　钢筋人工参数分解

费用名称	工日（工日）	单价（元/工日）	合计（元）
制作费	10	120	1200
安装费	25	120	3000
辅材、机械损耗费		528	528
不可预计费		360	360
基础总费用			5088

（2）标准层（标准层面积465.26m²），见表2-1-56。

表2-1-56　　　　　　　　钢筋人工参数分解

费用名称	工日（工日）	单价（元/工日）	合计（元）
制作费	22	120	2640
安装费	51	120	6120
辅材、机械损耗费		1200	1200
不可预计费		600	600
标准层总费用			10560

（3）阁楼层（阁楼层面积201m²），见表2-1-57。

表2-1-57　　　　　　　　钢筋人工参数分解

费用名称	工日（工日）	单价（元/工日）	合计（元）
制作费	10	120	1200
安装费	27	120	3240
辅材、机械损耗费		720	720
不可预计费		384	384
阁楼层总费用			5544

根据表2-1-55～表2-1-57的各部位人工总费，可以得出测算单价：

测算单价＝（5088＋10560×6＋5544）/3237＝22.86（元/m²）。合同拟定单价为22.8元/m²，测算单价为22.86元/m²，两者相差很小，可以认定该测算方法的可行性。

5. 两种计价模式测算比较

【实例2-1-12】和【实例2-1-13】是以两种计价模式的工程测算出来的结果，两者看似比较单独，实则一定有可比性。

(1) 15 号楼的钢筋总计 262.68t，建筑面积为 4620m²，得出单方含钢量：262.68/4620＝56.8（kg/m²）；15 号楼单吨价为 624 元，折算成单方价即 624×56.8/1000＝35（元/m²）。

(2) 5 号楼钢筋总量经图纸算出为 114.43t，建筑面积为 3237m²，单方含钢量为 114.43/3237＝35.4（kg/m²）；5 号楼单方价为 22.86 元/m²，折算成单吨价即 22.86/35.4×1000＝646（元/t）。

如果将一个单位工程的单方含钢量作为一个评判标准的话，由上面的系列数据就可以得出一个结论：单方含钢量越重，钢筋人工费成本的单方价就越高，而单吨价就越低；反之，单方含钢量越轻，钢筋人工费成本的单方价则越低，单吨价也就越高。

【实例 2-1-12】和【实例 2-1-13】均是以实际已完工或主体已结束的工程为依据的，各项指标都是经过市场咨询得出的，一般是以清工老板和代班人员或者现场成本控制人员为对象，可以承认它的合理性。当然，现在建筑市场如此庞大，工程种类如此繁杂，各地方劳务市场的不平衡，各地会有所差异。随着工人素质的不断提高，劳务市场的不断规范化，人工成本也会随之而不断变化，但测算的基本方法还是可以通用的。

第二节　施工成本之材料费单价信息库要素的测算

一、材料采购价格信息库的建立

1. 普通材料采购价格信息库的建立

根据"住房和城乡建设部 财政部关于印发《建筑安装工程费用项目组成》的通知（建标〔2013〕44 号）"文中规定：材料费是指施工过程中耗费的构成工程实体的原材料、辅助材料、构配件、零件、半成品的费用。包括如下内容：

(1) 材料原价（或供应价格）。

(2) 材料运杂费是指材料自来源地运至工地仓库或指定对方地点所发生的全部费用。

(3) 运输损耗费是指材料在运输装卸过程中不可避免的损耗。

(4) 采购及保管费是指为组织采购、供应和保管材料过程中所需要的各项费用。

材料采购价格数据库的建立，主要指材料采购价格的收集。材料采购价格数据库的参考格式见表 2-2-1 和表 2-2-2。

【实例 2-2-1】　某建筑公司材料采购价格信息表。

表 2-2-1　　　　　　　　　　材料采购价格信息表

材料编号	名称	单位	数量	预计采购价	小计

续表

材料编号	名称	单位	数量	预计采购价	小计
……					
	合计				

【实例 2 - 2 - 2】 某建筑公司收集的一些常用材料价格信息。

表 2 - 2 - 2 常用材料价格表（20××年×月）

材料名称	规格	采购地点	单位	单价	备注
水泥	32.5 级散装	安阳	t	××	月结 100%
水泥	32.5 级散装	安阳	t	××	月结 100%
混凝土加气块	200mm×240mm×600mm	郑州	m³	××	现付
混凝土多孔砖	90mm×115mm×240mm	郑州	千块	××	现付
黏土多孔砖	90mm×115mm×240mm	郑州	千块	××	现付
黏土砖	53mm×115mm×240mm	新乡	千块	××	现付
黄砂	净砂	郑州	t	××	月结 80%
碎石	20～40mm	郑州	t	××	月结 80%
碎石	40～60mm	郑州	t	××	月结 80%
胶合板（支模用）	1880mm×988mm×17mm	郑州	张	××	现付
方挡（支模用）	60mm×80mm	郑州	m³	××	现付
SBS 沥青防水卷材	3mm 聚酯胎	郑州	m²	××	现付
商品混凝土（不含泵送）	C25	郑州	m³	××	月结 80%
商品混凝土（不含泵送）	C30	郑州	m³	××	月结 80%
脚手架用脚手片	1200mm×1000mm	郑州	m²	××	现付
钢管	φ48×3.5mm	郑州	元/（m·天）	××	期付
扣件	国家标准	郑州	元/（m·天）	××	期付
安全网	密目	郑州	m²	××	现付

注 以上单价除特别注明外均含到工地的运费及装卸费用。

2. 周转材料租赁价格信息库的建立

目前周转性材料建筑公司主要采用租赁形式，主要调查周转性材料建筑公司的租赁价格。

【实例 2 - 2 - 3】 某建筑公司周转材料租赁价格信息表，见表 2 - 2 - 3。

表 2 - 2 - 3　　　　　　　　　　周转材料租赁价格信息表

序号	名称	规格、型号	计量单位	租赁价格（元）
1	钢管	3~6m	m/天	0.015
2	钢管		t/天	11.3
3	扣件	各种型号规格	只/天	0.011
4	安全网	密目 1800mm×6000mm	m²	5.15
5	脚手片	毛竹 1000mm×1200mm	m²	13.1
6	钢模板	各种型号规格	m²/天	0.4
7	阳角条		m²×日	0.15
8	山字夹		只/月	0.11
9	吊篮质量检测费		次	600
10	吊篮运输费		次	600
11	吊篮		台	100
12	钢支撑	φ580×12mm	t/天	10.5
13	钢支撑	φ609×16mm	t/天	11.5
14	型钢支撑，围檩	H700×300，H500×300，H400×400	t/天	17
15	槽钢（双拼）	25~36mm	t/天	11.5
16	槽钢	6m/7m/9m	m/天	0.35
17	角条	齐全	m/天	0.09
18	方塔式支架	配套	t/天	28
19	贝雷架	配套	t/天	43.5
20	工字钢（三拼）	25~56mm	t/天	11.5
21	工字钢（单拼）	25~56mm	t/天	11.5
22	工字钢（双拼）	25~56mm	t/天	11.5
23	轻轨	18、24、43kg	m/天	0.44
24	无缝管	4″~12″	m/天	0.26
25	拉森桩	4 号小止口	m/天	0.9
26	拉森桩	5 号大止口	m/天	0.6
27	拉森桩	5 号小止口	m/天	0.95
28	拉森桩	4 号大止口	m/天	0.5
29	钢板桩（槽钢）	4~5m/5.5~7m	m/天	0.31
30	钢板桩（拉森桩）	12、18m	月/天	0.7
31	钢板桩（槽钢）	6、7.5~8.5m	m/天	0.35
32	拉森钢板桩	3 号/12m、15m	m/天	0.52
33	钢板桩	30 号/6~9m	（元·m）/天	0.35
34	SMW 工法 H 型钢	500×300，12~18m	吨·天	17
35	SMW 工法 H 型钢	700×300，12~18m	吨/天	17

续表

序号	名称	规格、型号	计量单位	租赁价格（元）
36	H 型钢	500×200	t/天	17
37	H 型钢	700×300	t/天	17
38	H 型钢	20～70mm	t/天	11.5
39	井字架	42m	天（套）	140
40	路基箱	6.0×1.5m	块/天	26
41	活动房	空壳	只/天	61
42	竹胶模板	齐全	m²/天	0.55
43	泥浆箱	20×30m³	只/天	52

二、 材料采购价的测算

在成本测算中，材料的单价必须是市场单价（拟购材料市场价，注意与做预算时信息价的区别），所以，测算过程中所需材料的单价也只有通过市场调查和收集来完成单价的测算工作。

1. 材料单价获取的主要途径

（1）企业或项目部的相关资料。主要是指企业招投标文件、项目部的材料采购协议、项目部的出入库台账等。每个企业或项目部虽然可能暂时没有系统的材料价格数据库，但是从各种相关的资料数据中是可以收集到材料单价的。尤其是在项目部的资料中，材料单价相对于招投标资料是更有参考价值的，毕竟项目部是施工生产一线的组织机构，其材料合同、仓库台账都是我们所需的材料单价中的重要来源，特别是在一些地方材料价格方面，项目部的采购价格往往是最具参考价值的。

（2）当地工程造价管理机构定期发布的材料信息价。在我国的各个省、地市都设有专门的工程造价管理机构（如定额站、造价站、建设工程造价管理协会等）定期发布当地的《材料价格信息》，一般习惯地称之为"政府信息价"。政府信息价一般反映的是上个月（指刊物发布日期的上一个月）当地建筑市场中各种材料的价格水平，往往在合同双方的工程结算中扮演"调差"的角色。而在工作实践和调查中发现：很多地方政府信息价所反映的价格水平往往是偏高的，因为在一些项目部与材料供应商的供需合同中，很多合同的价格是按每月信息价下浮若干个百分点来确定及结算的。各种原因我们不便做分析，但就这个情况来说，在进行材料费测算时如果是参考信息价的时候就需要注意了。

【实例 2 - 2 - 4】 某建筑公司商品混凝土实际采购价格表（见表 2 - 2 - 4）。

表 2 - 2 - 4 　　　　　　某市区工程商品混凝土合同价格一览表

材料名称	强度	坍落度（mm）	合同价格	备注
泵送商品混凝土	C30（20）	12±1	按信息价下浮 15%月结	某教学楼工程
泵送商品混凝土	C30（20）	12±1	按信息价下浮 12%月结	某住宅小区工程
泵送商品混凝土	C30（20）	12±1	按信息价下浮 16%月结	某住宅小区高层
泵送商品混凝土	C30（20）	12±1	按信息价下浮 20%月结	某超高层办公楼

从表 2-2-4 可以看出，在该地区建筑市场上商品混凝土的价格是比政府信息价所公布的价格要低的。而且从调查还发现，各个工程所签订的合同价格也是有高低之分的。

那么，在进行成本测算时，在政府信息价的基础上采用哪一个下浮比例来作为材料成本价格合适呢？笔者认为，可以结合本企业、本项目部的管理水平及历史资料、工程特点来进行确定，毕竟在表 2-2-4 中 4 个下浮比例都是可以被市场接受的，取其中任意一个比例作为参考都不能说是错误的，只要符合市场交易实际就可以应用。

（3）网络信息询价。随着网络在日常工作和生活中的普遍应用，越来越多的信息可以通过网络平台获取。在一些的工程材料供应合同中，已经开始采用以某指定网站的公布价格为双方结算依据的方式，说明信息网络平台在建筑材料的交易活动中正扮演着越来越重要的角色，也应当从平台发现一些所需要的价格信息。

以上几点是笔者在进行材料单价收集整理时需要注意的问题。当然，在收集整理过程中还有其他的细节需要注意。

2. 材料单价在获取过程中需要注意的几个问题

（1）要考虑材料价格的时效性。"价格总是围绕价值上下波动的"，所以，也要意识到材料价格是一个动态的单价，而在收集材料价格时只是收集到了材料价格的某一时点的价格，也就是说是一个静态的价格。如何通过市场静态的价格资料转变为动态的材料单价呢？这就需要在材料单价收集完成后还要对其进行一些分析，尽量从中发现一些规律性的变动。经过分析后的材料单价数据库对成本测算或成本控制工作才更具有指导性，尤其是在一些固定总价合同中，材料单价的预测性非常重要。如果材料单价仅仅从某一个时点上的单价列入报价或测算，很有可能就增加了固定总价合同的风险。比如在有的地区，每年的雨季，当地的普通砖块的价格都会上浮，原因就是进入雨季之后，原材料供应减少，与外部交通也时常中断，导致市场供应量减少，从而价格上涨；在有的地方，每年春节过后材料往往会有一个小涨价过程，原因是节后工地纷纷开工，市场需求短期较大。相信其他地方也有类似的材料价格波动期，只要多加留意，多观察总结，应该不难发现。

（2）要考虑材料付款情况。对材料单价的影响，根据一些市场调查和资料的分析来看，材料付款方式对材料单价的影响越来越明显。在"货到付款、现收现付"的供应业务往来活动中，材料单价一般较低，但是在"分期结算、预提尾款"的供应合同中，材料单价一般要高一些。造成这种局面的原因主要有两个方面：一方面是由于建筑市场在前几年不是很规范，很多材料供应商都遭遇过项目部拖欠材料款的情况，而且供应商也为此花费了大量的精力来追讨欠款，可谓是"历尽艰辛、吃尽苦头"；另外一方面是材料供应商在垫资的供应合同中，其垫入的资金也是有时间价值的，也就是经济学里"机会成本"概念，其成本一旦增加，相应的材料单价也会增加。

【实例 2-2-5】 某项目部签订的一份钢材采购合同。

某项目部钢材供应协议书

采购方：某项目部

供应方：某物资公司。

……第三条 双方约定的材料价格：

如采购方在供方所供材料到场后七天内全额付款，则材料价格按照材料进场之日某网站公布的当日各种型号钢材价格结算；若采购方在供方供材料后七天内未能付款，需要拖欠的，则双方结算时按照材料进场之日某网站公布的当日各种型号钢材价格另加 80 元/（t·月）；日期以材料进场之日起计到该材料款付清之日。

……

分析：从上面这段合同内容来看，项目部对材料供应商的付款方式对材料单价的影响是比较明显的，而且这种合同条款正越来越多被供需双方采用，这也是合同中"公平、平等"原则的体现；而在进行成本测算时所秉承的"紧密结合市场、以市场为导向、以市场为检验"的原则，也要求对市场活动中对成本影响的因素进行客观合理的反映。

（3）注意宏观经济对材料单价的影响。在进行一些材料价格的收集中，需要注意宏观经济政策对材料单价的影响。如在 2015 年的下半年，由于国际铁矿石大幅上涨，国内建筑市场需求量又正值高峰期，所以造成了钢材价格大幅上扬，不少建设单位和施工单位都措手不及。所以，造价人员对于材料单价的采集，还需要注意到大的市场变化、走向以及国家宏观调控政策，对于这些内容，造价人员可能无法对其做出准确的预测或分析，但是可以参考媒体的相关报道，养成宏观意识，对从事建筑工程经济领域的造价人员来说是很有必要，也是很有帮助的。

（4）其他需要注意的问题。在工程材料的收集过程中，还需要注意一些比较特殊的问题，尤其是在装饰材料单价方面。由于装饰材料种类繁多，而且质量等级、品牌各异，造成材料价格差异幅度很大。比如说在花岗岩及瓷砖等装饰块材的材料单价中，要注意采购的品牌及等级，比如 200×300（mm）的墙面瓷砖，市场上同一品牌产品的单价从 4 元/片到 15 元/片不等，不同品牌的价格则相差更大；油漆涂料类也有这种情况，"多乐士""三棵树"等知名品牌的产品在同类产品中的价格往往要高出一截。而在工程设计图纸中，按照规定工程设计单位只能给出装饰材料的种类及规格、特征，不能对工程用材料指定品牌及价位，工程建设单位往往也只能指定到产品颜色、品牌，所以在整理这方面的资料时，要注意把质量等级、品牌也要注明，以便在参考时更有针对性。

对于这类材料在材料费测算中的应用，建议在成本测算时对于这些材料的价格取定，采用"区间报价"的方法报价。所谓"区间报价"也就是指不考虑材料品牌及质量等级，只填报一个拟购材料的单价即可（但是要保证这个单价必须在市场认可的单价区间内），通过这个单价来进行成本测算及成本控制。比如在某教学楼工程的成本测算中，外墙砖 100×100（mm）的材料单价填 60 元/m²，即：将采用或可以采用 60 元/m² 的外墙砖。实践证明，这种"区间报价"的方法与在施工过程中的材料采购的实际情况也是相符合的。在很多的装饰材料市场，消费者去购买这类产品时，商家首先问的不是"您需要什么品牌什么质量"，而是直接问"您打算购买什么价位的产品"。

运杂费、采保费、试验费可以单独列出，不必像预算中将这些费用摊入材料单价，当然也可以按摊入的方式。材料损耗率可按企业或项目部自定的损耗率标准。

第三节　施工成本之机械费单价信息库要素的测算

一、机械租赁价格信息库的建立

机械费是指施工机械作业所发生的机械使用费以及机械安拆费和场外运输费，见表 2-3-1。

表 2-3-1　　　　　　　　　　　　　机械费组成

机械费组成	租赁机械	租赁费、进出场费、按拆费、日常维修
	自有机械	折旧费、大修理费、经常修理费、安拆费及场外运输费、人工费、燃料动力费、养路费及车船使用税

机械费的发生形式主要有两种，一种是租赁机械费用及其相关的安装拆卸和场外运输费用；另一种是自有机械的使用费用，含安装拆卸、运输及机上人工等。

（1）自有机械的使用费用。按传统造价理论，自有机械的机械使用费，计价过程中需要考虑以下七项费用：折旧费、大修理费、经常修理费、安拆费及场外运输费、人工费、燃料动力费、养路费及车船使用税。

自有机械使用费的计算公式为：施工机械使用费＝$\sum$（施工机械台班消耗量×机械台班单价）。其中，机械台班单价＝台班折旧费＋台班大修费＋台班经常修理费＋台班安拆费及场外运费＋台班人工费＋台班燃料动力费＋台班养路费及车船使用税。

（2）租赁机械的机械使用费。租赁机械的机械使用费的计价过程中主要考虑四项费用：双方协定的租金、约定的机械进出场费用补贴、约定的机械安拆费用补贴、约定的机械操作及应计入总包方的日常维修费用等。

租赁机械使用费的计算公式为：施工机械使用费＝$\sum$（施工机械租赁日期×机械租赁单价＋其他约定的相关费用）。

机械费用的测算按实际施工中机械费用的发生形式主要分为两种：一种是按其台班消耗量及机械台班单价计算出的机械使用费；另一种是按其租赁日期及租赁单价计算。

（1）按其台班消耗量及机械台班单价计算机械使用费。计算过程：根据公式可以得出，如果按此方法来进行计算的话，需要对台班单价的组成进行测定，一共是七项费用；然后结合机械的使用台班量进行汇总计算。整个计算过程虽然显得比较准确，但是要如此一步一步测算，显然比较费力，尤其是在折旧费、修理费、燃料动力费等方面，各种机械的消耗量确定过程非常复杂。

按台班单价和台班消耗量的测算方法已不适于大规模的工程测算应用，在局部子项的综合单价测定中，可以采用以此种形式进行机械使用费测定。

（2）按其租赁日期及租赁单价计算。以租赁费的形式来测算机械使用费的测算方式与建筑市场中的实际情况是比较相似的，采用此方法符合成本测算的"测算与市场一致"的原则。

在当前的建筑市场中，大多数的施工企业都开始摆脱以前"大锅饭"的体制，开始了内部改革，企业资源分配到各个部门、各个子公司，如中建系统中，改制后各局都成

立了专门的机械公司，原企业的机械设备资源集中起来。即使在企业内部，使用机械设备也是以租赁的形式来进行的，机械公司已经成了一个独立核算的机构。同时，随着市场经济的日益发展，一些专门的机械设备租赁公司也纷纷设立，成为建筑市场中一支重要的队伍。所以，在机械费成本测算中，如果脱离了这个市场环境及发展趋势，盲目地进行台班消耗量分析和台班单价确定，是事倍功半的。

以租赁费的形式来确定机械使用费，不但是出于建筑市场方面的考虑，而且也是从造价行业的从业人员的实际业务水平来考虑的，如果要对各种机械的台班单价及机械在施工过程中各分部分项中的台班消耗量进行测定，这是一项系统而复杂的工作，即使测定出来的数据也不可能在各个行业、各个地区、各个工程中统一应用（因综合程度太高），不符合测算原则；而以租赁费的形式来进行机械使用费测算，在结合市场的同时，也可以极大地减轻造价人员在测算中的工作量，而在不同地区、不同时段中获取的不同的租赁价格，也恰恰弥补了因地域、时间、具体工程特征等影响造价的因素。

在自有机械费用的测算过程中，机械使用费还是按租赁费计算。因为即便是自有机械（无须从他处租入），也要考虑一个机会成本的因素，也就是说即便是自有机械，在投入到工程施工中，也是有成本的，这个成本称为"机会成本"。所谓机会成本就是从事某一项业务而损失别的业务的代价，在进行成本测算时，这个机会成本是需要考虑的。此处所涉及的自有机械的机会成本实际上也就是自有机械的租赁费用。所以纵使在自有机械的情况下，也需要以租赁费用来表达该机械的使用费，当然，在投标决策或成本分析中，可以将自有机械的机会成本作为一个降价方案或节超分析参考。

通过以上分析，在建筑工程成本测算中，机械使用费的测算以租赁费用的形式来计算成本，不但符合市场要求，而且对工程施工过程中的成本控制也具有实际指导意义。所以，在本书中，除综合单价的测算介绍外，均以租赁费的形式来确定机械使用费。

【实例 2 - 3 - 1】 某建筑公司机械租赁价格信息库，见表 2 - 3 - 2。

表 2 - 3 - 2　　　　　机械租赁价格信息表 (20××年××月)

序号	名称	规格、型号	计量单位	价格（元）
土石方机械				
1	履带式推土机	60kW	台班	339
2	履带式推土机	73.5kW	台班	545
3	履带式推土机	90kW	台班	634
4	履带式推土机	110kW	台班	663
5	履带式推土机	132kW	台班	781
6	履带式推土机	162kW	台班	1178
7	履带式推土机	235kW	台班	1486
8	履带式推土机	316kW	台班	1580
9	自行式铲运机	7m³	台班	874

续表

序号	名称	规格、型号	计量单位	价格（元）
10	自行式铲运机	10m³	台班	890
11	自行式铲运机	12m³	台班	1067
12	拖式铲运机	3m³	台班	383
13	拖式铲运机	8m³	台班	634
14	拖式铲运机	10m³	台班	730
15	平地机	75kW	台班	677
16	平地机	100kW	台班	784
17	平地机	125kW	台班	846
18	平地机	138kW	台班	929
19	平地机	147kW	台班	991
20	轮胎式装载机	0.5m³	台班	604
21	轮胎式装载机	1.5m³	台班	328
22	轮胎式装载机	1.9m³	台班	340
23	轮胎式装载机	2.3m³	台班	486
24	轮胎式装载机	3.0m³	台班	584
25	履带式挖土机	0.5m³	台班	604
26	履带式挖土机	1.0m³	台班	1120
27	履带式挖土机	1.2m³	台班	1254
28	履带式挖土机	1.5m³	台班	1814
29	履带式挖土机	1.8m³	台班	2206
30	履带式挖土机	2m³	台班	2430
31	挖掘机加长臂	10～30m	台班	101
筑路机械				
1	光轮压路机（内燃）	6t	台班	298
2	光轮压路机（内燃）	8t	台班	340
3	光轮压路机（内燃）	12t	台班	428
4	光轮压路机（内燃）	15t	台班	507
5	三轮静碾压路机	15t	台班	639
6	三轮静碾压路机	18t	台班	667
7	三轮静碾压路机	21t	台班	708
8	单钢轮振动压路机	12t	台班	480
9	单钢轮振动压路机	14t	台班	531
10	单钢轮振动压路机	16t	台班	600
11	单钢轮振动压路机	18t	台班	669

续表

序号	名称	规格、型号	计量单位	价格（元）
12	单钢轮振动压路机	20t	台班	720
13	单钢轮振动压路机	22t	台班	806
14	双钢轮振动压路机	6t	台班	376
15	双钢轮振动压路机	8t	台班	737
16	双钢轮振动压路机	12t	台班	823
17	手扶振动压实机	单轮0.3t	台班	156
18	轮胎压路机	16t	台班	689
19	轮胎压路机	20t	台班	778
20	轮胎压路机	26t	台班	890
21	拖式羊足碾	单筒3t	台班	32
22	风动凿岩机	手持式	台班	15
23	汽车式沥青撒布机	4000L	台班	506
24	汽车式沥青撒布机	7500L	台班	741
25	沥青混凝土摊铺机	12t/2～4.5m	台班	1095
26	沥青混凝土摊铺机	13t/2～6m	台班	2124
27	沥青混凝土摊铺机	13t/3～8m	台班	2722
28	沥青混凝土摊铺机	14t/3～7.5m	台班	2636
29	沥青混凝土摊铺机	14t/3～9m	台班	3405
30	强夯机械	120t·m	台班	899
31	强夯机械	200t·m	台班	1249
32	稳定土拌和机	90kW	台班	500
33	稳定土拌和机	105kW	台班	550
34	稳定土拌和机	135kW	台班	894
35	小型铣刨机（柴油）	宽度300mm	台班	418
36	小型铣刨机（电动）	7.5kW	台班	234
37	混凝土路面切缝机	切割深度130mm	台班	17
38	混凝土路面切缝机	切割深度250mm	台班	135
39	夯实机	汽油平板夯1.35t	台班	17
40	夯实机	汽油平板夯3t	台班	26
41	夯实机	汽油平板夯4t	台班	35
42	夯实机	电动平板夯2t	台班	17
43	夯实机	汽油冲击夯0.6t	台班	12
44	夯实机	汽油冲击夯1.35t	台班	26
45	蛙式夯实机		台班	12
46	破碎炮		台班	491

建筑工程项目成本测算
控制与实例

续表

序号	名称	规格、型号	计量单位	价格（元）
1	履带式柴油打桩机	2.5t	台班	565
2	履带式柴油打桩机	3.5t	台班	808
3	履带式柴油打桩机	5~8t	台班	1747
4	轨道式柴油打桩机	0.8t	台班	283
5	轨道式柴油打桩机	1.2t	台班	454
6	轨道式柴油打桩机	1.8t	台班	522
7	振动打拔桩机	30t	台班	742
8	振动打拔桩机	40t	台班	872
9	振动打拔桩机	50t	台班	1026
10	振动打拔桩机	60t	台班	1166
11	静力压桩机（液压）	90t	台班	1353
12	静力压桩机（液压）	120t	台班	1438
13	静力压桩机（液压）	160t	台班	1609
14	静力压桩机（液压）	200t	台班	1779
15	静力压桩机（液压）	300t	台班	2120
16	静力压桩机（液压）	500t	台班	2801
17	汽车式钻孔机	$\phi400$	台班	460
18	履带式钻孔机	$\phi400\sim\phi600$	台班	585
19	长螺旋钻孔机	$\phi400$	台班	457
20	单头搅拌桩机喷浆		台班	237
21	锚杆钻孔机	HD90	台班	1917
22	冲击钻机（电动）	22型	台班	441
23	旋喷桩机	$\phi600\sim\phi800$	台班	280
24	回旋钻机	$\phi1000$ 以内	台班	896
25	旋挖钻机	$\phi1000$ 以内	台班	3105
26	反循环钻机		台班	1042
27	电动打钎机		台班	274
28	简易打桩架		台班	271
29	简易拔桩架		台班	276
起重机械				
1	履带式起重机	10t	台班	509
2	履带式起重机	20t	台班	701
3	履带式起重机	30t	台班	873
4	履带式起重机	50t	台班	1410

续表

序号	名称	规格、型号	计量单位	价格（元）
5	履带式起重机	80t	台班	2905
6	履带式起重机	100t	台班	4409
7	履带式起重机	150t	台班	5729
8	履带式起重机	200t	台班	8098
9	轮胎式起重机	8t	台班	332
10	轮胎式起重机	16t	台班	489
11	轮胎式起重机	25t	台班	827
12	轮胎式起重机	40t	台班	1064
13	汽车式起重机	5t	台班	392
14	汽车式起重机	10t	台班	723
15	汽车式起重机	16t	台班	1144
16	汽车式起重机	25t	台班	1567
17	汽车式起重机	35t	台班	2139
18	汽车式起重机	50t	台班	2653
19	汽车式起重机	75t	台班	4107
20	汽车式起重机	100t	台班	7221
21	水平变幅塔式起重机	40t·m 以内	台班	419
22	水平变幅塔式起重机	63t·m 以内	台班	495
23	水平变幅塔式起重机	80t·m 以内	台班	592
24	水平变幅塔式起重机	100t·m 以内	台班	661
25	水平变幅塔式起重机	150t·m 以内	台班	835
26	水平变幅塔式起重机	200t·m 以内	台班	1111
27	水平变幅塔式起重机	250t·m 以内	台班	1181
28	动臂变幅塔式起重机	120t·m 以内	台班	821
29	动臂变幅塔式起重机	150t·m 以内	台班	1111
30	动臂变幅塔式起重机	200t·m 以内	台班	1250
31	动臂变幅塔式起重机	250t·m 以内	台班	1527
32	塔式起重机接高	10m/80t·m 以内	台班	37
33	塔式起重机接高	10m/150t·m 以内	台班	44
34	塔式起重机接高	10m/200t·m 以内	台班	50
35	门式起重机	5t	台班	261
36	门式起重机	10t	台班	371
37	门式起重机	20t	台班	548
38	门式起重机	40t	台班	793
39	桅杆式起重机	10t	台班	295

续表

序号	名称	规格、型号	计量单位	价格（元）
水平运输机械				
1	载货汽车	货箱长 4m，2t	台班	191
2	载货汽车	货箱长 6m，4t	台班	225
3	载货汽车	货箱长 7m，6t	台班	277
4	载货汽车	货箱长 9.5m，10t	台班	446
5	载货汽车	货箱长 9.5m，15t	台班	491
6	载货汽车	货箱长 8.5m，20t	台班	550
7	自卸汽车	货箱长 4.2m，2t	台班	273
8	自卸汽车	货箱长 5.4m，5t	台班	371
9	自卸汽车	货箱长 5.3m，12t	台班	461
10	自卸汽车	货箱长 7.6m，16t	台班	666
11	自卸汽车	货箱长 9.5m，20t	台班	811
12	平板拖车组	8t	台班	518
13	平板拖车组	15t	台班	602
14	平板拖车组	20t	台班	804
15	平板拖车组	30t	台班	1005
16	机动翻斗车	2t	台班	174
17	洒水车	5t	台班	265
升降机械				
1	单筒快速电动卷扬机	2t	台班	136
2	双筒快速电动卷扬机	3t	台班	144
3	单笼施工升降机	75m	台班	280
4	单笼施工升降机	100m	台班	305
5	双笼施工升降机	100m	台班	335
6	双笼施工升降机	130m	台班	377
7	高速双笼施工电梯	200m	台班	563
8	电动葫芦	2t	台班	24
9	平台升降机	9m	台班	600
10	平台升降机	16m	台班	673
11	平台升降机	20m	台班	713
12	高空作业车	21m	台班	1095
13	电动吊篮	承载 500kg	台班	32

续表

序号	名称	规格、型号	计量单位	价格（元）
	混凝土机械			
1	涡桨式混凝土搅拌机	0.5m³	台班	30
2	反转出料混凝土搅拌机	0.5m³	台班	47
3	双卧轴式混凝土搅拌机	0.5m³	台班	61
4	滚筒式混凝土搅拌机	0.5m³	台班	20
5	灰浆搅拌机	350L	台班	18
6	泥浆搅拌机	0.6m³	台班	34
7	散装水泥车	10t	台班	491
8	混凝土搅拌输送车	10m³	台班	804
9	混凝土搅拌输送车	16m³	台班	924
10	混凝土输送泵车	22m，100m³/h	台班	1950
11	混凝土输送泵车	37m，120m³/h	台班	2861
12	混凝土输送泵车	40m，120m³/h	台班	3225
13	混凝土输送泵车	43m，120m³/h	台班	3529
14	混凝土输送泵车	48m，120m³/h	台班	4622
15	混凝土输送泵车	50m，120m³/h	台班	4987
16	混凝土输送泵车	56m，150m³/h	台班	6566
17	混凝土输送泵车	60m，170m³/h	台班	8145
18	混凝土输送泵车	66m，170m³/h	台班	10696
19	柴油混凝土输送泵	30m³/h	台班	577
20	柴油混凝土输送泵	60m³/h	台班	716
21	柴油混凝土输送泵	80m³/h	台班	877
22	柴油混凝土输送泵	110m³/h	台班	1894
23	电动机混凝土输送泵	60m³/h	台班	577
24	电动机混凝土输送泵	80m³/h	台班	901
25	电动机混凝土输送泵	100m³/h	台班	1732
26	挤压式灰浆输送泵	3m³/h	台班	50
27	挤压式灰浆输送泵	5m³/h	台班	58
28	混凝土喷射机	5m³/h	台班	30
29	混凝土振动台	1.5 * 6m	台班	93
30	混凝土搅拌站	25m³/h	台班	1102
31	混凝土搅拌站	45m³/h	台班	1411
32	混凝土搅拌站	60m³/h	台班	1973
33	混凝土搅拌站	90m³/h	台班	2465
34	混凝土搅拌站	120m³/h	台班	2886
35	混凝土振动器	平板式	台班	2
36	混凝土振动器	插入式	台班	1

续表

序号	名称	规格、型号	计量单位	价格（元）
		加工机械		
1	钢筋调直机	4～14mm	台班	38
2	钢筋切断机	40mm	台班	18
3	钢筋切断机	50mm	台班	21
4	钢筋弯曲机	40mm	台班	12
5	钢筋弯曲机	50mm	台班	18
6	钢筋墩头机	5mm	台班	25
7	预应力钢筋拉伸机	60t	台班	22
8	预应力钢筋拉伸机	85t	台班	31
9	预应力钢筋拉伸机	120t	台班	46
10	钢筋挤压连接机	φ32	台班	56
11	木工圆锯机	φ500	台班	10
12	木工平刨床	刨削宽度300mm	台班	7
13	木工压刨床	双面刨削宽度600mm	台班	33
14	剪板机	6.3×2000mm	台班	29
15	剪板机	13×2500mm	台班	76
16	剪板机	20×2500mm	台班	127
17	剪板机	32×4000mm	台班	477
18	剪板机	6.3×2000mm	台班	29
19	型钢剪断机	剪断宽度500mm	台班	95
20	卷板机	2×1600mm	台班	13
21	卷板机	20×2500mm	台班	96
22	卷板机	40×4000mm	台班	441
23	管子切断机	φ60	台班	7
24	管子切断机	φ150	台班	14
25	切管机	MC275	台班	18
26	钢材电动煨弯机	φ500 以内	台班	46
27	电动钢筋套丝机	16～40mm	台班	19
28	咬口机	板厚0.5～1.2mm	台班	11
29	折方机	2×1000mm	台班	10
30	砂轮切割机	500mm 以内	台班	12
31	电锤	520W	台班	5
32	型钢调直机		台班	163

续表

序号	名称	规格、型号	计量单位	价格（元）
排水机械				
1	电动单级离心清水泵	$\phi 100$	台班	18
2	电动单级离心清水泵	$\phi 200$	台班	63
3	电动多级离心清水泵	$\phi 100$ 扬程 120m 以下	台班	45
4	电动多级离心清水泵	$\phi 100$ 扬程 120m 以上	台班	56
5	污水泵	$\phi 100$	台班	9
6	污水泵	$\phi 200$	台班	49
7	泥浆泵	$\phi 100$	台班	39
8	潜水泵	$\phi 100$	台班	16
电焊机械				
1	交流弧焊机	21kVA	台班	14
2	交流弧焊机	40kVA	台班	22
3	交流弧焊机	80kVA	台班	27
4	直流弧焊机	20kW	台班	45
5	直流弧焊机	40kW	台班	63
6	直流电焊机	20kW	台班	30
7	对焊机	25kVA	台班	22
8	对焊机	75kVA	台班	26
发电机械				
1	柴油发电机组	30kW	台班	177
2	柴油发电机组	50kW	台班	294
3	柴油发电机组	90kW	台班	328
4	柴油发电机组	120kW	台班	339
5	电动空气压缩机	$3m^3/min$	台班	24
6	电动空气压缩机	$6m^3/min$	台班	41
7	内燃空气压缩机	$3m^3/min$	台班	89
8	内燃空气压缩机	$6m^3/min$	台班	142

　　插入式振动器中的振动棒由承租单位负责更换。

　　除塔式起重机、人货梯、挖掘机、压路机及泵车等大型机械外，机械日常维修保养的零部件更换、测量仪器检测全由承租单位负责。表 2-3-2 中的租赁价未包括机上操作人员工资，除大型机械外，均由承租单位负担。

　　为方便机械费的快速测算，可以收集历史资料进行测算，测算出机械费占工程造价的比例，方便以后以系数方式快速测算机械费。机械费系数表是建筑公司工程造价分析积累的消耗参数，是编制合理施工组织设计对机械费用控制的依据之一，是企业成本测算的依据，是项目施工中机械费投入的重要控制标准。

【实例 2-3-2】　某建筑公司机械费系数表，见表 2-3-3。

表 2-3-3　　　　　　　　　　　　　机械费系数表

工程造价（万元）	机械费（%）			
	土建	装饰	安装	其他
≤1000	2.40	—	—	0.50
1000～3000（含 3000）	2.20	—	—	0.42
3000～5000（含 5000）	2.00	—	—	0.36
5000～10000（含 10000）	1.80	—	—	0.30
＞10000	1.60	—	—	0.20

二、机械租赁费的测算

1. 机械使用费的测算依据

在机械使用费的测算过程中，需要准备以下资料：

（1）施工组织设计。施工组织设计是工程施工的纲领性指导文件，是工程施工项目管理的重要依据，在进行各个分部分项的成本测算时，都必须围绕施工组织设计中的相关信息，做到技术与经济相结合。

在机械使用费测算的过程中，需要从施工组织设计中获取以下内容：

1）主要施工机械配置情况：指在工程施工中，为满足施工质量、进度要求，需要为工程配置的机械种类、数量、规格及相应的进场、出场时间。

2）施工机械设备的基础做法：指施工机械进场后，设备基础的做法与要求。主要目的是作为测算机械设备基础费用的依据。

3）与工程机械有关的其他信息：通过对施工组织设计的阅读，尽量收集一些与工程机械有关的信息，如所投入的机械新旧程度可能对机械日后维修方面的费用有影响，工程机械的产地不同，维修配件价格也有可能不同。

（2）工程机械租赁、供应合同。工程机械租赁、供应合同是机械使用费测算中的价格依据，也是明确机械租赁中双方各自应该承担的责任和享有的权利的依据，以使机械费的测算更加准确、合理。

本处所指的工程机械租赁、供应合同不仅是指拟测算工程项目中已签订的合同，也可以是其他工程中已签订的此类合同。因为现阶段国内建筑机械租赁市场中，各种机械设备的租赁及供应价格都比较透明，在同一地点、同一时期、同一规格品牌的机械租赁及供应价格不可能有大的差距。所以，当拟测算工程的机械合同尚未签订时，可以参考其他工程已签订的机械合同，为保证信息准确，尽量收集与工程地点、特征相符的机械租赁、供应信息。

对于工程机械租赁合同，还需要注意租赁单价所包含的供应方义务。如在一些塔式起重机机械的租赁活动中，租赁价格通常是包含了塔式起重机司机的工资及塔式起重机维修费用，所以在进行机械费的测算中就不需要再对机械操作工的工资及维修费用进行考虑。

（3）工程劳务合同及分包合同。任何一个工程在施工过程，都不可避免地会出现分包工程，主要包括劳务分包及分项工程分包两大类。

在劳务分包合同中，很多的小型机械都是由分包方自带的，也就是说，劳务作业中的部分机械使用费已经包含在劳务分包的合同价款中。对于这部分费用，没有必要再从合同价款中分析出人工开支和机械开支，统一按人工费计入成本，而相应的自带机械则不再列入机械使用费成本中。比如在泥工作业中需要的振动棒、钢筋作业中需要的对焊机和弯曲机、木工作业中的圆盘锯等小型机械，在进行机械费用测算时就不需要考虑了，避免了重复遗漏。

在专业分项的分包合同中，也同样存在这种情况，比如在桩基工程或土方工程的分包中，人工材料机械等费用都已经包含在分包价款中，对于这种情况，同样不需要再对其进行机械费的测算。

工程劳务合同及分包合同同样不仅指拟测算工程已签订的分包合同，也指同类、同时期、同地点工程的可供参考的合同价格及市场惯例。

（4）与机械费有关的其他信息。机械费测算的依据不能仅局限于以上两点的收集与思考，凡与机械费有关的信息都应该纳入思考范围中。尤其在一些超大型机械或特殊机械的租赁与采购中，其价格往往是一个工程一个价格，如某超高层建筑的施工中，由于施工难度大、构件单重大、工期紧等方面的原因，需要采用巨型塔式起重机，该塔式起重机的租赁或采购价格找不到相关的参考信息，只能通过供应双方的磋商与测算分析来确定，而过程则需要对机械的制造费用、折旧费用、维修费用等进行测算才能得出该机械的市场价。所以，机械的性能及其他信息的收集与整理分析也是相当有必要的。

2. 机械使用费的测算方法

在机械费的测算中，主要分为以下几个步骤：

（1）分析工程特点。明确机械配置情况在测算之前，必须先对工程特点进行分析，重点是建筑物高度、平面特征、层高等设计特点。另外，工程的质量要求、工期要求及有无新材料新工艺等因素也要着重考虑。

通过对工程特点的分析后，明确机械配置情况，重点是工程施工过程中需要配备哪些机械设备及机械设备的进场、出场时间。

机械配置情况及进场、出场时间可以通过工程施工组织设计中的相关内容来得出，在现场总平面图中可以看出工程大型机械的配置情况，从施工总进度计划中可以看出机械的进场、出场日期。

如果成本测算工作是在招标、投标阶段开展时，施工组织设计尚未编制完成，能收集的相关技术资料很有限，此时，只能通过拟建工程的项目总平面图及相关的工程信息，通过对机械配备的预测来进行成本测算。由于造价人员的技术水平不一定能胜任此工作，因此需要工程技术人员的配合，这反映了成本测算"技术与经济相结合"的原则。

通过分析工程特点，明确机械配置情况后，可以编制工程施工机械配备表。

（2）收集相关信息，明确测算对象及范围明确了工程机械配置情况之后，应该对测算对象进行划分，并一一列出测算的范围。

测算对象划分指通过对工程劳务合同、分包合同的收集或相关的市场惯例调查，对工程施工机械配备表中的机械进行划分，对于已经包括在分包工程中的机械，则不列入

下一步的费用分析中。

列出测算范围是指通过对工程机械设备租赁或供应合同中的相关条款，对待测算的机械设备将发生的费用进行范围确定，重点是根据合同中双方的权利与义务对机械费用的实际构成和相关金额进行确定。比如在塔式起重机的费用测算中，合同规定由设备提供方负责操作工工资、塔式起重机安拆和维修费用，则在测算中这两项费用不需要另行考虑，只需要考虑塔式起重机的租赁费用、进出场费用、塔式起重机基础费用等即可。

收集相关信息是成本测算人员中从始至终的一项工作任务，虽然比较烦琐，但却是造价工作中不可缺少的基础数据支持。在机械费用的测算中，不仅需要收集与机械本身的租赁价格信息及该价格所包括的合同内容，还需要收集当地建筑市场的交易习惯等。在明确了测算对象及范围之后，可以编制工程机械费用测算表。

第四节　施工成本之临设措施费单价信息库要素的测算

一、临时设施费的测算

临时设施费是指施工企业为进行建筑工程施工所必须搭设的生活和生产用的临时建筑物、构筑物和其他临时设施费用等。

临时设施包括：临时宿舍、文化福利及公用事业房屋与构筑物、仓库、办公室、加工厂以及规定范围内的道路、水、电、管线等临时设施和小型临时设施等。

临时设施费用包括：临时设施的搭设、维修、拆除费或摊销费。

（1）临时设施费主要由以下三部分组成：

1）周转使用临时房屋：主要是指可以周转使用的临时房屋，如活动房屋，可以在工程完工后重复使用的临时房屋。

2）一次性使用临时房屋：主要是指在工程施工期间一次性使用，不可周转的临时建筑，如工地钢筋加工棚，临时仓库房等简易建筑。

3）临时管线等其他临时设施：主要是指工程现场施工用的给排水管道铺设、用水用电等费用。

在进行临时设施费测算时，为了简化成本归类，建议将文明施工中的相关内容也并入临时设施费测算中，如企业形象识别系统（corporate identity system，CI）的布置费用、工地现场围墙搭设费用等。

临时设施费（含文明施工内容）一般包括表 2-4-1 的内容。

表 2-4-1　　　　　　常见工程临时设施费组成表

序号	工作内容	备注	计量依据
1	办公用房设施费	含办公家具、空调等	施工组织设计中要求
2	工人宿舍	含床、电扇等	施工组织设计中要求
3	食堂、厕所、活动房等配套临设		施工组织设计中要求
4	场地硬化		总平面布置图
5	给排水管线		总平面布置图

续表

序号	工作内容	备注	计量依据
6	电缆电线敷设	含配电箱等终端	总平面布置图
7	工地围墙搭设	含工地大门	总平面布置图
8	场地绿化费用		总平面布置图
9	仓库房搭设		施工组织设计中要求
10	钢筋工、木工加工作业棚		施工组织设计中要求
11	企业CI形象识别系统布置费用		企业相关的管理规章制度
12	其他		

　　按照"关于印发《建筑工程安全防护、文明施工措施费用及使用管理规定》的通知（建办〔2005〕89号）"文，安全防护、文明施工措施费用，是指按照国家现行的建筑施工安全、施工现场环境与卫生标准和有关规定，购置和更新施工安全防护用具及设施、改善安全生产条件和作业环境所需要的费用。安全防护、文明施工措施项目清单见表2-4-2。

表2-4-2　　　　　　　　建设工程安全防护、文明施工措施项目清单

类别	项目名称	具体要求
文明施工与环境保护	安全警示标志牌	在易发伤亡事故（或危险）处设置明显的、符合国家标准要求的安全警示标志牌
	现场围挡	（1）现场采用封闭围挡，高度不小于1.8m
		（2）围挡材料可采用彩色、定型钢板，砖、混凝土砌块等墙体
	五板一图	在进门处悬挂工程概况、管理人员名单及监督电话、安全生产、文明施工、消防保卫五板；施工现场总平面图
	企业标志	现场出入的大门应设有本企业标识或企业标识
	场容场貌	（1）道路畅通
		（2）排水沟、排水设施通畅
		（3）工地地面硬化处理
		（4）绿化
	材料堆放	（1）材料、构件、料具等堆放时，悬挂有名称、品种、规格等标牌
		（2）水泥和其他易飞扬细颗粒建筑材料应密闭存放或采取覆盖等措施
		（3）易燃、易爆和有毒有害物品分类存放
	现场防火	消防器材配置合理，符合消防要求
	垃圾清运	施工现场应设置密闭式垃圾站，施工垃圾、生活垃圾应分类存放。施工垃圾必须采用相应容器或管道运输

续表

类别	项目名称		具体要求
临时设施	现场办公		（1）施工现场办公、生活区与作业区分开设置，保持安全距离
	生活设施		（2）工地办公室、现场宿舍、食堂、厕所、饮水、休息场所符合卫生和安全要求
	施工现场临时用电	配电线路	（1）按照 TN-S 系统要求配备五芯电缆、四芯电缆和三芯电缆
			（2）按要求架设临时用电线路的电杆、横担、瓷夹、瓷瓶等，或电缆埋地的地沟
			（3）对靠近施工现场的外电线路，设置木质、塑料等绝缘体的防护设施
		配电箱、开关箱	（1）按三级配电要求，配备总配电箱、分配电箱、开关箱三类标准电箱。开关箱应符合一机、一箱、一闸、一漏。三类电箱中的各类电器应是合格品
			（2）按两级保护的要求，选取符合容量要求和质量合格的总配电箱和开关箱中的漏电保护器
		接地保护装置	施工现场保护零线的重复接地不应少于三处
安全施工	临边洞口交叉，高处作业防护	楼板、屋面、阳台等临边防护	用密目式安全立网全封闭，作业层另加两边防护栏杆和18cm 高的踢脚板
		通道口防护	设防护棚，防护棚不应小于5cm 厚的木板或两道相距50cm 的竹笆。两侧应沿栏杆架用密目式安全网封闭
		预留洞口防护	用木板全封闭；短边超过1.5m 长的洞口，除封闭外四周还应设有防护栏杆
		电梯井口防护	设置定型化、工具化、标准化的防护门；在电梯井内每隔两层（不大于10m）设置一道安全平网
		楼梯边防护	设1.2m 高的走型化、工具化、标准化的防护栏杆，18cm 高的踢脚板
		垂直方向交叉作业防护	设置防护隔离棚或其他设施
		高空作业防护	有悬挂安全带的悬索或其他设施；有操作平台；有上下的梯子或其他形式的通道
其他（由各地自定）			

注　本表所列建筑工程安全防护、文明施工措施项目，是依据现行法律法规及标准规范确定。如修订法律法规和标准规范，本表所列项目应按照修订后的法律法规和标准规范进行调整。

建设单位对建筑工程安全防护、文明施工措施有其他要求的，所发生费用一并计入安全防护、文明施工措施费。建筑工程安全防护、文明施工措施费用是由"住房和城乡建设部 财政部关于印发《建筑安装工程费用项目组成》的通知（建标〔2013〕44号）"文中措施费所含的文明施工费、环境保护费、临时设施费和安全施工费组成。其中安全施工费由临边、洞口、交叉、高处作业安全防护费，危险性较大工程安全措施费及其他费用组成。危险性较大工程安全措施费及其他费用项目组成由各地建设行政主管部门结合本地区实际情况自行确定。

（2）临时设施单价库的建立。

【实例2-4-1】 某建筑公司临时设施单价库，见表2-4-3。

表2-4-3　　　　　　　　　　某建筑公司临时设施单价库

序号	设施内容	规格	单位	单价（元）
一、基本设施				
1	活动房	单层	m²	350
2	活动房	双层	m²	360
3	活动房	三层	m²	400
4	混合结构		m²	450
5	临时食堂浴室	混合结构	m²	450
6	临时厕所	混合结构	m²	450
7	临时料棚	高1.5m砖墙	m²	200
8	纠察间	混合结构	m²	450
二、道路				
1	主干道	15cm	m²	230
2	次干道	10cm	m²	165
三、水电				
1	电箱		只	2600
2	电缆	16～70m²	m	90
3	水管	2in	m	45
4	水电配件		m	100
5	水泵		只	4500
四、围护				
1	围墙	砖墙	m	300
2	围墙	九夹板	m	170
3	围墙	空斗墙	m	240
4	围墙	彩钢板	m	225
5	围墙	脚手管竹芭	m	62
6	大门		m²	320

续表

序号	设施内容	规格	单位	单价（元）
五、地沟				
1	排水沟		m	95
2	电缆沟		m	170
3	化粪池		m³	650
4	沉淀池	一级	m³	650
六、其他				
1	砂浆楼地面	1∶2	m²	20
2	新 4 号化粪池	（双包）	项	46000
3	零星项目	以上合计的百分比	元	6%
4	大临维修	以上合计的百分比	元	4%

（3）临时设施单价的测算。临时设施的单价测算主要是采用市场价或类似预算的测算，测算方法已介绍，本处不再详述。

二、临时设施费经验系数库

目前我国施工企业的内部成本数据积累和分析方面的工作做得还很不够，很多企业尚未形成书面的制度化的各种成本管理指标体系，造成在利用一些经验数据时，缺乏系统整理的参考数据。所以，采用经验数据库的数据来进行临时设施费计算时，只能称之为"估算"法。

在工程项目的总成本中，临时设施费的比例不大，按照"抓大放小"的原则来看，在精细测算条件不充分的情况下临时设施费可以采用估算来进行，估算的依据就是企业或项目部积累的各种工程类型临时设施投入费数据。

企业或项目部的临时设施费投入费标准是经验估算法的编制基础，投入标准规定了企业或项目部所辖工程的临时设施费的建设标准和费用标准。建立临时设施费投入库应该注意以下问题：

（1）工程分类。临时设施费的投入因不同的工程会有不同的差异，所以临时设施投入标准必须是建立在科学合理的工程分类基础上的。如何划分不同工程类型，以什么标准来划分工程类型，这是建立准确合理投入标准的关键所在，所以，应该紧紧围绕着影响临时设施费投入的因素来进行工程分类。影响临时设施费的因素主要有工程规模与类型、进度要求、场地特征、文明施工要求等。在建立投入标准期间，必须要充分考虑到各种因素后建立的数学模型才能正确反映临时设施费的客观标准。

（2）工程数据整理收集。投入标准的建立需要大量的工程数据，再根据基础资料进行整理和分析，这是建立临时设施费投入标准的关键性步骤。首先要保证基础资料来源真实且丰富，这样才能满足不同工程利用标准要求；其次，在整理分析过程中，需要对基础资料中的费用归类进行重新审核，对于不属于临时设施费的成本开支一律剔除，以保证结果准确性。

（3）数据分析并制表。完成上述工作后即可将资料中的数据进行分析归类了，在最

终数据上可以采用数值也可以采用比率，只要有利于标准的调整和利用，有较直观的概念。

【实例 2 - 4 - 2】　某建筑公司的内部临时设施投入标准，见表 2 - 4 - 4。

表 2 - 4 - 4　　　　　某建筑公司项目部临时设施投入标准

工程	类别	总造价（万元）	临时投入	创杯增加
工业建筑	一类	＞5000	≤1.5%	
	二类	＞2500，且≤5000	≤2%	
	三类	＞1000，且≤2500	≤2.4%	
公共建筑	一类	＞4000	≤1.8%	
	二类	＞2000，且≤4000	≤2.2%	
	三类	＞1000，且≤2000	≤3%	
住宅工程	一类	＞6000	≤1%	
	二类	＞3000，且≤6000	≤1.5%	
	三类	＞1000，且≤3000	≤2.2%	

注　工程类别划分按本省政府费用定额中的划分标准执行，如工程类别与总造价不匹配，则以总造价为准。

【实例 2 - 4 - 3】　某建筑公司临时设施费经验系数，见表 2 - 4 - 5。

表 2 - 4 - 5　　　　　某建筑公司临时设施费经验系数

工程造价（万元）	大临费（%）			
	土建	装饰	安装	其他
≤1000	1.60	1.00	1.00	1.20
＞1000，且≤3000	1.40	0.80	0.80	1.00
＞3000，且≤5000	1.20	0.60	0.60	0.80
＞5000，且≤10000	1.10	0.40	0.50	0.70
＞10000	1.00	0.30	0.35	0.40

第五节　施工成本间接费单价信息库的测算

一、管理费的测算

1. 管理费数据库的建立

（1）管理费主要包括现场管理费、企业管理费。管理费的测算也可以分为两种方式：一种是精确计算，一种是经验系数计算。精确计算主要包括现场管理费与公司管理费。现场管理费可按项目部人员、设施等管理项目的布置按实测算；公司管理费可按与公司签订的有关协议执行，如向公司交纳百分之多少的管理费用。

（2）经验系数库管理费测算主要由合同（预算）造价、工期、人数、产值比、人均比构成。

工程项目管理费与工程造价和管理人员密切相关，存在造价低、人员多、工期长；

造价高、人员少、工期短等实际情况。管理费在工程造价中由于工程性质、工程造价所占的百分比也不相同，管理费对应工程类型与工程造价的系数参考表见表2-5-1。

【实例2-5-1】 某建筑公司管理费经验系数表，见表2-5-1。

表2-5-1　　　　　　　某建筑公司管理费经验系数表（公司管理费）

工程造价（万元）	管理费（%）			
	土建	装饰	安装	其他
≤1000	3.50	0.80	0.80	0.80
>1000，且≤3000	3.00	0.70	0.70	0.70
>3000，且≤5000	2.80	0.60	0.60	0.60
>5000，且≤10000	2.50	0.50	0.50	0.50
>10000	2.00	0.40	0.40	0.40

2. 管理费数据库的测算

公司管理费数据库的测算，主要由财务人员根据公司管理机构的设置，根据历史资料进行测算，本书从略。实践中管理费费用比率往往是参考市场情况自定。

二、其他成本项的测算

1. 其他成本项数据库的建立

其他成本项是指不含在以上所述成本项目内，但项目实施中预计将支出的成本。

【实例2-5-2】 某建筑公司其他成本项经验系数表，见表2-5-2。

表2-5-2　　　　　　　某建筑公司其他成本项经验系数表

工程造价（万元）	其他成本项（%）			
	土建	装饰	安装	其他
工程水电费	1	—	—	0.5
不可预见费	0.50	—	—	0.5
不可预见人工费	根据工程实际实例	—	—	根据工程实际实例
合同约定费	根据工程实际实例	—	—	根据工程实际实例
政府规费	根据政府规定	—	—	根据政府规定
其他	根据工程实际实例	—	—	根据工程实际实例

2. 其他成本项数据库的测算

其他成本项的测算一般是根据公司或项目部历史数据，进行归纳测算，本书从略。

三、税金与规费的测算与筹划

税金与规费，严格意义上说并不是成本的组成内容，为让读者对工程造价的各个组

成部分的测算与控制都有一个全面理解，特编写本节内容。2016 年 5 月 1 日政府全面推开营改增，在各级政府积极推进的同时，"营改增"这个名词也进入到了建筑行业。对于突然出现在建筑业中的"营改增"，许多建筑从业者并不了解，但从政策宣传的力度来看，"营改增"的势在必行让我们也需要开始学习和了解。总之，财税管理能力将成为施工企业新的核心竞争力！

1. 工程税金缴纳的合理避税

建筑安装工程税金指国家税法规定的应计入建筑安装工程费用的增值税、城乡维护建设税及教育费附加三项应缴税。

（1）增值税。增值税属于流转税，流转税主要是营业税、消费税和增值税，从计税原理上说，增值税是对商品生产、流通、劳务服务中多个环节的新增价值或商品的附加值征收的一种流转税。增值税实行价外税，也就是由消费者负担，有增值才征税，没增值不征税。增值税和营业税是互斥互补的关系，在以前对于一项应税行为，要么交营业税，要么交增值税，如果交了营业税就不会再缴纳增值税，这一点与消费税不一样，比如进口的汽车交了增值税也要交消费税。增值税的征收分两类，一类是一般计税方法，一类是简易计税方法。采用哪一类，一般纳税人可以自主选择，但是一经选择，36 个月内不得变更。

增值税发票分为增值税专用发票和增值税普通发票，现阶段价税分离，都可以看到税额，但是专用发票不仅是购销双方收付款的凭证，而且可以用作购买方扣除增值税的凭证；而普通发票除收购农副产品按法定扣除率计算抵扣外，其他的一律不予作抵扣用。

增值税纳税标准：根据《财政部税务总局关于调整增值税税率的通知》（财税〔2016〕32 号）规定："从 2016 年 5 月 1 日开始，增值税的税率调整为 16%、10%、6%、0%；销售货物及劳务的税率为 16%；提供有形动产租赁服务，税率为 16%。"《财政部 税务总局 海关总署关于深化增值税改革有关政策的公告》（财政部 税务总局 海关总署公告 2019 年第 39 号）文"为贯彻落实党中央、国务院决策部署，推进增值税实质性减税，现将 2019 年增值税改革有关事项公告如下：增值税一般纳税人（以下称纳税人）发生增值税应税销售行为或者进口货物，原适用 16% 税率的，税率调整为 13%；原适用 10% 税率的，税率调整为 9%。"

增值税的计算公式为：应纳税额＝销项税额－进项税额（销项税额＝销售额×税率）。

增值税简易计税时用的是销售额为计算基数，增值税＝销售额×征收率。

比如 100 万的含税建筑合同款，若采用简易征收是 2.91 万元（100/1.03×3%）。如果项目购买 60 万含税材料（征收率 13%），那么销项税额 8.26 万元（100/1.09×9%），进项税额 6.90 万元（60/1.13×13%），那么应纳增值税就是 1.36 万元，此时采用简易征收缴纳的税款是高于一般计税征收的；如果项目只购买 20 万含税材料（征收率 13%），那么进项税额 2.3 万元（20/1.13×13%），应纳增值税就是 5.96 万元，此时采用简易征收缴纳的税款是低于一般计税征收的。哪种交税方法更利于企业，需要企业结合自身业务进行决策。

（2）城乡维护建设税。城乡维护建设税是国家为了加强城乡的维护建设，稳定和扩

大城市、乡镇维护建设的资金来源，而对有经营收入的单位和个人征收的一种税。

城乡维护建设税的增收基数是应纳增值税、消费税的税额，计算公式为：应纳税额＝应纳（增值税＋消费税）×适用税率。公式中的"适用税率"以纳税人（在建筑安装工程中一般指工程所在地）来判断，如所在地为市区的，适用税率为7%；所在地为县镇的，其适用税率为5%；所在地为农村的，其适用税率为1%。

（3）教育费附加。教育费附加是按以纳税人实际缴纳的增值税、消费税的税额为计费依据。教育费附加的计算公式为：应纳教育费附加＝（实际缴纳的增值税＋消费税）×3%；地方教育附加＝（增值税＋消费税）×2%。

以上三种税，我们一般称之为"两税一附加"。在工程施工方纳税时，是按三种税综合确定的税率一并征收的。

2. 其他应纳税金

在工程施工过程中，除了要征收"两税一附加"外，按国家税务政策，还需要缴纳以下两种税赋：

（1）企业所得税。企业所得税适用税率为25%（如果是高新技术企业适用税率15%），计算公式为应纳所得税额＝应纳税所得额×适用税率一减免税额。

（2）印花税。印花税也是建筑安装工程必须缴纳的一项税种，其费用由施工方缴纳，通常以工程的总金额收取，税率一般为0.03%。

3. 实际工程的合理避税

（1）实际工程税赋。实际工程税赋的实际税率与政府定额中的规定不尽一样，根据工程施工经验及相关的调查结果，实际交纳的"两税一附加"的税率一般要高出定额中所规定的税率。

（2）建筑安装工程的合理避税。在建筑工程中，国家发布了一些相关的税务文件，由于各地的具体特点和税务机关管理办法不尽一致，相关的税务政策宣贯力度也不够，造成很多的施工工程税金缴纳超额。

4. "营改增"的实施带来好的变化

（1）消除重复征税。营业税和增值税都是流转税，大多数情况下，增值税会减少消费者承担的税费。在营业税下，如果A以100元把物品卖给B时要交3元的营业税，B以120元卖给C要交3.6元的营业税，C以150元卖给D要交4.5元的营业税，所以营业税是重复计税的。如果商品原价销售，在营业税环境下理论上都是要亏损的，但在增值税条件下，就可消除重复征税的部分，只对增值部分征税。一个产品流转过程越多，要重复缴纳的营业税也就越多，消费者最终承担的也就越多。

（2）可以抵扣进项税，让企业有更多的利润空间。因为增值税的交纳是可以抵扣进项税额的，所以同样的合同金额下，在扣除进项税后，企业一般可以获得更高的利润。全面推开"营改增"后，生产型的增值税转变为消费型增值税将更加彻底，企业购入不动产的进项税也可以抵扣。

（3）便于国家监管。因为增值税销项税可以抵扣进项税，所以都会要求开发票，不然如果下游企业要开发票，上游企业就要承担之前所有的税款。全面推行"营改增"之后，原来由地税局征收的营业税，改为由国税局征收的增值税。比如北京地铁，原来的

发票是北京地税局印制，现在都是国家税务总局印制了。所有行业的企业从事所有的生产经营活动，都要向国税申报缴纳增值税，企业所用的发票，都要从国家税务总局领取，这样国家就更加容易监管，从国家的角度来说，增值税比营业税更有利于打击偷税漏税。

（4）税收增加。大多数企业都会开具发票，减少了偷税漏税的可能性，有助于全民纳税的实现。因为收税的基数大大的增加了，虽然某些企业似乎交的税会少点，但总体大家都交税，国家依然收得到税。

（5）有助于完善税务法律的建设。目前我国现有的税务法律层面的只有《个人所得税法》《企业所得税法》《车船税法》《税收征管法》《环境保护税法》，对于增值税、消费税却只有暂行条例这类行政法规来规范市场。"营改增"后，相应的增值税的暂行条例也在不断修改，相信以后相关的法律建设也会进一步完善。

5. 工程规费及其他费用的缴纳测算

工程施工过程中，除了税金缴纳外，还有一些政府规定的应缴纳的费用，以及其他的一些费用（如工程检测试验费），为了测算报告的整体性，一般将这些费用归到同一类费用中。

在进行工程规费及其他费用的测算中，需要注意一点，工程规费属于地方性的行政机构征收的费用，各地关于建筑安装工程的工程规费科目及征收标准都不可能一样。为此，只列举了一些常见的工程规费科目和个别地区的征收标准，供读者参考。具体的增收科目及标准，造价人员要结合各个地区的具体特点，多加调查了解，收集整理后作为测算的参考资料。

【实例 2-5-3】　某地区施工工程应缴规费标准及当地其他一些费用的市场价格统计，见表 2-5-3。

表 2-5-3　　　　　　　　某地区工程施工方应缴规费及其他费用表

序号	费用名称	单位	数值	收费标准	费用类型	备注
1	水利基金	‰	1.0	合同金额	规费	
2	意外伤害保险	‰	0.8～1.0	合同金额	规费	2亿以上工程为0.8
3	工程排污费	元	1.0～1.5	建筑面积	规费	10万 m² 以上为1.0
4	工程检测试验费	元	1.5～3.0	建筑面积	其他	视工程大小而定
5	竣工资料编制费	元	1.5～3.0	建筑面积	其他	视工程大小而定

以上两个部分是从施工方的角度来阐述了建筑安装工程应当缴纳或发生的一些税费的基本情况。需要特别说明的是，无论是税金还是工程规费或其他费用，都是有区域性的。本书中所罗列的一些数据或费率都只能代表某个地区的部分税费实际征收情况。目的是通过这种方式来告诉读者，在大型项目的成本测算中，税金及工程规费都是需要分析测算的，很有可能税费的分析测算结果会影响最终的工程成本决策。当然，如果在一些小型的项目中，或者在测算时间比较紧迫的工程中，税费的测算可以不必做如此精细的，这也是"抓大放小"的原则或机会成本的原理。

第六节　报价前预测成本实例

1. 工程概况

某集团办公楼，建筑面积 4058m²，某施工企业欲投标，按政府定额计算总造价为 7400000 元（不含工程规费、税金）或 8288000 元（含工程规费、税金）。在正式投标前，该施工单位计划采用快速测算的方法测算一下该工程的实际成本，以便调整投标策略。以下的测算将按人工费、材料费、机械费、专业分包费、措施费、管理费、其他成本项的顺序进行测算。

2. 人工成本的快速测算

测算前，成本测算人员首先以本单位类似工程的人工成本测算数据资料作为人工价格的基础，同时与项目经理、劳务分包单位负责人进行协商，最后初步确定，拟签订合同大包人工费标准，作为人工成本单价测算的依据。

建筑面积按照 GB/T 50353—2013《建筑工程建筑面积计算规范》计算。

【实例 2-6-1】　人工费快速测算见表 2-6-1。

表 2-6-1　　　　　　　　　　　　　人工费快速测算表

费用名称	单位	建筑面积	单价（元）	合价（元）	备注
人工总包费用	m²	4058	397	1611026	

3. 实体性材料费的精确测算

因时间较紧，对材料费的快速测算，该施工单位拟订方案如下：

（1）主要材料实际用量用预算软件套当地造价管理部门发布的政府定额分析出的消耗量为准，材料单价按拟采购实际市场价。

（2）辅助材料费（不含在人工大包费内的辅材），拟按 11 元/m² 计算。

（3）为了精确地测算脚手架、模板费，而采用精确计算的方法计算消耗量，材料租赁费按市场价。

【实例 2-6-2】　主材费的快速测算如下：

（1）主要材料费的测算。

按照预算中工程量清单套用政府定额分析出材料消耗量，并乘以市场价，计算过程见表 2-6-2。

表 2-6-2　　　　　　　　　　　　　主材费测算表

序号	费用名称	单位	数量	市场价（元）	合价（元）	备注
1	钢筋	t	109	3880	422920	
2	冷轧带肋钢筋	t	233	3880	904040	
3	综合混凝土	m³	2057	388	798116	
4	预制水磨石	m²	1148.52	58	66614.16	甲方定价
5	内墙面砖	m²	775.2	58	44961.6	甲方定价

续表

序号	费用名称	单位	数量	市场价（元）	合价（元）	备注
6	地砖 300mm×300mm	m²	1518.78	48	72901.44	甲方定价
7	400mm×400mm 地砖	m²	190.74	40	7629.6	甲方定价
8	标准砖 240mm×115mm×53mm	百块	1301	47	61147	
9	多孔砖 190mm×190mm×90mm	百块	2411	77	185647	
10	水泥砂浆	m³	297	400	118800	商浆包括粉刷
11	混合砂浆	m³	204	410	83640	商浆包括粉刷
12	1：6 水泥焦砟	m³	184.69	220	40631.8	
13	水泥	t	100	400	40000	
14	聚苯乙烯挤塑泡沫板	m³	79.5	650	51675	
15	镀锌钢管	m	2010	17	34170	各型号综合
16	PP-R 复合管	m	1865	10	18650	各型号综合
17	焊接钢管 DN100	m	1220	55	67100	
18	衬塑复合管	m	5212	33	171996	各型号综合
19	螺纹铜球阀 D40	个	80	140	11200	
20	法兰止回阀	个	240	125	30000	各型号综合
21	铜芯电缆 120mm² 以内	m	680	150	102000	
22	铜芯电缆 300mm² 以内	m	430	350	150500	
23	铜线	m	42605	3.6	153378	各型号综合
24	电缆桥架 400mm×100mm	m	30	150	4500	
25	PVC 管	m	18515	4.15	76837.25	各型号综合
26	KBG 管 20	m	635	10	6350	
27	箱柜	台	141	1550	218550	综合箱柜
	合计				3943954.85	

（2）辅材材料消耗量的测算。一些零星的、价值较小的材料称之为辅材。根据该施工企业积累的资料，辅助材料一般为 5～15 元/m²，具体消耗价值的标准主要看人工费清包合同中包括的辅材的多少，如果清包价中包括的辅材较多，则此处列的辅材费少一点，反之多一点。本工程建筑面积 4058m²，根据经验取辅材费为 11 元/m²，则本工程的辅材费为 4058m²×11 元/m²＝44638（元）。

综上，该工程实体性材料费共计为 3943954＋44638＝3988592（元）。

4. 措施性材料费的精确测算

（1）脚手架材料费的测算。本工程脚手架拟采用租赁方式，以下测算按租赁价方式测算。

【实例 2-6-3】　脚手架材料费的测算见表 2-6-3。

表 2-6-3　　　　　　　　　脚手架材料费测算

序号	费用名称	单位	数量	市场价或租赁价（元）	合价（元）	备注
1	脚手钢管	m	9191	0.012	13235	租赁 120 天
2	模板钢支撑/钢管	m	15874	0.012	15239	租赁 80 天
3	模板用零星卡具/扣件	个	11679	0.010	14014	租赁 120 天
4	安全网	m²	2100	4	8400	租赁
	合计				50888	

（2）模板材料费的测算。本工程模板拟采用租赁方式，以下测算按租赁价方式进行。

【实例 2-6-4】　模板材料费的测算见表 2-6-4。

表 2-6-4　　　　　　　　　模板材料费测算

序号	费用名称	单位	数量	市场价或租赁价（元）	合价（元）	备注
1	木材（摊销量）	m³	2.5	3500	8750	自购
2	模板（混凝土接触面）	m²	9655	0.33	254892	租赁 80 天
3	模板（附件等）	项			15000	
	合计				278642	

5. 机械费的快速测算

【实例 2-6-5】　机械费快速测算如下：

根据该单位积累的工程资料，低于 1000 万元的工程，机械费约占造价的 2.8%，则机械费快速测算为：8288000×2.8%＝232064（元）。

6. 专业分包费的测算

防水等常见的专业分包项目，单位可以取自市场价（经常合作的分包商的报价），工程量依据图纸实算工程量或按工程量清单中的工程量进行测算。

【实例 2-6-6】　专业分包费快速测算见表 2-6-5。

表 2-6-5　　　　　　　　　专业分包费快速测算表

费用名称	单位	数量	单价（元）	合价（元）	备注
塑钢窗	m²	418	340	142120	专业分包
木门	m²	145	390	56550	
木隔断	m²	103	320	32960	
防火门	m²	10.8	440	4752	
合计				236382	

7. 措施费的快速测算

【实例 2-6-7】　措施费快速测算如下：

此部分主要测算临时设施费等，根据该单位积累的工程资料，低于 1000 万元的公

共建筑，临时设施费约占造价的 2.8%，则临时设计费快速测算为 8288000×2.8%＝232064（元）。

8. 管理费的快速测算

【实例 2-6-8】　管理费快速测算如下：

本工程管理费主要包括现场管理费、经营管理费、仪器仪表使用费等。根据该单位积累的工程资料，低于 1000 万元的工程，管理费约占造价的 3%，另外，项目部尚需向公司交纳管理费 3%，则项目的管理费快速测算为 8288000×（3%＋3%）＝497280（元）。

9. 其他成本项的快速测算

【实例 2-6-9】　其他成本项快速测算如下：

此部分主要测算水电费、不可预见费等，根据该单位积累的工程资料，水电费约占土建工程造价的 1.3%（每个公司会有差异），不可预见费约占上建工程造价的 0.5%，则其他成本项费快速测算为水电费：8288000×1.3%＝107744（元）；不可预见费：8288000×0.5%＝41440（元）。

10. 成本汇总

成本汇总见表 2-6-6。

表 2-6-6　　　　　　　　成本汇总

序号	费用名称	金额（元）
1	人工费	1611026
2	实体性材料费	3988592
2.1	主要材料费	3943954
2.2	辅助材料费	44638
3	措施费中的材料费	329530
3.1	脚手架材料费	50888
3.2	模板材料费	278642
4	机械费	232064
5	专业分包	236382
6	组织措施费	232064
6.1	临时设施费、安全文明费	232064
7	管理费	497280
8	其他成本项	149184
8.1	水电费	107744
8.2	不可预见费	41440
	合计	7276122

施工成本的控制

第一节　施工项目成本控制的内容及快速测算

一、 施工项目成本控制的对象

1. 以施工项目成本形成的过程作为控制对象

根据对项目成本实行全面、全过程控制的要求，具体的控制内容包括：

（1）工程投标阶段。在工程投标阶段，应根据工程概况和招标文件，进行项目成本的预测，提出投标决策意见。

（2）施工准备阶段。在施工准备阶段，应结合设计图纸的自审、会审和其他资料（如地质勘探资料等），编制实施性施工组织设计，通过多方案的技术经济比较，从中选择经济合理、先进可行的施工方案，编制明细而具体的成本计划，对项目成本进行事前控制。

（3）施工阶段。在施工阶段，以施工图预算、施工预算、劳动定额、材料消耗定额和费用开支标准等，对实际发生的成本费用进行控制。

（4）竣工交付使用及保修期阶段。在竣工交付使用及保修期阶段，应对竣工验收过程发生的费用和保修费用进行控制。

2. 以施工项目的职能部门、 施工队和生产班组作为成本控制的对象

成本控制的具体内容是日常发生的各种费用和损失。这些费用和损失，都发生在各个部门、施工队和生产班组。因此，也应以部门、施工队和班组作为成本控制对象，接受项目经理和企业有关部门的指导、监督、检查和考评。与此同时，施工项目的职能部门、施工队和班组还应对自己承担的责任成本进行自我控制。应该说，这是最直接、最有效的项目成本控制。

3. 以分部分项工程作为项目成本的控制对象

为了把成本控制工作做得扎实、细致，落到实处，还应以分部分项工程作为项目成本的控制对象。在正常情况下，项目应该根据分部分项工程的实物量，参照施工预算定额，联系项目管理的技术素质、业务素质和技术组织措施的节约计划，编制包括工、料、机消耗数量、单价、金额在内的施工预算，作为对分部分项工程成本进行控制的依据。

目前，边设计、边施工的项目比较多，不可能在开工以前一次编出整个项目的施工预算，但可根据出图情况，编制分阶段的施工预算。总的来说，不论是完整的施工预

算，还是分阶段的施工预算，都是进行项目成本控制的必不可少的依据。

4. 以对外经济合同作为成本控制对象

在社会主义市场经济体制下，施工项目的对外经济业务，都要以经济合同为纽带建立起集约关系，以明确双方的权利和义务。在签订上述经济合同时，除了要根据业务要求规定时间、质量、结算方式和履（违）约奖罚等条款外，还必须强调要将合同的数量、单价、金额控制在预算收入以内。因为，合同金额超过预算收入，就意味着成本亏损；反之，就能降低成本。

二、施工项目成本控制的内容

施工项目的成本控制，应伴随项目建设的进程渐次展开，要注意各个时期的特点和要求。

1. 施工前期工程投标阶段

（1）根据工程概况和招标文件，联系建筑市场和竞争对手的情况，进行成本预测，提出投标决策意见。

（2）中标以后，应根据项目的建设规模，组建与之相适应的项目经理部，同时以"标书"为依据确定项目的成本目标，并下达给项目经理部。

2. 施工准备阶段

（1）根据设计图纸和有关技术资料，对施工方法、施工顺序、作业组织形式、机械设备选型、技术组织措施等进行认真的研究分析，并运用价值工程原理，制定出科学先进、经济合理的施工方案。

（2）根据企业下达的成本目标，以分部分项工程的实物工程量为基础，结合劳动定额、材料消耗定额和技术组织措施的节约计划，在优化的施工方案的指导下，编制明细而具体的成本计划，并按照部门、施工队和班组的分工进行分解，作为部门、施工队和班组的责任成本落实下去，为今后的成本控制做好准备。

根据项目建设时间的长短和参加建设人数的多少，编制间接费用预算，并对上述预算进行明细分解，以项目经理部有关部门（或业务人员）责任成本的形式落实下去，为今后的成本控制和绩效考评提供依据。

3. 施工期限的成本控制

（1）加强施工任务单和限额领料单的管理。特别要做好每一个分部分项工程完成后的验收（包括实际工程量的验收和工作内容、工程质量、文明施工的验收），以及实耗人工、实耗材料的数量核对，以保证施工任务单和限额领料单的结算资料绝对正确，为成本控制提供真实可靠的数据。

（2）将施工任务单和限额领料单的结算资料与施工预算进行核对，计算分部分项工程的成本差异，分析差异产生的原因，并采取有效的纠偏措施。

（3）做好月度成本原始资料的收集和整理，正确计算月度成本，分析月度预算成本与实际成本的差异。对于一般的成本差异，要在充分注意不利差异的基础上，认真分析有利差异产生的原因，以防对后续作业成本产生不利影响或因质量低劣而造成返工损失；对于盈亏比例异常的现象，则要特别重视，并在查明原因的基础上，采取果断措施，尽快加以纠正。

（4）在月度成本核算的基础上，实行责任成本核算。责任成本核算也就是利用原有会计核算的资料，重新按责任部门或责任者归集成本费用，每月结算一次，并与责任成本进行对比。

（5）经常检查对外经济合同的履约情况，为顺利施工提供物质保证。如遇拖期或质量不符合要求时，应根据合同规定向对方索赔；对缺乏履约能力的单位，要采取断然措施，即中止合同，并另找可靠的合作单位，以免影响施工，造成经济损失。

（6）定期检查各责任部门和责任者的成本控制情况，检查成本控制过程中责、权、利的落实情况（一般为每月一次）。发现成本差异偏高或偏低的情况，应会同责任部门或责任者分析产生差异的原因，并督促他们采取相应的对策来纠正差异；如有因责、权、利不到位而影响成本控制工作的情况，应针对责、权、利不到位的原因，调整有关各方的关系，落实权、利相结合的原则，使成本控制工作得以顺利进行。

4. 竣工验收阶段的成本控制

（1）精心安排，干净利落地完成工程竣工扫尾工作。从现实情况看，很多工程一到工扫尾阶段，就把主要施工力量抽调到其他在建工程，以致扫尾工作拖拖拉拉，战线拉很长；机械、设备无法转移，成本费用照常发生，使在建阶段取得的经济效益逐步流失。因此，一定要精心安排（因为扫尾阶段工作面较小，人多了反而会造成浪费），采取"快刀斩乱麻"的方法，把竣工扫尾时间缩短到最低限度。

（2）重视竣工验收工作；顺利交付使用。在验收以前，要准备好验收所需要的各种资料（包括竣工图，送甲方备查），对验收中甲方提出的意见，应根据设计要求和合同内容认真处理，如果涉及费用，应请甲方签证，列入工程结算。

（3）及时办理工程结算。一般来说：工程结算造价＝原施工图预算＋增减账。但在施工过程中，有些按时结算的经济业务，是由财务部门直接支付的，项目预算员不掌握资料，往往在工程结算时遗漏。因此，在办理工程结算以前，要求项目预算员和成本员进行一次认真全面的核对。

（4）在工程保修期间，应由项目经理指定保修工作的责任者，并责成保修责任者根据实际情况提出保修计划（包括费用计划），以此作为控制保修费用的依据。

施工项目成本控制工作内容见表3-1-1。

表3-1-1　　　　　　　　　　施工项目成本控制工作内容

项目施工阶段	内容
投标承包阶段	（1）对项目工程成本进行预测、决策。 （2）中标后组建与项目规模相适应的项目经理部，以减少管理费用。 （3）公司以承包合同价格为依据，向项目经理部下达成本目标
施工准备阶段	（1）审核图纸，选择经济合理、切实可行的施工方案。 （2）制订降低成本的技术组织措施。 （3）项目经理部确定自己的项目成本目标。 （4）进行目标分解。 （5）反复测算平衡后编制正式施工项目目标成本

续表

项目施工阶段	内容
施工阶段	（1）制订落实检查各部门、各级成本责任制。 （2）执行检查成本计划，控制成本费用。 （3）加强材料、机械管理，保证质量．杜绝浪费，减少损失。 （4）搞好合同索赔工作，及时办理增加账，避免经济损失。 （5）加强经常性的分部分项工程成本核算分析以及月度（季年度）成本核算分析，及时反馈，以纠正成本的不利偏差
竣工阶段保修期间	（1）尽量缩短收尾工作时间，合理精简人员。 （2）及时办理工程结算，不得遗漏。 （3）控制竣工验收费用。 （4）控制保修期费用。 （5）提出实际成本。 （6）总结成本控制经验

三、 施工项目成本控制的组织和分工

施工项目的成本控制，不仅仅是专业成本员的责任，所有的项目管理人员，特别是项目经理，都要按照自己的业务分工各负其责。之所以要如此强调成本控制，一方面，是因为成本指标的重要性，是诸多经济指标中的必要指标之一；另一方面，还在于成本指标的综合性和群众性，既要依靠各部门、各单位的共同努力，又要由各部门、各单位共享降低成本的成果。为了保证项目成本控制工作的顺利进行，需要把所有参加项目建设的人员组织起来，并按照各自的分工开展工作。

1. 建立以项目经理为核心的项目成本控制体系

项目经理负责制，是项目管理的特征之一。实行项目经理负责制，就是要求项目经理对项目建设的进度、质量、成本、安全和现场管理标准化等全面负责，特别要把成本控制放在首位，因为成本失控，必然影响项目的经济效益，难以完成预期的成本目标，更无法向职工交代。

2. 建立项目成本管理责任制

项目管理人员的成本责任，不同于工作责任，有时工作责任已经完成，甚至还完成得相当出色，但成本责任却没有完成。例如：项目工程师贯彻工程技术规范认真负责，对保证工程质量起了积极的作用，但往往强调了质量，忽视了节约，影响了成本；又如：材料员采购及时，供应到位，配合施工得力，值得赞扬，但在材料采购时就远不就近，就次不就好，就高不就低，既增加了采购成本，又不利于工程质量。因此，应该在原有职责分工的基础上，还要进一步明确成本管理责任，使每一个项目管理人员都有这样的认识：在完成工作责任的同时还要为降低成本精打细算，为节约成本开支严格把关。

施工项目成本的目标责任制就是项目经理部将施工项目的成本目标，按管理层次进行再分解为各项活动的子目标，落实到每个职能部门和作业班组，把与施工项目成本有关的各项工作组织起来，并且和经济责任制挂钩，形成一个严密的成本控制工作体系。这里所说的成本管理责任制，是指各项目管理人员在处理日常业务中对成本管理应尽的

责任，要求联系实际整理成文，并作为一种制度加以贯彻。

建立施工项目成本目标责任制，一是确立施工项目成本责任制，关键是责任者的责任范围的划分和对费用的可控程度；二是要对施工项目成本目标责任制分解，如图 3-1-1 所示。

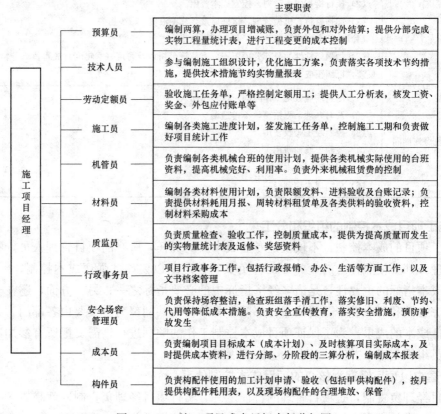

图 3-1-1 施工项目成本目标责任分解图

四、 施工项目成本快速预测方法

施工项目成本预测是从投标承包开始的。预测者在深入市场调查，占有大量的技术经济信息的基础上，选择合理的预测方法，依据有关文件、定额，反复测算、分析，对施工项目成本做出判断和推测。预测的结果，在投标时，可作为估计项目预算成本的参考；在中标承包后是项目经理部确定项目目标成本，编制成本计划的依据。施工项目成本快速预测常用方法主要有因素比例法和经验系数法。

1. 因素比例法

首先第一步要计算最近期已完或将近完工的类似施工项目（以下称为参照工程）的成本，包括各成本项目的数额；第二步要分析影响成本的因素，并分析预测各因素对成本有关项目的影响程度；第三步再按比重法计算，预测出目前施工项目（以下简称对象工程）的成本。因素比例法的具体步骤如下：

（1）最近期类似施工项目的成本调查或计算。

（2）结构上或建筑上的差异修正。因素比例法的修正公式如下：

1）对象工程总成本＝参照工程单方成本×对象工程建筑面积＋Σ〔结构或建筑上

不同部分的量×（对象工程该部分的单位成本－参照工程该部分的单位成本）]。

2）对象工程单方成本＝参照工程单方成本＋∑［结构或建筑上不同部分的量×（对象工程该部分的单位成本－参照工程该部分的单位成本）]÷对象工程建筑面积。

公式中：如果参照工程有的部分，而对象工程没有，则对象工程的该部分单位成本取值为 0；反之，则参照工程有关部分的单位成本取 0。

（3）预测影响工程成本的因素。在工程施工过程中，影响工程成本的主要因素有以下几个方面：

1）材料（燃料、动力等）消耗定额的增加或降低。

2）物价的上涨或下降。

3）劳动力工资的增长。

4）劳动生产率的变化。

5）其他直接费的变化。

6）间接费用的变化。

以上这些因素对于具体工程来说，不一定都可能发生，不同的工程情况也会不同。

预测影响成本因素主要采用定性预测方法，即召集有关专业人员，采用专家会议法，先由各位提出自己的意见，然后再对不同的意见进行讨论，最后确定主要的因素。

（4）预测影响因素的影响程度。

1）预测各因素的变化情况。各因素变化情况的预测方法的选择，可根据各因素的性质，以及历史工程的资料情况，并适应及时性的要求而决定。一般来讲，各因素适用的预测方法如下：①材料消耗定额变化，适用经验估计方法和时间序列分析法；②材料价格变化，适用时间序列分析法、回归分析法和专家调查法；③职工工资变化，适用时间序列分析法和专家调查法；④劳动生产率变化，适用时间序列分析法和经验估计法；⑤其他直接费变化，适用经验估计和统计推断法；⑥间接费用变化，适用经验估计和回归预测法。

2）计算各因素对成本的影响程度。各因素对成本的影响程度分别用下列公式计算：

a. 材料消耗定额而引起的成本变化率：γ_1＝材料费占成本的百分比×材料消耗定额变化的百分比。

b. 材料价格变化而引起的成本变化率：γ_2＝材料费占成本的百分比×（1－材料消耗定额变化的百分比）×材料平均价格变化。

c. 劳动生产率变化而引起的成本变化率：γ_3＝人工费占成本的百分比/［（1＋劳动生产率变化的％）－1］。

d. 劳动普工资增长而引起的成本变化率：γ_4＝人工费占成本的百分比×平均工资增长的百分比/（1＋劳动生产率变化的百分比）。

e. 其他直接费变化引起的成本变化率：γ_5＝其他直接费占成本的‰×其他直接费变化的百分比。

f. 间接费变化引起的成本变化率：γ_6＝间接费占成本的百分比×其他直接费变化的百分比。

（5）计算预测成本。预测成本＝结构和建筑修正成本×（$1＋\gamma_1＋\gamma_2＋\gamma_3＋\gamma_4＋\gamma_5＋\gamma_6$）。

【实例 3-1-1】　B 建筑公司承建位于某市的商住楼的主体结构（框剪结构）工程

（以下简称 H 工程），建筑面积 10000m²，20 层，工期为 2017 年 3 月至 2018 年 6 月，B 公司在该地区的近期类似项目是外形仿古建筑内部框剪结构的某饭店工程（以下简称 F 工程），其主体结构工程施工成本为 1125 元/m²。H 工程和 F 工程之间的建筑和结构上差异是：一是 F 工程采用的木窗（2450/10m²），而 H 工程是铝合金窗（5490 元/10m²）；二是 F 工程屋顶是仿古歇山形屋顶（投影面积成本为 1500 元/m²），H 工程是钢筋混凝土屋顶（成本为 195 元/m²）。H 工程铝合金总面积为 1200m²，屋顶面积为 400m²。预测影响 H 工程主体结构施工成本的因素及影响程度见表 3 - 1 - 2。试在施工之前进行 H 工程的成本预测工作。

表 3 - 1 - 2　　　　　　　　施工成本的因素及影响表

序号	主要因素	变化范围	影响的成本项目
1	材料价格上涨	10%	材料费
2	劳动工资上涨	20%	人工费
3	劳动生产率提高	5%	人工费
4	间接费用减少	6%	间接费

【解】

（1）H 工程单方成本修正值 ＝ 1125 ＋ ［120 × （5490 － 2450） ＋ 400 × （195 － 1500）］ ÷ 10000 ＝ 1109.28（元/m²）。

H 工程总成本修正值 ＝ 1125 × 10000 ＋ ［120 × （5490 － 2450） ＋ 400 × （195 － 1500）］ ＝ 11092800（元）。

（2）计算成本构成的项目在成本中所占的比率。计算方法如下，一是采用参照工程的成本构成的比率；二是采用历史同类工程的成本构成比率进行统计平均。B 公司根据以往的资料计算出框剪结构工程的成本构成比率见表 3 - 1 - 3。

表 3 - 1 - 3　　　　　　　　成本构成比率表

序号	成本项目	成本比率	序号	成本项目	成本比率
1	人工费	17%	4	其他直接费	9%
2	材料费	52%	5	间接费	12%
3	机械使用费	9%			

（3）计算主要因素对成本的影响程度。B 公司 H 工程的计算结果见表 3 - 1 - 4。

表 3 - 1 - 4　　　　　　　　B 公司 H 工程的计算结果

序号	主要因素	变化范围	影响的成本项目（占成本的比率）	计算式（对成本影响程度）	结果
1	材料价格上涨	10%	材料费（52%）	$\gamma_1 = 52\% \times 10\%$	0.052
2	劳动普工资上涨	20%	人工费（17%）	$\gamma_2 = 17\% \times 20\% \div (1 + 5\%)$	0.0323
3	劳动生产率提高	5%	人工费（17%）	$\gamma_3 = 17\% \times [1 \div (1 + 5\%) - 1]$	－0.0081
4	间接费减少	6%	间接费（12%）	$\gamma_4 = 12\% \times 6\%$	0.0072

（4）计算 H 工程的预测成本。

1）总成本＝11092800×（1＋0.052＋0.0323－0.0081＋0.0072）＝12017939.5（元）。

2）单位面积成本＝1109.28×（1＋0.052＋0.0323－0.0081＋0.0072）＝1201.79（元/m²）。

2.经验系数法

（1）人工费的快速测算。人工大包指整幢建筑的人工由一家劳务公司承担，所报每建筑平方米价格为完成整个工程的全部费用。对于比较常见、几乎定型的结构类型，如砖混住宅楼等，实践中常常由一家单位清包工程劳务部分，往往以建筑面积多少钱一平方米包整个工程施工完毕。这样测算成本时，只要参考类似工程"大包"单价数据或分包合同就能快速测算人工费。平方米包干价是指完成建筑工程单位建筑面积相应工作内容、工程劳务作业的全部价款。劳务总价款等于平方米包干价乘以建筑面积。确定平方米包干价主要在于工程规模、建筑类型、工程部位及不同的工作内容。工程规模越大、施工难度越高，单价越高，普通住宅单价低于公共建筑，建筑结构作业的地下部位单价高于地上部位；工作内容主要区分结构、初装修、外墙面砖粉刷、挂贴石材、给排水安装、电气安装等。平方米包干价的计价方式的关键是建筑面积的计算，而计算建筑面积的关键在于其工程量计算规则的确定，一般采用 GB/T 50353—2013《建筑工程建筑面积计算规范》计算建筑面积。

平方米包干价主要适用于工程施工图纸完善的建筑工程劳务大包。采用此种方式，劳务合同价款的结算和支付比较简单，在不出现较大变更的情况下，劳务总价款变化不大。一般情况下，也不存在劳务公司管理费用另行计取，类似工程量清单形式的综合单价计算工程价款。这种计算方式也比较方便于工程劳务分包的招标投标市场交易。

1）人工大包数据库的建立。

【实例 3-1-2】 某建筑公司人工大包价格数据信息见表 3-1-5。

表 3-1-5 综合清包价格数据库（局部）

序号	工程项目		工作内容及说明	单位	劳务单价（元）	工程量计算方法
一、别墅项目						
1	别墅工程	土方工程、主体结构（钢筋安装、模板、混凝土、砌筑、脚手架）、屋面结构、粗装修等	采用综合平方米单价的形式，以包工不包料，甲供周转材及大型机械，包甲供料损耗，工程内容含土方工程、主体结构（钢筋安装、模板、混凝土、砌筑、脚手架）、屋面结构、粗装修等	m²	490~570	按建筑面积平方米单价包干结算
2		水电施工人工费	水电施工人工费		60	
3		施工机械费	施工机械费		60	
4		施工周转材费用	施工周转材费用		120	

续表

序号	工程项目		工作内容及说明	单位	劳务单价（元）	工程量计算方法
二、砖混住宅楼项目						
1	住宅工程	土方工程、主体结构（钢筋安装、模板、混凝土、砌筑、脚手架）、屋面结构、粗装修等	采用综合平方米单价的形式，以包工不包料、甲供周转材及大型机械、包甲供料损耗，工程内容含土方工程、主体结构（钢筋安装、模板、混凝土、砌筑、脚手架）、屋面结构、粗装修等	m²	220～300	按建筑面积平方米单价包干结算
其中						
1.1	模板		木工		32～35	
1.2	主体		包括砌体、混凝土、内架		70～90	
1.3	内粉制			m²	47～52	按建筑面积平方米单价包干结算
1.4	外粉刷				33～35	
1.5	其他				略	
三、钢结构部分						
	钢结构部分			t	2000～3200	按用钢量重置
					略	
四、普通框架结构						
	框架结构部分		含主体结构、粗装饰，地下另计	m²	300～360	按建筑面积平方米单价包干结算
					略	

2）人工大包数据库的测算。

人工大包的数据不是凭空想象而来，是经过严密测算而来，否则成本测算就会失真，下面以【实例3-1-3】讲解一下其测算方法。

【实例3-1-3】 某公司办公楼工程，建筑面积4020m²，建筑公司拟将全部劳务（门窗除外）大包给某劳务公司，双方拟签合同，建筑公司测算大包单价步骤如下：

第一步：测算总人工费，见表3-1-6。

表3-1-6　　　　　　　　　　总人工费

序号	名称	单位	数量	单价（元）	合价（元）	备注
1	砖砌体	m³	1010	160	161600	
2	混凝土	m³	2037	30	61110	

续表

序号	名称	单位	数量	单价（元）	合价（元）	备注
3	模板	m²	9560	32	305920	
4	线材	t	114	700	79800	
5	螺纹钢	t	228.8	680	155584	
6	粉刷	m²	13441	14	188174	顶棚仅批腻子
7	地砖	m²	2905	35	101675	
8	卫生间墙面砖	m²	758	37	28046	瓷片
9	聚氨酯防水	m²	2800	20	56000	
10	乳胶漆	m²	11697	14	163758	含批腻子
11	楼梯扶手	m	50.6	40	2024	
12	油漆	m²	400	16	6400	所有需刷油漆的部位
13	焦渣垫层	m³	185	25	4625	
14	挤塑泡沫板	m³	79.5	9	715.5	
15	门锁	把	311	4	1244	
16	排水管及配件	m	195	9	1755	
17	预埋件	kg	150	3	450	
18	零星用工				20000	
19	现场安全文明				25000	
20	其他杂工				15000	工程本身用工以外的部分
21	外架子	m²	2100	12	25200	
22	合计				1404080.5	

第二步：计算单位建筑面积大包费。对于常见结构类型的人工大包清包费，可以按下式进行计算：人工费＝建筑面积（m²）×每平方米人工费；或是，人工费＝质量（t）×每吨人工费，1404080.5/4020＝349（元/m²）。

（2）材料费的快速测算。主材一般不宜进行快速测算，如需快速测算，可以按照当地预算定额，利用预算软件算出材料用量，然后用材料用量乘以市场价形成材料费成本。

（3）机械费的快速测算。机械费可以采用经验系数的方法进行快速测算。经验系数法测算是施工企业根据多年对工程造价分析积累的消耗参数，是编制合理施工组织设计对机械费用控制的依据之一，也是企业成本测算的依据，是项目施工中机械费投入的重要控制标准。

【实例3-1-4】 某建筑公司机械费成本快速测算参考表式见表3-1-7。

表 3-1-7　　　　　　　　机械费成本快速测算参考表式（系数法）

工程类别	土建	装饰	安装	其他
工程造价				
系数取定				
机械费测算费用				
机械费费用合计				

（4）临时设施费的快速测算。快速测算法比较适合于测算工作时间较紧的成本测算。由于众多企业并没有形成类似的造价分析数据或具有项目部临时设施配备的相关制度，因此以带来一定的推广难度。但是在实际中也可以通过类似工程的临时投入情况进行类比修正得出，修正主要是根据工程具体情况来进行的。下面将重点介绍两种方法，即类似工程比较法及企业或项目的经验估算法。

1）类似工程比较法。类似工程比较法中影响临时设施费投入的主要因素有：

a. 工地现场特征即工程施工场地情况。工程场地的大小、平整与否都对临时设施投入有着直接的影响。场地大，临时建筑可以布置在场内；如场地较小，则需要在工地外面搭建临时宿舍，相应地有可能增加土地租赁费用等。场地内土质不好、承载力较差（如回填后的场地），也有可能相应增加临时建筑的地基处理费用。

b. 工程规模与类型及工程进度。工程规模与类型及工程进度要求决定了工程施工劳动力配备情况，而临时设施中很大一部分费用就是用在工地现场人员的住宿及配套设施方面。工程规模大，则要求施工项目管理人员配备数量增加；工期要求紧，需要在短时间内完成工程施工，则劳动力需求相应增加，这些都需要增加临时设施费中的办公用房、工人宿舍、食堂、浴厕等费用的投入。

c. 工程文明施工目标。随着建筑业的竞争日益加剧，越来越多的施工企业开始重视工地形象建设，这是符合建筑施工企业长远利益之举，也符合当前国家号召建设和谐社会的要求。如企业或项目要求工地文明施工需创省、市标准化工地，则工程临时设施费投入将相应增加。虽各地文明施工标准化工地要求的细则不一，但通常都会使临时建筑物及相应的配套设备、场地硬化、绿化、企业形象视觉识别系统等投入增加。

d. 其他影响临时设施费的因素还有很多，尤其是市场材料及物资的供应价格等，受地域影响也较大。

通过以上因素分析，可以对类似工程的临时设施费的投入做一个比例修正费用调整，最终得出拟测工程的临时设施费。

【实例 3-1-5】 某建筑公司拟对 A 工程进行投标。A 工程位于某市市区，建筑面积 31800m²，地下 2 层，地上 18 层，建筑用途为商住楼。A 工程的施工场地占地面积约 5000m²，可以满足现场临时设施搭建等要求。为保证企业报价为合理最低价，该建筑公司对 A 工程的成本进行测算，其中临时设施费作为一个专项测算。由于企业没有相关的历史积累数据，其经营部门决定采用类似工程修正法对 A 工程的临时设施投入费用进行测算。选定的类比工程为 B 工程（在建），B 工程也是该建筑公司所属项目部，位于市区，建筑面积 33000m²，总造价为 15000 万元，单体地下 2 层，地上 25 层，施工场地

面积约 $4000m^2$，获该市标准化工地，经过了解，B 工程的临时设施（含文明施工内容）投入一共为 255 万元。

根据以上信息对 A 工程的临时设施费进行测算。A 工程文明施工为达标，不要求创市标准化工地。

由于 A、B 两工程概况中工程地点与场地规模都类似，因此可以采用类比修正法对其进行测算。

先对 B 工程做分析，B 工程临时设施费用为 255 万元，占总造价的 1.7%，获该市标准化工地荣誉称号。B 工程临时设施投入见表 3-1-8。

表 3-1-8 B 工程临时设施投入一览表

序号	费用名称	单位	金额	备注
1	办公用房设施费 24 间	元	540000	含空调安装
2	工人宿舍 50 间	元	720000	含床、电扇
3	食堂、厕所等配套临设	元	180000	含设备
4	场地硬化	元	270000	
5	给排水管线	元	150000	
6	电缆电线敷设	元	300000	含配电柜房等
7	工地围墙搭设	元	90000	
8	场地绿化费用	元	105000	
9	仓库房搭设	元	30000	
10	钢筋工、木工加工作业棚	元	60000	
11	企业 CI 形象识别系统布置费用	元	45000	
12	其他创标费用	元	60000	

A 与 B 工程在工程规模及场地规模方面都很相近，且同在一个城市中，材料物资价格差异不大，所以不宜采用比例修正。因为临时设施费作为工程成本中的固定成本，在两个类似工程中的比例基本上是相近的。在本实例中应该采用费用修正法，即通过其他因素的比较，对工程临时设施费用进行修正、测算。

工程规模相近，工程作业量也相近。工程的劳动力需求及管理人员配备也基本相同，所以在办公用房及工人宿舍、食堂、厕所、库房、作业棚等临时建筑物的搭设费用上可以按照 B 工程的要求实现。

工程场地规模相近，则场地硬化、给排水管线、电缆电线敷设、围墙等临时设施投入费用可以按照 B 工程的投入费用列入。

A、B 工程同属于某建筑公司，故其企业 CI 形象识别系统也属于同一套系统，其费用投入可以做等量列入成本。

A 与 B 工程在临时设施投入方面的最大差异是在文明施工标准方面，B 工程的投入是以市标准化工地为标准来建设的，而根据 A 工程的文明施工要求，只要达到合格即可。文明施工标准化工地与合格工地的区别在于标准化工地的一系列硬性规定（各个地区可能不完全一样），在该市建设行政主管部门的文明施工标准化达标要求与合格标准工地的差距主要有：工人宿舍电扇、场地绿化硬化等方面。由此考虑，A 工程的临时设施投入应该在 B 工程的临时设施费投入中去掉场地绿化费用，场地硬化费用也减少，工人宿舍电扇也可取消，详见表 3-1-9。

表 3-1-9　　　　　　　　　　　　A 工程现场临时设施投入表

序号	费用名称	单位	数量	限价（元）	合价（元）	备注
1	工人宿舍 50 间电扇取消	台	100.00	450	45000	含空调安装
2	场地硬化减少	项	0.30	270000	81000	按 70%计
3	场地绿化取消	项	1.00	105000	105000	
4	其他创标费用	项	1.00	60000	60000	
5	核减合计	元			291000	

分析：从上述分析和计算过程中可知，A 工程在临时设施方面的投入可以在 B 工程的相关数据基础上得出接近 A 工程实际需求的临时设施投入：2550000－291000＝2259000（元）。

上述案例就是利用类似工程的临时设施数据进行拟建工程的临时设施费测算，这种测算方法比较准确、快速，缺点就是类似工程不太容易找到，限制了其应用范围。

利用类似工程比较法测算临时设施费的难点在于寻找与拟测工程特点相近似的项目资料，而重点则是在两个工程特点的比较和分析过程。在分析过程中，需要根据工程特点对临时设施费影响因素逐一分析，并对因素分析做出量化结果。如在实例中的两个工程特点比较中，场地和工程地点、规模都比较相近，可以直接套用；工地文明施工目标是 A、B 工程的最大区别，所以对此因素的两种类型进行量化分析，最终得到 A 工程的量化结果。在整个过程中，关键是对工程规模与类型、场地环境、周边环境、工期要求、文明施工要求等因素的比较分析。

2）经验估算法。经验估算法是指利用企业或项目部的经验数据，使用经分析整理后得出的临时设施费投入标准来进行测算。

经验估算法快捷方便，但是由于工程特点多样，且每个建设工程都有单一性特点，所以临时设施费的投入标准综合程度很高，有可能出现失真的结果。对于成熟的建筑施工单位可以使用参数来快速测算大临设施费用，使大临设施费用合理。经验估算法一是能做到测算快速；二是对成本能起到控制作用。

【实例 3-1-6】　某建筑公司临时设施费测算参考表式见表 3-1-10。

表 3-1-10　　　　　　　　　　　　临时设施费测算表

工程类别	土建	装饰	安装	其他
工程造价				
系数取定				
临时设施测算费用				
临时设施费用合计				

对类似工程比较法的测算实例工程中，如果采用经验系数测算企业临时设施投入标准，则工程临时设施投入标准参考【实例 3-1-7】。

【实例 3-1-7】　某建筑公司拟对 A 工程进行投标，A 工程位于某市市区，建筑面积 31800m²，地下 2 层，地上 18 层，建筑用途为商住楼，施工场地占地面积约 5000m²。

按该企业投入标准中的工程类别划分标准，A 工程应套用二类住宅临时设施费标准计算，其工程造价按 B 工程规模估算可暂定 15000 万元，则 1.5% × 15000 万元＝225（万元）。

利用企业或项目部关于临时设施投入标准来进行经验估算是一种快速的计算方法，在本方法中的重点和难点就是制定能反映本企业或项目部管理水平的临时设施投入标准。临时设施投入标准的制定是一个很复杂、系统的统计工作，但同时也是一项非常有意义的工作。项目成本人员在进行基础数据收集时对临时设施的投入也需要多加留意，在资料整理方面也要保证模型的框架设置合理。

（5）管理费的快速测算。管理费（公司管理费）的测算通常按两种方法进行：

1）系数法＋支出法。管理费的测算，一般是由项目经理、项目财务、预算协同企业相关部门人员编制，需确定工程造价、分摊的管理人数、施工工期。一般采用系数法与支出法相结合。管理费的测算原则是根据施工组织设计的计划，发包形式、公司规定的管理费率计算。管理费与管理人数、施工工期、工程造价等有密切关系，仅考虑某一方面都存在不合理性。所以人均比和产值比各取其 50% 是考虑减少管理费测算的离散性。

【实例 3-1-8】　某工程管理费测算表，见表 3-1-11。

表 3-1-11　　　　　管理费目标成本测算表（系数法＋支出法）　　　　（万元）

工期		14				
人数		4				
内容	类别	合同价	人数	工期	系数/单价	费用
产值比（按合同造价）	土建	5230			2.50%	130.75
	装饰					0.00
	安装					0.00
	其他					0.00
	小计					130.75
人均比（分摊的公司管理人员）			4	14	0.40	22.4
小计						153.15
管理费测算成本			小计		50%	76.58

2）合同费率法。很多建筑公司与项目部约定，按一定百分比由项目部向公司交纳管理费，这个约定的费率即可作为测算的依据。

（6）其他成本项的快速测算。仍可以采用经验系数的方法进行快速测算。

【实例 3-1-9】　某工程其他成本项测算表，见表 3-1-12。

表 3-1-12　　　　　　　　其他成本项测算（系数法）（万元）

项目	合同价	系数				费用
		土建	装饰	安装	其他	
工程水电费	5230	1%				52.3
不可预见费	5230	0.50%				26.15
不可预见人工费						0.00
合同约定费						0.00
政府规费						0.00
其他						0.00
小计						78.45

注　不可预见人工费一般按相应工程量人工费的 5% 计算，本工程不考虑。

（7）安装工程成本的测算。安装工程就广义所指为所有成品组装在固定物件上的一项工作，而建筑安装则是把设施和设备等物件安装在建筑体上的一项工作。要进行安装工程成本测算，首先要分清楚安装最基本的成本组成。从定额的角度来看这个安装成本，是由人工费＋材料费＋机械费＋费税组成的。其中，材料费由主材和辅材两部分组成，而主材是我们无法控制的，是一个可变因素，作为成本分析意义不大，只有分析相对固定的那部分才有用。要做好安装工程成本测算工作，必须要有足够的工作经验，多积累已做过的工程成本资料，形成经验数据供今后类似的工程进行测算。对建筑工程辅助安装工程的成本测算，一般采用以下两种方式：

1）平方米清包法。平方米清包法就是采用类同土建，每建筑平方米多少清工费的方式。

为什么叫安装工程呢？从"安装"两个字不难看出，"安装"不外乎把买到的材料、设备、器械安装上去，成本的组成当然也是：安装费＋主材，其中安装费＝人工费＋辅材费＋机械费。

参加分析过几个项目后，大家有了一定的经验，就会很清楚什么样的项目在哪一块需要多少安装费。比如安装 1m 的室外镀锌钢管安装（螺纹连接）费是 4 元左右，直径增加一个等级以 10% 的系数上浮，多层砖混住宅楼的水电清包价一般在 30 元/建筑 m² 左右等。

2）定额下浮法。建筑安装施工中，项目部一般会将安装人工、辅材、机械清包给专业公司来做，清包费按照定额的一定比例来计取。在成本测算中一般则侧重于主材、间接费的测算。

【实例 3-1-10】　某建筑公司测算的安装清包定额下浮率，见表 3-1-13。

表 3 - 1 - 13　　　　　　　　　　安装清包定额下浮比率表

序号	工程项目	单位	某省定额基价（元）	计算方法	工作内容及说明
1	水电工程（包工、包辅材安装）	项	（85元/工日×某省定额工日＋辅材费）×0.97（别墅项目人工上浮10%）	按单项工程计，根据某省定额抽算工日数	包括水暖电通风所有预埋套管的安装、预留管洞；管道、阀门及法兰、卫生洁具、采暖器具、消防设备及附件等安装；材料场内搬运，检查及清扫管材，修洞堵洞，刷漆等属于安装工程的所有工作。甲方提供电锯、电刨、砂轮机、电焊机，其余小型机具、手用工具乙方负责。乙方包辅材
2	消防工程（包工、包辅材安装）	项	（85元/工日×某省定额工日＋辅材费）×0.98（别墅项目人工上浮10%）	按单项工程计，根据某省定额抽算工日数	

第二节　施工项目标准成本——目标成本

一、施工项目目标成本组成及编制要求

1. 施工项目目标成本的概念

所谓施工项目目标成本即是项目对未来产品成本所规定的奋斗目标，比已经达到的实际成本要低，但又是经过努力可以达到的。

2. 施工项目目标成本的组成

施工项目目标成本一般由施工项目直接目标成本和间接目标成本组成。

施工项目直接目标成本主要反映工程成本的目标价值。直接目标成本总表见表3-2-1。

表 3 - 2 - 1　　　　　　　　　　直接目标成本总表

工程名称：　　　　　　　　项目经理：　　　　　　　　日期：　　　　　　　　单位：

项目	目标成本	实际发生成本	差异	差异说明
1. 直接费用				
人工费				
材料费				
机械使用费				
其他直接费				
2. 间接费用				
施工管理费				
合计				

施工项目间接目标成本主要反映施工现场管理费的目标支出数。施工项目间接目标成本中的施工现场目标管理费用表见表3-2-2。

表 3-2-2 　　　　　　　　　　施工现场目标管理费用表

序号	项目	目标费用（元）	实际支出（元）	差异	差异说明
1	工作人员工资				
2	生产工人辅助工资				
3	工资附加费				
4	办公费				
5	差旅交通费				
6	固定资产使用费				
7	工具用具使用费				
8	劳动保护费				
9	检验试验费				
10	工程保养费				
11	财产保险费				
12	取暖、水电费				
13	排污费				
14	其他				
	合计				

3. 目标成本编制依据

目标成本编制可以按单位工程或分部工程为对象来进行编制。目标成本编制依据是：

（1）设计预算或国际招标合同报价书、施工预算。

（2）施工组织设计或施工方案。

（3）公司颁布的材料指导价，公司内部机械台班价，劳动力内部挂牌价。

（4）周转设备内部租赁价格，摊销损耗标准。

（5）已签订的工程合同，分包合同（或估价书）。

（6）结构件外加工计划和合同。

（7）有财务成本核算制度和财务历史资料。

（8）项目经理部与公司签订的内部承包合同。

4. 目标成本的编制要求 （见表 3-2-3）

表 3-2-3 　　　　　　　　　　目标成本的编制要求表

要求项目	内容
编制设计预算	仅编制工程基础地下室、结构部分时，要剔除非工程结构范围的预算收入，如各分项中综合预算定额包含粉刷工程的费用，并使用计算机预算软件上机操作，提供设计预算，各预算成本作为成本项目进行工料分析并汇总，分包项目应单独编制设计预算，以便同目标比较；高层工程项目，标准层部位单独编制一层的设计预算，作为成本过程控制的预算收入标准

续表

要求项目	内容
编制施工预算	施工预算包括进行"两算"审核、实物量对比，纠正差错。施工预算实际上是计报产值的依据，同时起到指导生产、控制成本的作用，也是编制项目目标成本的主要依据
人工费目标成本编制	根据施工图预算人工费为收入依据，按施工预算计划工日数，对照包清工人挂牌价，列出实物量定额用工内的人工费支出，并根据本工程实际情况可能发生的各种无收入的人工费支出，不可预计用工的比例，参照以往同类型项目对估点工的处理及公司对估点工控制的要求而确定。对自行加工构件、周转材料整理、修理、临时设施及机械辅助工，提供资料列入相应的成本费用项目
材料费、构件费目标成本的编制	用由施工图预算提供各种材料、构件的预算用量、预算单价，施工预算提供计划用量，在此基础上，根据对实物量消耗控制的要求，以及技术节约措施等，计算目标成本的计划用量。单价根据指导价，无指导价的参照定额数提供的中准价，并根据合同约定的下浮率计算出单价。根据施工图预算、目标成本所列的数量、单价、计算出量差、价差，构成节超额。构料费、构件费的目标成本确定：目标成本＝预算成本－节超额
周转材料目标成本的编制	以施工图预算周转材料费为收入依据，按施工方案和模板排列图，作为周转材料需求量的依据，以施工部门提供的该阶段施工工期作为使用天数（租赁天数），再根据施工的具体情况，分期分批量进行量的配备。单价的核定，钢模板、扣件管及材料的修理费、赔偿费（报废）依据租赁分公司的租赁单价。在编制目标成本时，同时要考虑钢模、机件修理费、赔偿费，一般是根据以前历史资料进行测算。项目部使用自行采购的周转材料，同样按施工方案和模板排列图，作用周转材料需求量的依据，以及使用天数和周转次数，并预计周转材料的摊销和报废
机械费用目标成本的编制	以施工图预算机械费为收入依据，按施工方案计算所需机械类型、使用台班数、机械进出场费、塔基加固费、机操工人工费、修理用工和用工费用，计算小型机械、机具使用费
其他直接费用目标成本的编制	以施工图预算其他直接费为收入依据，按施工方案和施工现场条件，预计二次搬运费、现场水电费、场地租借费、场地清理费、检验试验费、生产工具用具费、标准化与文明施工等发生的各项费用
施工间接费用目标成本的编制	以施工图预算管理费为收入依据，按实际项目管理人员数和费用标准计算施工间接费的开支，计算承包基数上缴数，预计纠察、炊事等费用；根据临时设施搭建数量和预算计算摊销费用；按历史资料计算其他施工间接费
分包成本的目标成本的编制	以预算部门提供的分包项目的施工图预算为收入依据，按施工预算编制的分包项目施工预算的工程量，单价按市场价，计算分包项目的目标成本
项目核算员汇总审核，在综合分析基础上，编制《目标成本控制表》，各部门会审签字，项目部经理组织讨论落实	项目核算员根据预算部门提供的施工图预算进行各项预算成本项目拆分；审核各部门提供的资料和计划，纠正差错；汇总所有的资料，进行两算对比；根据施工组织设计中的技术节约措施，主要实物量耗用计划，分包工程降低成本计划，设备租赁计划等原始资料，考虑内部承包合同的要求和各种主客观因素，在综合分析挖掘潜力的基础上，编制"目标成本控制表"，编写汇总说明，形成目标成本初稿，提请各部门会审、签字，报请项目部经理组织讨论落实，分别归口落实到部门和责任人，督促实施

5. 目标成本的编制程序

(1) 编制施工方案并进行优化，制定成本降低措施。

(2) 编制"两算"（施工预算和施工图预算）。

(3) 进行"两算"审核，实物量对比，纠正差错。

(4) 对施工图预算进行定额费用拆分。

(5) 计算材料、结构件、机械、劳动力计划消耗量和费用。

(6) 制定大型临时设施的搭建计划和计算费用。

(7) 根据施工方案制定模板、脚手架、使用设备和计算费用。

(8) 根据现场管理人员的开支标准和项目承包上交基数及其他财务历史资料，计算施工间接费用。

(9) 根据分包合同或分包部位估价书计算分建成本。

(10) 各部门拟定编制说明资料。

(11) 审定各部门提供的计算资料和编制说明，纠正差错。

(12) 汇总所有资料，形成目标成本初稿，要各部门会审、签字。

(13) 项目经理审定、签发、实施。

二、 施工项目目标成本确定

1. 目标成本编制方法

(1) 项目目标成本测算表：该表的预算成本项目根据预算成本拆分填入，同时作为控制主要实物量消耗依据。项目目标成本的确定：目标成本＝预算成本－计划差异。

(2) 主要成本差异对比表：该表的编制是以施工图预算和施工预算所提供的主要工料分析为依据，包括人工、材料、构件、周转料。

(3) 分包成本差异对比表：合同价按预算部门提供填列，分包价按生产部门提供填列。

(4) 技术节约措施及其他成本差异计算表：技术节约措施根据技术部门提供数据填列到有关成本项目；其他成本差异计算：主要指机械费、其他直接费、施工间接费的计算，根据影响这些成本项目的主要因素的盈亏，计算出目标成本。

2. 目标成本编制说明的内容

(1) 简单介绍工程概况。

(2) 工程中标价及让利情况，以及有利、不利因素。

(3) 承包基数情况。

(4) 目标成本中单价取定依据。

(5) 采取的降低成本措施。

3. 施工项目目标成本的确定

施工项目目标成本编制过程的计算公式、口径及目标成本控制表的填制方法和编制说明情况如下：

(1) 目标成本控制表中，预算成本总计数＝工程合同造价－税金。

(2) 目标成本控制表中，目标成本各项费用项目数值＝各单位计划表数值。

(3) 工程造价让利及法定利润在预算成本其他收入中填列。

(4) 仅编制工程基础地下室、结构部分的目标成本，要剔除非工程结构的预算收入

和支出,如各分项中综合预算定额包含粉刷工程的费用。

(5) 单价的确定(具体见本章第三节目标成本实例):

1) 施工图预算的单价,按合同规定与经济签证取定,材料中准价一般按编制月份的材料中准价减下浮取定。

2) 目标成本各成本项目的单价,按编制月公司材料指导价、劳动挂牌价或分包、采购外加工合同取定。

3) 租赁公司内部机械和周转设备的单价,按现行机械台班单价、周转设备租赁单价、周转设备租赁单价取定。

(6) 合同规定的补贴费,按合同规定的内容计入相应的预算成本项目。

(7) 合同规定的开办费,合同规定明确的计入的相应预算成本项目,不明确的按企业拟定的分摊比率计入相应的预算成本项目。

(8) 人工补差费、施工流动津贴拆分时归入人工费。

(9) 其他费用拆分:工程质量监督费、上级管理费等拆分时归入施工间接费。

(10) 施工图预算计取的大型临时设施费,拆分时归入施工间接费。

(11) 目标成本按分部分项编制的,预算含钢量大于实际数,调整实际数,不计盈利;预算含钢量少于实际数的,调整预算数不计亏损。

(12) 使用商品混凝土、市场价已包括泵送费、硬管费的,目标成本拆分时泵送费、硬管费应计入机械费。计划耗用应扣除钢筋容量。

(13) 按部位编制的目标成本的临时设施摊销方法,部位摊销量=部位计划工期×临时设施总费用/总工期。

(14) 用商品混凝土,在计算人工目标成本时,应按现场扣除后台用工。

(15) 目标成本控制表的组成,见表3-2-4。

表3-2-4 目标成本控制表

部位: 制表人: 年 月 日 单位:万元

成本项目	预算成本	目标成本	计划差异	差异率(%)
人工费				
材料费				
结构件				
周转材料费				
机械使用费				
其他直接费				
施工间接费				
小计				
分建成本				
其他收入				
成本总计				

编制说明:

1）项目目标成本测算表，见表 3-2-5。

表 3-2-5　　　　　　　　　　项目目标成本测算表

项目名称		工程造价	
建设单位		施工面积	

2）主要成本差异对比表，见表 3-2-6。

表 3-2-6　　　　　　　　主要成本差异对比表

工程项目：　　　　　部位：　　　　　制表人：　　年　月　日　　　　　单位：万元

名称 规格	计量 单位	预算值			计划值			计划差异		
		数量	单价	金额	数量	单价	金额	数量	单价	金额

3）分包成本差异对比表，见表 3-2-7。

表 3-2-7　　　　　　　　分包成本差异对比表

工程项目：　　　　　部位：　　　　　制表人：　　年　月　日　　　　　单位：万元

分包内容	计量单位	数量	合同价	分包价	计划差异	差异率（%）

4）技术节约措施及其他成本差异计算表，见表 3-2-8。

表 3-2-8　　　　　　技术节约措施及其他成本差异计算表

工程项目：　　　　　部位：　　　　　制表人：　　年　月　日　　　　　单位：万元

序号	内容		计算依据	计划差异

续表

序号	内容		计算依据	计划差异

第三节　报价后成本及目标成本实例

1. 工程概况

某集团办公楼，建筑面积 4058m²，某施工企业成功中标，中标总造价 7384940 元（不含规费、税金）。施工前，该施工单位计划测算一下该工程的实际工程成本，以预估项目盈亏情况及作为施工阶段成本控制的依据。以下的测算将按人工费、材料费、机械费、专业分包费、措施费、管理费、其他成本项的顺序进行测算。

2. 人工成本的精确测算

测算前，成本测算人员首先以本单位的人工成本测算数据资料作为劳务分包价格的基础，同时与项目经理、劳务分包单位负责人进行了协商，初步确定拟签订合同人工费标准，作为人工成本单价测算的依据。

工程量按投标报价底稿计价工程量清单中的工程量作为计算依据，砖砌体、混凝土等均不区分标号合并在一块考虑（即不分标号清包单价是一致的）。

【实例 3-3-1】　人工费精确测算见表 3-3-1。

表 3-3-1　　　　　　　　　　人工费精确测算表

序号	名称	单位	数量	单价（元）	合价（元）	备注
1	砖砌体	m³	1013	167	169171	含内架费
2	混凝土	m³	2018	23	46414	
3	线材	t	114	690	78660	
4	螺纹钢	t	228.8	670	153296	
5	粉刷	m²	17104	15	256560	
6	地砖	m²	2802	34.5	96669	
7	卫生间墙面砖	m²	760	36	27360	
8	聚氨酯防水	m²	2800	15	42000	
9	乳胶漆	m²	11697	14	163758	含批腻子
10	楼梯扶手	m	50.6	38	1922.8	
11	油漆	m²	400	13	5200	所有需刷油漆的部位
12	焦砟垫层	m³	185	12	2220	
13	挤塑泡沫板	m³	79.5	9	715.5	
14	门锁	把	311	4	1244	

序号	名称	单位	数量	单价（元）	合价（元）	备注
15	排水管及配件	m	195	9	1755	
16	预埋铁件	kg	150	3	450	
17	零星用工				10000	预备使用
18	外架子	m²	2100	16	33600	
19	模板	m²	9560	29.5	282020	
20	电气	m²	4058	26	105508	
21	水暖、消防	m²	4058	28	113624	
	合计				1592147.3	

3. 实体性材料费的精确测算

（1）主要材料费的测算。如果要精确计算材料，材料的消耗量不能简单地使用预算软件，按当地造价主管部门发布的政府定额中的材料消耗量，因为按此分析出的消耗量与实际消耗量往往是不同的。以下的测算中，按实际测算出的消耗量及本施工企业的损耗率控制标准进行测算。具体材料消耗量的测算可以参考第三章相关内容，本着要将消耗量测算的准确，以下测算中砂浆及混凝土等按实际配比分析消耗量。

【实例 3 - 3 - 2】　主材费的精确测算见表 3 - 3 - 2。

表 3 - 3 - 2　　　　　　　　主材费的精确测算见表

序号	费用名称	单位	数量	市场价（元）	合价（元）	备注
1	钢筋	t	109	3800	414200	
2	冷轧带肋钢筋	t	233	3810	887730	
3	C10 混凝土	m³	131	350	45850	
4	C15 混凝土	m³	286.785	360	103242.6	
5	C20 混凝土	m³	64.72	370	23946.4	
6	C25 混凝土	m³	593.31	380	225457.8	
7	C30 混凝土	m³	982.47	390	383163.3	
8	预制水磨石	m²	1148.52	55	63168.6	甲方定价
9	内墙面砖	m²	775.2	55	42636	甲方定价
10	地砖 300mm×300mm	m²	1518.78	45	68345.1	甲方定价
11	400mm×400mm 地砖	m²	190.74	40	7629.6	甲方定价
12	标准砖 240mm×115mm×53mm	百块	1279	45	57555	
13	多孔砖 190mm×190mm×90mm	百块	2411	75	180825	
14	水泥砂浆	m³	297	390	115830	商浆包括粉刷浆
15	混合砂浆	m³	204	400	81600	商浆包括粉刷浆
16	1：6 水泥焦砟	m³	184.69	200	36938	
17	水泥	t	100	390	39000	

续表

序号	费用名称	单位	数量	市场价（元）	合价（元）	备注
18	聚苯乙烯挤塑泡沫板	m³	79.5	630	50085	
19	镀锌钢管 DN20	m	280	9	2520	
20	镀锌钢管 DN25	m	900	13	11700	
21	镀锌钢管 DN32	m	600	18	10800	
22	镀锌钢管 DN40	m	230	22	5060	
23	PP-R复合管 DN15	m	785	6	4710	
24	PP-R复合管 DN20	m	660	8	5280	
25	PP-R复合管 DN25	m	420	11	4620	
26	焊接钢管 DN100	m	1220	50	61000	
27	衬塑复合管 D25	m	5012	30	150360	
28	衬塑复合管 D32	m	200	45	9000	
29	螺纹铜球阀 D40	m	80	110	8800	
30	法兰止回阀 65	m	80	80	6400	
31	法兰止回阀 80	m	160	110	17600	
32	铜芯电缆 120mm²以内	m	680	120	81600	
33	铜芯电缆 300mm²以内	m	430	330	141900	
34	铜线 2.5	m	24780	1.8	44604	
35	铜线 4	m	12300	3	36900	
36	铜线 6	m	2330	5.5	12815	
37	铜线 10	m	2765	8	22120	
38	铜线 35	m	285	22	6270	
39	铜线 50	m	145	40	5800	
40	电缆桥架 400mm×100mm	m	30	130	3900	
41	PVC管 20	m	17450	3	52350	
42	PVC管 25	m	245	4	980	
43	PVC管 32	m	820	5	4100	
44	KBG管 20	m	635	8	5080	
45	箱柜	台	141	1400	197400	综合箱柜
	合计				3740871.40	

（2）辅材材料消耗量的测算。一些零星的、价格较小的材料称之为辅材，根据该企业积累的资料，辅助材料一般为 $5 \sim 15$ 元/m^2，具体消耗价值的标准主要看人工费清包合同中包括的辅材的多少。如果清包价中包括的辅材较多，则此处列的辅材费少一点，反之多一点。

【实例3-3-3】　本工程建筑面积 $4058 m^2$，根据经验取辅材费为 9 元/m^2，则本工程的辅材费为 $4058 m^2 \times 9$ 元/$m^2 = 36522$（元）。

综上，该工程实体性材料费共计为 $3740871.40 + 36522 = 3777393.40$（元）。

4. 措施性材料费的精确测算

（1）脚手架材料费的测算。本工程脚手架工程量、消耗量的测算方法见前述，使用时

间见本工程施工组织设计，本工程模板拟采用租赁方式，以下测算按租赁价方式进行。

【实例3-3-4】 脚手架材料费的精确测算，见表3-3-3。

表3-3-3   脚手架材料费测算

序号	分项及材料名称	单位	按图实算工程量	使用期限（天）	日租金额（元）	本企业损耗率	合价（元）	备注
1	钢管	m	9100	120	0.011	1.01	12132.12	
2	扣件	个	3450	120	0.009	1.01	3763.26	
3	安全网（密目网）	m²	2100		3.1	1	6510	
4	钢丝	kg	35		5.8	1	203	
5	脚手板	张	345		28	1	9660	新购
6	防锈漆	kg	80		5	1	400	
7	钢管扣件等保养费	月	4		900	1	3600	
	合计						36268.38	

（2）模板材料费的测算。本工程模板工程量、消耗量的测算方法见前述，使用时间见本工程施工组织设计。本工程模板拟采用租赁方式，以下测算按租赁价方式测算。

【实例3-3-5】 模板材料费的精确测算，见表3-3-4。

表3-3-4   模板材料势测算

序号	分项及材料名称	单位	按图实算工程量	使用期限（天）	日租金额（元）	本企业损耗率	合价（元）	备注
1	钢模	m²	9560	80	0.29	1.01	224009.92	
2	钢管	m	15717	80	0.011	1.01	13969.27	
3	扣件	个	8114	80	0.009	1.01	5900.50	
4	卡具	个	1152	80	0.009	1.01	837.73	
5	木方	m³	2.5	1	3250	1.01	8206.25	
6	钢丝	kg	250	1	5	1	1250.00	
7	铁钉	kg	750	1	5	1	3750.00	
8	托撑	个	1353	80	0.01	1.01	1093.22	
9	垫块	个	35556		0.12	1	4266.72	
10	脱模剂	kg	250		20	1	5000.00	
11	塑料布	kg	15		15	1	225.00	
12	彩条布	m	200		8	1	1600.00	
13	筛子	个	4		80	1	320.00	
14	钢管扣件等保养费	月	2.5		800	1	2000.00	
15	养护混凝土用水	t	300		2.5	1	750.00	
	合计						273178.62	

5. 机械费的精确测算

机械的使用数据与时间取自该工程的施工组织设计，租赁价格取自该公司成本数据库。

【**实例 3-3-6**】　机械费的精确测算，见表 3-3-5。

表 3-3-5　　　　　　　　　　　　机械费测算表

序号	设备名称	单位	数量	规格型号	月租金（元）	使用期限（月）	合价（元）	备注
1	大型机械租赁费							
1.1	塔式起重机	台	1	80t·m	21000	4	84000	
1.2	塔式起重机基础	座	1		17000		17000	
1.3	进场、退场费	台次	1		20000		20000	
2	中小型机械租赁费							
2.1	夯实机	台	2	电动	800	1	1600	分包自备，价格已包括在清包人工费中
2.2	电动卷扬机	台	4	单筒30t	850	6	20400	
2.3	搅拌机	台	1	强制式	850	1.5	1275	
2.4	砂浆机	台	2	200t	300	6	3600	
2.5	振捣器	台	4	插入式	350	2.5	3500	分包自备，价格已包括在清包人工费中
2.6	振捣器	台	1	平板式	350	2.5	875	分包自备，价格已包括在清包人工费中
2.7	调直机	台	1		130	2.5	325	
2.8	切断机	台	1		515	2.5	1287.5	
2.9	弯曲机	台	1		410	2.5	1025	
2.10	圆锯机	台	1		420	2.5	1050	
2.11	弯箍机	台	1		420	2.5	1050	
2.12	手提锯	台	3		80	2.5	600	
2.13	泵送混凝土	m³	1570		20		31400	
2.14	交流电焊机	台	2	50kVA	1200	2.5	6000	
3	动力费							
3.1	柴油	L	600		7		4200	
3.2	润滑油	100m³	15.7		150		2355	
4	其他费							
4.1	机械维修保养						10000	
	合计						211542.50	

6. 专业分包费的测算

门窗等常见的专业分包项目，单位可以取自市场价（经常合作的分包商的报价）。工程量依据图纸实算工程量或工程量清单中的工程量。

【实例3-3-7】 专业分包费的精确测算，见表3-3-6。

表3-3-6　　　　　　　　　　专业分包费的精确测算表

序号	分项名称	单位	数量	市场单价（元）	市场合价（元）	备注
1	塑钢窗	m²	418	320	133760	
2	木门	m²	145	370	53650	不含油漆锁
3	木隔断	m²	103	300	30900	双面三合板
4	防火门	m²	10.8	420	4536	
	合计				222846	

7. 措施费的精确测算

接下来测算措施费的主要部分——临时设施及安全文明费。此项费用的测算较具"个性"，往往没有统一的可参考标准，类似于买房时的"一房一价"，要依据具体的施工组织设计而定，以下的测算按本工程的施工组织设计测算。

【实例3-3-8】 临时设施费、安全文明费测算的精确测算，见表3-3-7。

表3-3-7　　　　　　　临时设施费、安全文明费测算的精确测算

序号	费用名称	单位	数量	单价（新建价与本次摊销价）（元）	合价（元）	备注
1	办公室	m²	50	350	17500	新建
2	厨房	m²	30	430	12900	新建
3	厨房设施	套	1		2000	
4	厕所、浴室	m²	30	430	12900	新建
5	围墙	m	80	270	21600	新建
6	宿舍（150人，8人/间）	m²	200	350	70000	新建
7	警卫室	m²	6	330	1980	新建
8	水泵房	m²	4	330	1320	新建
9	配电间	m²	4	330	1320	新建
10	施工标牌	元	1	3000	3000	
11	企业形象标记	元	1	2000	2000	
12	场地硬化	m²	150	130	19500	
13	宿舍床铺（双人上下铺）	套	80	280	22400	新购
14	照明设施	套	20	45	900	
15	通信设施（电话）	套	1	500	500	
16	仓库	m²	18	330	5940	
17	临时设计管线费	元			22000	
	合计				217760	

8. 管理费的精确测算

本工程管理费主要包括现场管理费、经营管理费、仪器仪表使用费等。

（1）现场管理费。

【**实例 3 - 3 - 9**】　现场管理费的精确测算，见表 3 - 3 - 8。

表 3 - 3 - 8　　　　　　　　现场管理费测算表

序号	费用名称	单位	数量	单价（元）	期限（月）	小计（元）	备注
1	管理人员工资	人	4	6000	6	144000	
2	后勤人员工资	人	1	3000	6	18000	
3	办公器具及耗材	元	1	4000		4000	
4	桌椅	套	8	500	1	4000	
5	电扇	台	3	80		240	
6	电话费	元	1	4000		4000	
7	交通费用	元	1	4000		4000	
8	其他费用	元	1	6000		6000	年摊销费用
	合计					184240	

（2）经营管理费测算。

【**实例 3 - 3 - 10**】　经营管理费的精确测算，见表 3 - 3 - 9。

表 3 - 3 - 9　　　　　　　　经营管理费测算表

序号	费用名称	单位	数量	单价（元）	期限（月）	小计（元）	备注
1	业务招待费	元	1	4000	6	24000	
2	财务费用	元	1	6000		6000	
3	交纳企业上级管理费	元	1			190000	约为造价3%
4	其他不可预见	元	1			20000	
	合计					240000	

（3）仪器仪表使用费测算。

【**实例 3 - 3 - 11**】　仪器仪表使用费的精确测算，见表 3 - 3 - 10。

表 3 - 3 - 10　　　　　　　　仪器仪表使用费测算表

序号	名称	单位	数量	单价（元）	合价（摊销价）（元）	备注
1	配电箱柜	组	6		2500	
2	电表、变压器	套	8			
3	对讲机	部	3			
4	经纬仪	台	1		2500	
5	水准仪	台	1			
6	铝合金标尺	杆	1			

续表

序号	名称	单位	数量	单价（元）	合价（摊销价）（元）	备注
7	施工测量配套	组	3			
8	台秤	台	1			
9	磅秤	台	1			
10	混凝土试块仪器	组	4		8000	
11	砂浆试块仪器	组	2			
12	温度计	根	6			
13	稠度仪	组	1			
14	坍落度筒	个	1			
15	测含水率仪器	套	1			—
16	温控器	套	1			
17	养护箱	套	1			
18	空调机	台	1	2000	2000	
19	生产照明设施（普通）	组	15	40	3000	灯具，插座，线
20	镝灯	个	3	600	1800	
21	太阳灯	个	5	180	900	
22	生产给排水设施	组	2	450	900	
23	消防设施	套	10		3500	
24	维修保养				3000	
25	电线电缆	m	300	8	2400	
	合计				30500	

9. 其他成本项的精确测算

本节主要对水电费进行测算。

【实例 3 - 3 - 12】　其他成本项的精确测算，见表 3 - 3 - 11。

表 3 - 3 - 11　　　　　　　　其他成本项的精确测算表

序号	设备名称	单位	数量	规格型号	功率（台班）	每天使用时间（h）	使用期限（天）	合计（元）	备注
一、生产用电									
1	塔式起重机	台	1	电动 80（t · m）	420	8	36	15120	全负荷状态累计时间
2	夯实机	台	2	电动	16.6	9	30	1120.5	分包自备
3	电动卷扬机	台	4	单筒 .30t	390.6	8	36	56246.4	全负荷状态累计时间
4	振捣器	台	4	插入式	2.5	9	12	135	分包自备
5	振捣器	台	1	平板式	2.5	9	4	15	分包自备

续表

序号	设备名称	单位	数量	规格型号	功率（台班）	每天使用时间（h）	使用期限（天）	合计（元）	备注
6	调直机	台	1		11.9	9	36	481.95	累计使用时间
7	切断机	台	1		32.1	9	36	1300.05	累计使用
8	弯曲机	台	1		12.8	9	36	518.4	累计使用
9	圆锯机	台	1		24	9	36	972	累计使用
10	弯箍机	台	1		12.9	9	36	697	累计使用
11	手提锯	台	3		7.8	9	36	947.7	累计使用
12	交流电焊机	台	2	50kVA	156.45	9	9	3168.11	累计使用
13	镝灯	台	3	3kW	24	9	50	4050	
14	其他照明系统	套	10	200W	1.6	9	60	1080	
15	其他加工用电							500	估值
	用电量小计	kWh						86352.11	
	费用							77716.90	单价 0.9元/kWh
二、生活用水、电									
1	照明	套	10	100W	8	9	80	7200	
2	空调机	台	1	1.5kW	12	8	60	720	
3	食堂	天			50		80	4000	每天50元
4	电脑及配套	套	1	80W	6.4	6	80	384	
5	取暖系统	套	5	1.2kW	12	9	60	4050	
6	其他用电							500	暂估
7	制冷	套	5	80W	6.4	9	60	2160	夏天驱热
	用电量小计							19014	
	费用							17112.6	单价 0.9元/kWh
8	生活水费	t	1200					9600	单价8元/t
	水电费合计							26712.6	
	生产生活水电费总计							104429.50	

10. 成本汇总

【实例3-3-13】 成本汇总见表3-3-12。

表 3 - 3 - 12　　　　　　　　　成本汇总表

序号	工程成本汇总表	
	费用名称	金额（元）
1	人工费	1592147.30
2	实体性材料费	3777393.40
2.1	主要材料费	3740871.40
2.2	辅助材料费	36522.00
3	措施费、材料费	309447.00
3.1	脚手架材料费	36268.38
3.2	模板材料费	273178.62
4	机械费	211542.50
5	专业分包	222846.00
6	措施费	217760.00
6.1	临时设施费、安全文明费	217760.00
7	管理费	454740.00
7.1	现场管理费	184240.00
7.2	经营管理费	240000.00
7.3	仪器仪表使用费	30500.00
8	其他成本项	104429.50
8.1	生产用电费	77716.90
8.2	生活用水电费	26712.60
	合计	6890305.70

第四节　施工项目成本控制实施

一、施工项目成本控制责任制

施工项目成本控制责任制的主要内容见表 3 - 4 - 1。

表 3 - 4 - 1　　　　　　　施工项目成本控制责任制

人员	内容
项目经理	（1）全面负责项目成本控制工作，项目成本控制的责任中心。 （2）负责项目成本的预测、目标成本、成本控制实施、成本核算、成本分析、考核等工作
合同预算员	（1）根据合同内容、预算定额和有关规定，充分利用有利因素，编好施工图预算。 （2）深入研究合同规定的"开口"项目，在有关管理人员的配合下，努力增加工程收入。 （3）收集工程变更资料，及时办理增加账，保证工程收入，及时归回垫付的资金。 （4）参加对外经济合同的谈判与决策，以施工图预算和增加账为依据，严格经济合同的数量、单价和金额，切实做到"以收定支"

续表

人员	内容
工程技术人员	（1）根据施工现场的实际情况，合理规划施工现场平面布置，为文明施工、减少浪费创造条件。 （2）严格执行工程技术规定，本着以预防为主的方针，确保工程质量，减少零星修补，消灭质量事故，不断降低质量成本。 （3）根据工程特点和设计要求，运用自身的技术优势，采取实用、有效的技术组织措施和合理化建议。 （4）严格执行安全操作规定，减少一般安全事故，消灭重大人身伤亡事故和设备事故，确保安全生产
材料人员	（1）材料采购和构件加工，要选择质高、价低、运距短的供应（加工）单位；对到场的材料、构件要正确计量、认真验收，如遇质量差、量不足的情况，要进行索赔。切实做到：一要降低采购（加工）成本；二要减少采购（加工）过程中的管理损耗。 （2）根据项目施工的计划进度，及时组织材料、构件的供应，保证项目施工的顺利进行，防止因停工待料造成的损失。在构件加工的过程中，要按照施工的顺序组织配料供应，以免因规格不齐造成施工间隙、浪费时间、人力。 （3）在施工过程中，严格执行限额领料制度，控制材料消耗；同时，还要做好余料回收和利用，为考核材料实际消耗水平提供正确的依据。 （4）钢管脚手和钢模板等周转材料，进出现场都要认真清点，正确核实并减少赔偿数量；使用后，要及时回收、整理、堆放，并及时退场，既可节省租费，又有利于场地整洁，还可加速周转，提高利用效率。 （5）根据施工生产的需要，合理安排材料储备，减少资金的占用，提高资金的利用效率
机械管理人员	（1）根据工程特点和施工方案，合理选择机械的型号规格，充分发挥机械的效能，节约机械费用。 （2）根据施工需求，合理安排机械施工，提高机械利用率，减少机械费成本。 （3）严格执行机械维修保养制度，加强平时的机械维修保养，保证机械完好
行政管理人员	（1）根据施工生产的需要和项目经理的意图，合理安排项目管理人员和后勤服务人员，节约工资性支出。 （2）具体执行费用开支标准和有关财务制度，控制将生产性开支。 （3）管好行政办公用的财产物资，防止损失和流失。 （4）安排好生活后勤服务，在勤俭节约的前提下，满足职工群众的生活需要，安心为前方生产出力
财务成本员	（1）按照成本开支范围、费用开支标准和有关财务制度，严格审核各项成本费用，控制成本支出。 （2）建立月度财务收支计划制度，根据施工生产的需要，平衡调度资金，通过控制资金使用，达到控制成本的目的。 （3）建立辅助记录，及时向项目经理和有关项目管理人员反馈信息，以便对资源消耗进行有效控制。 （4）开展成本分析，特别是分部分项工程成本分析、月度综合分析和针对特定的专题分析，要做到及时向项目经理和有关项目管理人员反映情况，找出问题和解决问题的建议，以便采取针对性的措施来纠正项目成本的偏差。 （5）在项目经理的领导下，协助项目经理检查、考核各部门、各单位乃至班组责任成本的执行情况，落实责、权、利相结合的有关规定

二、 施工项目成本控制的方法

1. 一般的施工项目成本控制方法

施工项目成本控制的方法很多，而且有一定的随机性，根据不同情况，采取与之相适应的控制手段和控制方法。

2. 以施工图预算控制成本支出

在施工项目的成本控制中，可按施工图预算，实行"以收定支"，或者叫"量入为出"，是最有效的方法之一。

以施工图预算控制成本支出的具体的处理方法如下：

（1）人工费的控制。假定预算定额规定的人工费单价为 13.80 元，合同规定人工费补贴为 20 元/工日，两者相加，人工费的预算收入为 33.80 元/工日。在这种情况下，项目经理部与施工队签订劳务合同时，应该将人工费单价定在 30 元以下（辅工还可再低一些），其余部分考虑用于定额外人工费和关键工序的奖励费。如此安排，人工费就不会超支，而且还留有余地，以备关键工序的不时之需。

（2）材料费的控制。在按"量价分离"方法计算工程造价的条件下，水泥、钢材、木材等"三材"的价格随行就市，实行高进高出；地方材料的预算价格＝基准价×（1+材差系数）。在对材料成本进行控制的过程中，首先要以上述预算价格来控制地方材料的采购成本；至于材料消耗数量的控制，则应通过"限额领料单"去落实。

由于材料市场价格变动频繁，往往会发生预算价格与市场价格严重背离而使采购成本失去控制的情况。因此，项目材料管理人员有必要经常关注材料市场价格的变动，并积累系统翔实的市场信息；如遇材料价格大幅度上涨，可向"定额管理"部门反映，同时争取甲方按实补贴。

（3）钢管脚手、钢模板等周转设备使用费的控制。施工图预算中的周转设备使用费＝耗用数×市场价格，而实际发生的周转设备使用费＝使用数×企业内部的租赁单价或摊销率。由于两者的计量基础和计价方法各不相同，只能以周转设备预算收费的总量来控制实际发生的周转设备使用费的总量。

（4）施工机械使用费的控制。施工图预算中的机械使用费＝工程量×定额台班单价。由于项目施工的特殊性，实际的机械利用率不可能达到预算定额的取定水平，再加上预算定额所设定的施工机械原值和折旧率又有较大的滞后性，因而使施工图预算的机械使用费往往小于实际发生的施工机械使用费，使得施工机械使用费超支。

由于上述原因，有些施工项目在取得甲方的谅解后，于工程合同中明确规定一定数额的施工机械费补贴。在这种情况下，就可以以施工图预算的机械使用费和增加的机械费补贴来控制机械费支出。

（5）构件加工费和分包工程费的控制。在市场经济体制下，钢门窗、木制成品、混凝土构件、金属构件和成型钢筋的加工，以及打桩、土方、吊装、安装、装饰和其他专项工程（如屋面防水等）的分包，都要通过经济合同来明确双方的权利和义务。在签订这些经济合同的时候，特别要坚持"以施工图预算控制合同金额"的原则，绝不允许合同金额超过施工图预算。根据部分工程的历史资料综合测算，上述各种合同金额的总和约占全部工程造价的 55%～70%。由此可见，将构件加工和分包工程的合同金额控制在

施工图预算以内，是十分重要的。如果能做到这一点，实现预期的成本目标，就有了相当大的把握。

3. 以施工预算控制人力资源和物质资源的消耗

资源消耗数量的货币表现就是成本费用。因此，资源消耗的减少，就等于成本费用的节约；控制了资源消耗，也等于是控制了成本费用。

施工预算控制资源消耗的实施步骤和方法如下：

（1）项目开工以前，应根据设计图纸计算工程量，并按照企业定额或上级统一规定的施工预算定额编制整个工程项目的施工预算，作为指导和管理施工的依据。如果是边设计、边施工的项目，则编制分阶段的施工预算。

在施工过程中，如遇工程变更或改变施工方法，应由预算员对施工预算做统一调整和补充，其他人不得任意修改施工预算，或故意不执行施工预算。

施工预算对分部分项工程的划分，原则上应与施工工序相吻合，或直接使用施工作业计划的"分项工程工序名称"，以便与生产班组的任务安排和施工任务单的签发取得一致。

（2）对生产班组的任务安排，必须签发施工任务单和限额领料单，并向生产班组进行技术交底。施工任务单和限额领料单的内容，应与施工预算完全相符，不允许篡改施工预算，也不允许有定额不用而另行估工。

（3）在施工任务单和限额领料单的执行过程中，要求生产班组根据实际完成的工程量和实际消耗人工、实际消耗材料做好原始记录，作为施工任务单和限额领料单结算的依据。

（4）任务完成后，根据回收的施工任务单和限额领料单进行结算，并按照结算内容支付报酬（包括奖金）。一般情况下，绝大多数生产班组能按质按量提前完成生产任务。因此，施工任务单和限额领料单不仅能控制资源消耗，还能促进班组全面完成施工任务。

为了保证施工任务单和限额领料单结算的正确性，要求对施工任务单和限额领料单的执行情况进行认真的验收和核查。

为了便于任务完成后进行施工任务单（含限额领料单）与施工预算的逐项对比，要求在编制施工预算时对每一个分项工程的工序名称统一编号；在签发施工任务单和限额领料单时，也要按照施工预算的统一编号对每一个分项工程的工序名称进行编号，以便对号检索对比，分析节超。由于施工任务单和限额领料单的数量比较多，对比分析的工作量也很大，可以应用电子计算机来代替人工操作（对分项工程的工序名称统一编号，可为应用电脑创造条件）。

4. 建立资源消耗台账，实行资源消耗的中间控制

资源消耗台账，属于成本核算的辅助记录，在第五章中将进行系统论述。本节仅以"材料消耗台账"为例，说明资源消耗台账在成本控制中的应用。

（1）材料消耗台账的格式和举例。从材料消耗台账的账面数字看：第一项、第二项分别为施工图预算数和施工预算数，也是整个项目用料的控制依据；第三项为第一个月的材料消耗数；第四项、第五项为第二个月的材料消耗数和到第二个月为止的累计耗用

数；以此类推，直至项目竣工为止。

（2）材料消耗情况的信息反馈。项目财务成本员应于每月初根据材料消耗台账的记录，填制"材料消耗情况信息表"，向项目经理和材料部门反馈。

（3）材料消耗的中间控制。由于材料成本是整个项目成本的重要环节，不仅比重大，而且有潜力可挖，如果材料成本出现亏损，必将使整个成本陷入被动。因此，项目经理应对材料成本有足够的重视。

按照以上要求，项目经理和材料部门收到"材料消耗情况信息表"以后，应该做好以下两件事：

1）根据本月材料消耗数，联系本月实际完成的工程量，分析材料消耗水平和节超原因，制订材料节约使用的措施，分别落实给有关人员和生产班组。

2）根据尚可使用数，联系项目施工的形象进度，从总量上控制今后的材料消耗，而且要保证有所节约。这是降低材料成本的重要环节，也是实现施工项目成本目标的关键。

5. 应用成本与进度同步跟踪的方法控制分部分项工程成本

长期以来，都认为计划工作是为安排施工进度和组织流水作业服务的，与成本控制的要求和管理方法截然不同。其实，成本控制与计划管理、成本与进度之间则有着必然的同步关系，即施工到什么阶段，就应该发生相应的成本费用；如果成本与进度不对应，就要作为"不正常"现象进行分析，找出原因，并加以纠正。

为了便于在分部分项工程的施工中同时进行进度与费用的控制，掌握进度与费用的变化过程，可以按照横道图和网络图的特点分别进行处理。

（1）横道图计划的进度与成本的同步控制。在横道图计划中，表示作业进度的横线有两条，一条为计划线，一条为实际线，可用颜色来区别；也可用单线和双线（或细线和粗线）来区别。其中，计划线上的"C"，表示与计划进度相对应的目标成本；实际线下的"C"，表示与实际进度相对应的实际成本。

从横道图可以掌握以下信息：

1）每道工序（即分项工程，下同）的进度与成本的同步关系，即施工到什么阶段，就将发生多少成本。

2）每道工序的计划施工时间与实际施工时间（从开始到结束）之比（提前或拖期），以及对后道工序的影响。

3）每道工序的目标成本与实际成本之比（节约或超支），以及对完成某一时期责任成本的影响。

4）每道工序施工进度的提前或拖期对成本的影响程度（如蟹斗挖土提前一天完成，共节约机械台班费和人工费等 752 元）。

5）整个施工阶段的进度和成本情况（如基础阶段共提前进度 2 天，节约成本费用7245 元，成本降低率达到 6.96％）。

通过进度与成本同步跟踪的横道图，要求实现：

a. 以计划进度控制实际进度。

b. 以目标成本控制实际成本。

c. 随着每道工序进度的提前或拖期，对每个分项工程的成本实行动态控制，以保证项目成本目标的实现。

（2）网络图计划的进度与成本的同步控制。网络图计划的进度与成本的同步控制，与横道图计划有异曲同工之处。所不同的是，网络计划在施工进度的安排上更具逻辑性，而且可在破网后随时进行优化和调整，因而对每道工序的成本控制也更为有效。

网络图的表示方法为：代号为工序施工起止的节点（系指双代号网络）；箭杆表示工序施工的过程；箭杆的下方为工序的计划施工时间；箭杆上方"C"后面的数字为工序的目标成本（以千元为单位）；实际施工的时间和成本，则在箭杆附近的方格中按实填写」。这样的表示方法就能从网络图中看到每道工序的计划进度与实际进度、目标成本与实际成本的对比情况，同时也可清楚地看出今后控制进度、控制成本的方向。

6. 建立项目月度财务收支计划制度，以用款计划控制成本费用支出

作为成本分析控制手段之一的成本分析表，包括最终成本控制报告表（见表 3-4-2）和月度成本分析表，其中，月度成本分析表又分为直接成本分析表（见表 3-4-3）和间接成本分析表（见表 3-4-4）。

（1）以月度施工作业计划为龙头，并以月度计划产值为当月财务收入计划，同时由项目各部门根据月度施工作业计划的具体内容编制本部门的用款计划。

（2）项目财务成本员应根据各部门的月度用款计划进行汇总，并按照用途的轻重缓急平衡调度，同时提出具体的实施意见，经项目经理审批后执行。

（3）在月度财务收支计划的执行过程中，项目财务成本员应根据各部门的实际用款做好记录，并于下月初反馈给相关部门，由各部门自行检查分析节超原因，吸取经验教训。对于节超幅度较大的部门，应以书面分析报告分送项目经理和财务部门，以便项目经理和财务部门采取针对性的措施。

建立项目月度财务收支计划制度的优点：

（1）根据月度施工作业计划编制财务收支计划，可以做到收支同步，避免支大于收造成资金紧张。

（2）在实行月度财务收支计划的过程中，各部门既要按照施工生产的需要编制用款计划，又要在项目经理批准后认真贯彻执行，这就将使资金使用（成本费用开支）更趋合理。

（3）用款计划经过财务部门的综合平衡，又经过项目经理的审批，可使一些不必要的费用开支得到严格的控制。

7. 建立项目成本审核签证制度，控制成本费用支出

过去，项目施工需要的各种资源，一般由企业集中采购，然后直接划转或按比例分配给项目，形成项目的成本费用。因此，项目经理和项目管理人员对成本费用的内涵不甚了解，也无须审核，一律照单全收，更谈不上进行控制。

引进市场经济机制以后，需要建立以项目为成本中心的核算体系，即所有的经济业务，不论是对内或对外，都要与项目直接对口。在发生经济业务的时候，首先要由有关项目管理人员审核，最后经项目经理签证后支付。这是项目成本控制的最后一关，必须十分重视。其中，以有关项目管理人员的审核尤为重要，因为他们熟悉自己分管的业

表3-4-2

项目名称_____

最终成本控制报告表

年　月　份　　　　单位：元

成本项目	到本月为止的累计成本（元）				预计到竣工还将发生的成本（元）				最终成本预测（元）			
进度 已完主要实物进度 造价 预算造价	已完累计产值				到竣工尚有主要实物进度 到竣工尚可报产值				预测最终工程造价			
	预算成本	实际成本	降低额	降低率	预算成本	实际成本	降低额	降低率	预算成本	实际成本	降低额	降低率
甲	1	2	3=1-2	4=3÷1	5	6	7=5-6	8=7÷5	9=1+5	10=2+6	11=9-10	12=11÷9
一、直接成本												
人工费												
材料费												
其中：结构件												
周转材料费												
机构使用费												
4. 其他直接费												
二、间接成本												
现场管理人员工资												
办公费												
差旅交通费												
固定资产使用费												
物资消耗费												
低值易耗品摊销费												
财产保险费												
检验试验费												
工程保修费												
工程排污费												
其他												
三、合计												

表 3 - 4 - 3

年　　月　份

月度直接成本分析表

单位：元

分项工程编号	分项工程工序名称	实物单位	实物工程量				预算成本		目标成本		实际成本		实际偏差		目标偏差	
			计划		实际		本月	累计	本月	累计	本月	累计	本月	累计	本月	累计
			本月	累计	本月	累计							$11=5-9$	$12=6-10$	$13=7-9$	$14=8-10$
甲	乙	丙	1	2	3	4	5	6	7	8	9	10				

表 3 - 4 - 4

年　　月　份

月度间接成本分析表

项目名称

单位：元

间接成本编号	间接成本项目	产值		预算成本		目标成本		实际成本		实际偏差		目标偏差		占产值的百分数（%）	
		本月	累计	本月	累计	本月	累计	本月	累计	本月	累计	本月	累计	本月	累计
										$9=3-7$	$18=4-8$	$11=5-7$	$12=6-8$	$13=7\div1$	$14=8\div2$
甲	乙	1	2	3	4	5	6	7	8						

务，有一定的权威性。

审核成本费用的支出，必须以有关规定和合同为依据，主要有：

（1）国家规定的成本开支范围。

（2）国家和地方规定的费用开支标准和财务制度。

（3）内部经济合同。

（4）对外经济合同。

由于项目的经济业务比较繁忙，如果事无巨细都要由项目经理"一支笔"审批，难免分散项目经理的精力，不利于项目管理的整体工作。因此，可从实际出发，在需要与可能的条件下，将不太重要、金额又小的经济业务授权财务部门或业务主管部门代为处理。

8. 加强质量管理、控制质量成本

（1）质量成本的构成。质量成本是指为保证满意的质量而发生的费用以及没有达到满意的质量所造成的损失。

施工项目质量成本的构成见表 3-4-5。

表 3-4-5　　　　　　　　　　　　质量成本构成

成本构成项目	预防成本	含义	包含的费用项目
控制成本	鉴定成本	为了确保工程质量而进行预防工作所发生的费用，即为使故障成本和鉴定成本减到最低限度所需要的费用	（1）质量工作计划费 （2）工序能力控制、研究费 （3）质量信息费 （4）质量管理教育费 （5）质量管理活动费
	内部故障成本	为了确保工程质量达到质量标准要求而对工程本身以及对材料、构配件、设备进行质量鉴别所需要的一切费用	（1）材料检验费 （2）工序质量检验费 （3）竣工检验费 （4）机械设备试验、维修费
故障成本	外部故障成本	在施工过程中，由于工程本身的缺陷而造成的损失以及为处理缺陷所发生的费用之和	（1）返工损失 （2）返修损失 （3）事故分析处理费 （4）停工损失 （5）质量过剩支出 （6）技术超前支出
	预防成本	工程交付使用后发现质量缺陷，受理用户提出的申诉而进行的调查、处理所发生的一切费用	（1）回访保修费 （2）劣质材料额外支出 （3）索赔费用

（2）质量成本分析。质量成本分析是根据质量成本核算的资料进行归纳、比较和分析，找出影响成本的关键因素，从而提出改进质量和降低成本的途径，进一步寻求最佳质量成本。质量成本分析的内容有：

1）质量成本总额的构成内容分析。

2）质量成本总额的构成比例分析。

3）质量成本各要素之间的比例关系分析。

4）质量成本占预算成本的比例分析。

现结合示例说明：

某工程项目2017年上半年完成预算成本10368750元，发生实际成本9741912.5元，其中质量成本366205元。质量成本分析见表3-4-6。

从表3-4-6可以看出，质量成本总额占预算成本3.53%，比一般工程的降低成本水平还要高，特别是内部故障成本的比例（占预算成本2.61%，占质量成本总额73.78%）更为突出。但是，预防成本只占预算成本的0.32%，占质量成本总额也只有9.09%，说明在质量管理上没有采取有效的预防措施，以致返工损失、返修损失以及由此而发生的停工损失明显增加。

表3-4-6　　　　　　　　　　　质量成本分析表

质量成本项目		金额（元）	质量成本率（%）		对比分析（%）
			占本项	占总额	
预防成本	质量管理工作费	3450	10.43	0.95	预算成本10368750元，实际成本9741912.5元，降低成本626837.5元，成本降低率6.50%。 （1）质量成本/实际成本＝366205/3896765×100%＝3.76%。 （2）质量成本/预算成本＝366205/10368750×100%＝3.53%。 （3）预防成本/预算成本＝33290/10368750×100%＝0.32%。 （4）鉴定成本/预算成本＝22512.5/10368750×100%＝0.22%。 （5）内部故障成本/预算成本＝270197.5/10368750×100%＝2.61%。 （6）外部故障成本/预算成本＝40205/10368750×100%＝0.39%
	质量情报费	2135	6.41	0.58	
	质量培训费	4687.5	14.08	1.28	
	质量技术宣传费	—	—	—	
	质量管理活动费	22995	69.08	6.28	
	小计	33290	100	9.08	
鉴定成本	材料检验费	2885	12.81	0.79	
	工序质量检查费	19627.5	87.19	5.36	
	小计	22512.5	100	6.15	
内部故障成本	返工损失	134557.5	49.8	36.74	
	返修损失	69997.5	25.91	19.11	
	事故分析处理费	4890	1.81	1.34	
	停工损失	6220	2.3	1.7	
	质量过剩支出	54532.5	20.18	14.89	
	技术超前支出费	—	—	—	
	小计	270197.5	100	73.76	
外部故障成本	回访修理费	11085	27.57	3.03	
	劣质材料额外支出	29120	72.43	7.95	
	小计	40205	100	10.98	
质量成本支出额		366205	100	100	

（3）质量成本控制。根据上述分析资料，对影响质量成本较大的关键因素，采取有效措施，进行质量成本控制。质量成本控制表见表3-4-7。

表 3-4-7   **质量成本控制表**

关键因素	措施	执行人、检查人
降低返工、停工损失，将其控制在占预算成本的1%以内	(1) 对每道工序事先进行技术质量交底。 (2) 加强班组技术培训。 (3) 设置班组质量员，把好第一道关。 (4) 设置施工队技监点，负责对每道工序进行质量复检和验收。 (5) 建立严格的质量奖罚制度，调动班组积极性	
减少质量过剩支出	(1) 施工员要严格掌握定额标准，力求在保证质量的前提下，使人工和材料消耗不超过定额水平。 (2) 施工员和材料员要根据设计要求和质量标准，合理使用人工和材料	
健全材料验收制度，控制劣质材料额外损失	(1) 材料员在对现场材料和构配件进行验收时，发现劣质材料时要拒收，退货，并向供应单位索赔。 (2) 根据材料质量的不同，合理加以利用以减少损失	
增加预防成本，强化质量意识	(1) 建立从班组到施工队的质量 QC 攻关小组。 (2) 定期进行质量培训。 (3) 合理地增加质量奖励，调动职工积极性	

三、 降低施工项目成本的途径和措施

降低施工项目成本的途径和措施见表 3-4-8。

表 3-4-8   **降低施工项目成本的途径和措施**

途径	措施
认真审图纸，积极提出修改意见	施工单位应该在满足用户要求和保证质量的前提下，联系项目的主客观条件，对设计图纸进行认真会审，并能提出修改意见，在取得用户和设计单位同意后，修改设计图纸，同时办理增减账
制订先进的、经济合理的施工方案	(1) 施工方案主要包括四项内容：施工方法的确定、施工机具的选择、施工顺序的安排和流水施工的组织。正确选择施工方案是降低成本关键所在。 (2) 制定施工方案要以合同工期和上级要求为依据，联系项目的规模、性质、复杂程度、现场条件、装备情况、人员素质等因素综合考虑。 (3) 同时制订两个或两个以上的先进可行的施工方案，以便从中优选最合理、最经济的一个
落实技术组织措施	(1) 项目应在开工前根据工程情况制定技术组织计划，在编制月度施工作业计划的同时，作为降低成本计划的内容编制月度技术组织措施计划。 (2) 应在项目经理的领导下明确分工：由工程技术人员制订措施，材料人员提供材料，现场管理人员和班组负责执行，财务成本员结算节约效果，最后由项目经理根据措施执行情况和节约效果对有关人员进行奖励，形成落实技术组织措施的一条龙

续表

途径	措施
组织均衡施工，加快施工进度	（1）凡按时间计算的成本费用，在加快施工进度缩短施工周期的情况下，都会有明显的节约。除此之外，还可从用户那里得到一笔提前竣工奖。 （2）为加快施工进度，将会增加一定的成本支出。因此在签订合同时，应根据用户和赶工的要求，将赶工费列入施工图预算。如果事先并未明确，而由用户在施工中临时提出要求，则应该请用户签字，费用按实计算。 （3）在加快施工进度的同时，必须根据实际情况，组织均衡施工，确实做到快而不乱以免发生不必要的损失
降低材料成本	（1）节约采购成本，选择运费少、质量好、价格低的供应单位。 （2）认真计量验收，如遇数量不足、质量差的情况，要进行索赔。 （3）严格执行材料消耗定额，通过限额领料落实。 （4）正确核算材料消耗水平，坚持余料回收。 （5）改进施工技术，推广新技术、新工艺、新材料。 （6）利用工业废渣，扩大材料代用。 （7）减少资金占用，根据施工需要合理储备。 （8）加强现场管理，合理堆放，减少搬运，减少仓储和堆积损耗
提高机械的利用率	（1）结合施工方案制订，从机械性能、操作运行和台班成本等因素综合考虑，最适合项目施工特点的施工机械，要求做到既实用又经济。 （2）做好工序、工种机械施工的组织工作，最大限度地发挥机械效能；同时对机械操作人员的技能也有一定的要求，防止因不规范操作或操作不熟练影响正确施工，降低机械利用率。 （3）做好平时的机械的维修保养工作，严禁在机械维修时将零件拆东补西，人为地损坏机械
用好用活激励机制，调动职工增产节约的积极性	（1）用好用活激励机制，应从项目施工的实际情况出发，有一定的随机性，核心是调动好积极性。 （2）对关键工序施工的关键班组要实行重奖。 （3）对材料操作损耗特别大的工序，可由生产班组直接承包。 （4）实行钢模零件和脚手螺丝有偿回收。 （5）实行班组落手清承包

第五节　施工项目成本核算

一、施工项目成本核算的对象、任务和要求

1. 施工项目成本核算的对象

施工项目成本一般以每一独立编制施工图预算的单位工程为成本核算对象，但也可以按照承包工程项目的规模、工期、结构类型、施工组织和施工现场等情况，结合成本控制的要求，灵活划分成本核算对象。一般说来有以下几种划分的方法：

（1）一个单位工程由几个施工单位共同施工时，各施工单位都应以同一单位工程为成本核算对象，各自核算自行完成的部分。

（2）规模大、工期长的单位工程，可以将工程划分为若干部位，以分部位的工程作为成本核算对象。

（3）同一建设项目，由同一施工单位施工，并在同一施工地点，属于同一建设项目的各个单位工程合并作为一个成本核算对象。

（4）改建、扩建的零星工程，可根据实际情况和管理需要，以一个单项工程为成本核算对象，或将同一施工地点的若干个工程量较少的单项工程合并作为一个成本核算对象。

2. 施工项目成本核算的基本任务

（1）执行国家有关成本的有关规定，包括开支范围、费用开支标准、工程预算定额和企业施工预算、成本计划的规定，控制费用，促使项目合理、节约地使用人力、物力和财力。这是施工项目成本核算的先决前提和首要任务。

（2）正确及时地核算施工过程中发生的各项费用，计算施工项目的实际成本。这是施工项目成本核算的主体和中心任务。

（3）反映和监督施工项目成本计划的完成情况，为施工项目成本预测，为参与项目施工生产、技术和经营决策提供可靠的成本报告和有关资料，促使项目改善经营管理，降低成本，提高经济效益。这是施工项目成本核算的根本目的。

3. 施工项目的成本核算遵守的基本要求

（1）划清成本、费用支出和非成本费用支出的界限。这是指划清不同性质的支出，即划清资本性支出和收益性支出与其他支出，营业支出与营业外支出的界限。这个界限也就是成本开支范围的界限。

（2）正确划分各种成本、费用的界限。这是指对允许列入成本、费用开支范围的费用支出，在核算上应划清的几个界限：划清施工项目工程成本和期间费用的界限；划清本期工程成本与下期工程成本的界限；划清不同成本核算对象之间的成本界限；划清未完工程成本与已完工程成本的界限。

4. 施工项目成本计算期

建筑产品所固有的多样性和单件性的特点，决定了建筑产品属于批件生产类型，应采用分批（定单）法进行成本核算，将生产费用按成本核算对象和成本项目进行归集与分配，按照工程价款结算时间与成本结算时间相一致的原则，对办理完工程价款结算的已完工程，同时结算实际成本，形成表3-5-1所示的关系。

表3-5-1 成本计算期

序号	项目	说明
1	成本计算方法	分批（定单）法
2	生产类型	单件、小批
3	成本核算对象	工程合同中的某个（或某批）单位工程
4	成本计算期	原则：以季为计算期，有条件以月为计算期。 要求： （1）定期计算：采用按月结算工程价款的工程，以月为计算期。 （2）不定期计算：采用按期结算工程价款的工程，以办理结算的当月为计算期

续表

序号	项目	说明
5	生产费用在已完工程和未完工程之间的分配	（1）按月结算工程价款的方式： 1）未完工程价值较小的，一般可不分配。 2）未完工程价值较大的，应予分配。 （2）按合同规定的结算期结算工程价款的方式： 1）分段结算工程。一般需在两者之间进行分配。 2）竣工后一次结算工程结算前为未完工程费用，结算后为已完工程费用

二、施工项目成本核算的基础工作

1. 施工项目成本会计的账表

项目经理部应根据会计制度的要求，设立核算必需的账户，进行规范的核算；编制项目资产负债表、损益表及项目有关的成本表、费用表。正式"成本会计"账表定为"三账四表"：工程施工账（项目成本明细账、单位工程成本明细账）、施工间接费账、其他直接费账；项目工程成本表、在建工程成本明细表、竣工工程成本明细表和施工间接费表。

以下根据所附报表格式（见表3-5-2～表3-5-7）说明各类报表的钩稽关系，项目经理部填列报表时同理操作。

表3-5-2　　　　　　　某市施工企业20××年×月度会计报表

编报单位：某建筑工程公司　　　　　　　20××年×月

机行次	项目	行次	本月数（元）	本年累计数（元）
1	一、增值税			
2	（1）期初未交数（多交或未抵扣数用负号填列）	1	−2568191.48	842029.20
3	（2）销项税额	2	1371131.25	6920388.63
4	出口退税	3		
5	进项税额转出	4	39214.55	195182.68
6		5		
7	（3）进项税额	6	3605341.80	11504679.50
8	已交税金	7	222.83	1216331.30
9		8		
10	（4）期末未交数	9	−4763410.30	4763410.30
11	二、消费税			
12	（1）期初未交数（多交或未抵扣数用负号填列）	10		
13	（2）应交数	11		
14	（3）已交数	12		
15	（4）期末未交数	13		
16	三、营业税			
17	（1）期初未交数（多交数用负号填列）	14	6155211.63	4585815.45
18	（2）应交数	15	5438045.00	23413951.70
19	（3）已交数	16	6155211.63	22561721.40

续表

机行次	项目	行次	本月数（元）	本年累计数（元）
20	（4）期末未交数（多交数用负号填列）	17	5438045.75	5438045.75
21	四、城乡建设维护税			
22	（1）期初未交数（多交数用负号填列）	18	430968.48	379949.15
23	（2）应交数	19	380696.53	1667463.25
24	（3）已交数	20	430929.40	1666676.80
25	（4）期末未交数（多交数用负号填列）	21	380735.60	380735.60
26	五、土地增值税			
27	（1）期初未交数（多交数用负号填列）	22		
28	（2）应交数	23		
29	（3）已交数	24		
30	（4）期末未交数（多交数用负号填列）	25		
31	六、企业所得税			
32	（1）期初未交数（多交数用负号填列）	26		
33	（2）应交数	27		
34	（3）已交数	28		
35	（4）期末未交数（多交数用负号填列）	29		

行政领导人：　　　　　　　　　　总会计师：

表 3 - 5 - 3　　　　　　　　　　某市施工企业月度会计报表

编报单位：某建筑工程公司

机行次	项目	行次	本月数（元）	本年累计数（元）
1	一、工程结算收入	1	116754856.5	503553659.8
2	减：工程结算成本	2	113913316.5	459442857
3	工程结算税金及附加	3	5556093.725	23923961.28
4	二、工程结算利润	4	−2714553.75	20186841.6
5	加：其他业务利润	5	4279321.425	14397494.9
6	减：管理费用	6	620181.275	30592520.2
7	财务费用	7	641.05	177955.375
8	三、营业利润	8	943945.35	3813860.925
9	加：投资收益	9	390000	1195500
10	补贴收入	10		
11	营业外收入	11	215877	3279877.4
12	用含量工资结余弥补利润	12		
13				
14				
15	减：营业外支出	13	94059.675	166429.675
16	结转的含量工资结余	14		
17	四、利润总额（亏损以"—"号表示）	15	1455762.675	8122808.65

会计主管人员：　　　　　　　　　　制表人：

表 3 - 5 - 4

工程成本表

编报单位：某建筑工程公司　　　　　　　　　　　　　　　　　　　　　　　　　　　　　　　　　　　　单位：元

项目	行次	本期数				累计数			
		预算成本	实际成本	降低额	降低率	预算成本	实际成本	降低额	降低率
		1	2	3	4	5	6	7	8
人工费	1	13216330	-979572	14195902	107.41%	40536378	3226518	37309860	92.04%
外清包人工费	2		7233819	-7233819			30624441	-30624441	
材料费	3	50848563	55561512	-4712950	-9.27%	208125272	200455817	7669454	3.69%
结构件	4	10834908	10496643	338265	3.12%	82969597	74616751	8352846	10.07%
周转材料费	5	4461570	11208691	-6747121	-151.23%	20169108	32661543	-12492435	-61.94%
机械使用费	6	6777323	5029418	1747904	25.79%	38217203	31708616	6508586	17.03%
其他直接费	7	774603	1934197	-1159594	-149.70%	7687645	18627799	-10940154	-142.31%
间接成本	8	8823210	10849534	2026324	-22.97%	39070643	40676051	-1605408	-4.11%
工程成本合计	9	95736505	101334242	-5597737	-5.85%	436775845	432597537	417308	0.96%
分建成本	10	13049776	12579075	470702	3.61%	28086018	26845320	1240698	4.42%
工程结算成本合计	11	108786281	113913316	-5127035	-4.71%	464861863	459442857	5419006	1.17%
工程结算其他收入	12	7968575	5556094	2412481	30.27%	3691797	23923961	14767835	38.17%
工程结算成本总计	13	116754856	119469410	-2714554	-2.33%	503553660	483366818	20186842	4.01%

企业负责人：　　　　　　　　　财会负责人：　　　　　　　　　制表人：

表 3 - 5 - 5

在建工程成本明细表

编报单位：某建筑工程公司　　　　　　　　　　　　　　　　　　　　　　　　　单位：元

本月数

单位名称	预算成本	人工费	外包费用	材料费	周转材料费	结构件	机械费	其他直接费
幸福花园项目部	31280708	29590	2193425	9289769	6974255	4338030	1124716	540198
观园项目部	19889858	348935	1886428	8667348	2755482	2844647	1618304	147070
紫金小区项目部	35688785	243728	842610	21070096	511328	536056	699152	1007330
向上城项目部	5210341		17250	258093	173777			
西溪小区项目部	11238703	293430	706375	3520687	763034	2914095	648284	89793
华北区域公司	5477888	151094	376208	2541895			12051	149805
华南区域公司		-717552	211523	-482655	-53538	-136185	197536	
华东区域公司		10453	1000000				-158580	
华西区域公司		-1339249		-497441	84353		-315171	
总部							1203125	
合计	108786281	-979572	7233819	55561512	11208691	10496643	5029418	1934197

本月数

单位名称	施工间接费	分包成本	实际成本合计	降低额	降低率	工程其他收入	预算成本	实际成本
幸福花园项目部	6473889		30963871	316836		1614183	113095628	105461614
观园项目部	955836	8420738	19224050	665808		1608618	116392793	108269212
紫金小区项目部	785531	4050137	34116569	1572216		2497568	104175983	110454920
向上城项目部			4499257	711084		488272	854338	450099
西溪小区项目部	1633519		10569217	669486		804493	64649680	53870429
华北区域公司	462496	108200	3801750	1676138		928905	32622418	27665643
华南区域公司	-33880		-1014749	1014749		26538		820365
华东区域公司	136639		-11488	11488				1001278
华西区域公司	435504		-632003	632003				-1418803
总部			12396844	-12396844				
合计	10849534	12579075	113913316	-5127035		7968575	431790839	406574757

续表

单位名称	本年度累计		工程其他收入	预算成本	实际成本	跨年度累计		工程其他收入
	降低额	降低率				降低额	降低率	
幸福花园项目部	7634014	6.75%	5558927	503022221	494626304	8395917	1.67%	18382304
观园项目部	8123581	6.98%	10325845	312324248	310141387	2182860	0.70%	14240358
紫金小区项目部	-6278937	-6.03%	8255027	300583153	305275162	-4692009	-1.56%	14042228
向上城项目部	404239	47.32%	2175552	74352081	72326791	2025290	2.72%	2175552
西溪小区项目部	10779251	16.67%	5348503	204578803	199941882	4636921	2.27%	8392398
华北区域公司	4956775	15.19%	4090455	195285609	189827028	5458581	2.80%	8494315
华南区域公司	-820365		33455		2243835	-2243835		51642
华东区域公司	-1001278				1001278	-1001278		
华西区域公司	1418803		23952		1418803	1418803		23952
总部								
合计	25216082	5.84%	35811715	1590146113	1573964864	16181249	1.02%	65802748

单位负责人：　　　　成本员：　　　　编报日期：

表 3-5-6　　　　竣工工程成本明细表

单位名称	人工费（元）			材料费（元）		周转材料费（元）		结构件费用（元）	
	预算	实际	外包费用	预算	实际	预算	实际	预算	实际
幸福花园项目部	2022888	303329	2171292	10611650	7913063	1275523	2229639	13803070	12211608
观园项目部	1835593	1985535	-23532	7323535	7799423	1712853	3861755	4891997	4852769
紫金小区项目部	4570988	1964969	5662753	20726717	21952005	1870565	6145782	13086319	9473720
向上城项目部	2125035	484662	1798574	14630523	11982600	2547295	2309701	15112008	12672772
西溪小区项目部				27022200	-166973		1794343		5691721
华北区域公司	1249943	729782	5375873		19550607				
华南区域公司									
华东区域公司									
华西区域公司									
总部					21776027				
合计	11804445	5468277	14984960	80314624	90806752	7406235	16341220	46893394	44902591

续表

单位名称	机械费（元）		其他直接费（元）		施工间接费（元）		分建成本（元）		合计（元）
	预算	实际	预算	实际	预算	实际	预算	实际	预算成本
幸福花园项目部	784413	1828777	−23790	130068	1712788	3832906	9352825	9268060	30186540
观园项目部	1300940	1420017	−7138	25000	1724655	5190577	8405725	8420738	28135259
紫金小区项目部	3143595	3618981	196910	341374	3688933	−6496538	7113255	6683869	55689751
向上城项目部	3492053	3167860	165310		3906802	4344594			49092279
西溪小区项目部		−1199115		2992254					
华北区域公司	769915	463680		−73008	2873235	1728629	3227343	2708695	35142635
华南区域公司									
华东区域公司									
华西区域公司									
总部		1430454							
合计	9490915	10730654	331293	3415687	13906412	8600168	28099148	27081361	19824664

单位名称	实际成本（元）	降低额（元）	降低率	工程其他收入（元）	合计数中属于本年度的				
					预算成本（元）	实际成本（元）	降低额（元）	降低率	工程其他收入（元）
幸福花园项目部	30620682	−434142	−1.44%	30520	−1784963	−302939	−1482023	83.03%	30520
观园项目部	34379604	−6244345	−22.19%	228764	9642212	12567368	−2925157	−30.34%	123744
紫金小区项目部	51083782	4605969	8.27%	1306535	11530334	−1720350	13250684	144.92%	697915
向上城项目部	43444632	5647647	11.50%	2027903	9875107	8583939	1291167	13.07%	2027903
西溪小区项目部	9112231	−9112231				9112456	−9112231		
华北区域公司	30484258	4658377	13.26%		3808335	1421370	2386966	62.68%	
华南区域公司									
华东区域公司									
华西区域公司									
总部	23206482	−23206482				23206482	−23206482		
合计	222231671	−24085206	−12.15%	3593722	33071024	52868100	−19797076	−59.86%	−2880082

单位负责人：　　　　　　　　　　　成本员：　　　　　　　　　　　编报日期：

表 3 - 5 - 7　　　　　　　　费用表

编报单位：某建筑工程公司　　　　　　　　　　　　　　　　单位：元

行次	项目	管理费用	财务费用	施工间接费	小计	备注
1	工作人员薪金					
2	职工福利费					
3	工会经费					
4	职工教育经费					
5	差旅交通费					
6	办公费					
7	固定资产使用费					
8	低值易耗品摊销					
9	劳动保护费					
10	技术开发费					
11	业务活动经费					
12	各种税金					
13	上级管理费					
14	劳保统筹费					
15	离退休人员医疗费					
16	其他劳保费用					
17	利息支出					
17－1	其中：利息收入					
18	银行手续费					
19	其他财务费用					
20	内部利息					
21	资金占用费					
22	房改支出					
23	坏账损失					
24	保险费					
25						
26						
27	其他					
28	合计					

行政领导人：　　　　　　　　财会主管人员：　　　　　　　　编表人：

2. 施工项目成本核算的 "管理会计" 台账 (见表3-5-8)

表3-5-8   施工项目成本核算的"管理会计"台账

序号	台账名称	责任人	原始资料来源	设置要求
1	产值构成台账	统计员	"已完工程验工月板"	反映施工产值的费用项目组成
2	预算成本构成台账	统计员 预算员	"已完工程验工月板"及 "竣工结算账单"	反映预算成本按成本项目的折算情况
3	增减账台账	预算员	增减账资料	反映单位工程在施工过程中因工程变更而发生的工程造价的变更情况，以及按实调整的事项和金额
4	人工耗用台账	经济员	劳动合同结算单	反映内包工和外包工的用工情况
5	材料耗用台账	料具员	入库单，限额领料单	反映月度分部分项收、发、存数量金额
6	结构件耗用台账	构件员	结构耗材费用月报	反映单位工程主要结构件的耗用情况
7	周转材料使用台账	料具员	周转材料租用结算单	反映单位工程周转材料的租用和赔偿情况
8	机械使用台账	经济员	机械租赁月报	反映单位工程的机械租赁情况
9	临时设施（专项工程）台账	料具员 （经济员）	搭拆临时设施耗工、耗料等资料	反映临时设施的搭拆情况
10	技术措施执行情况台账	工程师 预算员 成本员	措施项目、工程量和措施内容，节约效果	反映单位工程技术组织措施的执行和节约效果，检查和分析技术组织措施的执行情况
11	质量成本台账	施工员 技术员 经济员	用于技措项目的报耗实物量费用原始单据	反映保证和提高工程项目质量而支出的有关费用
12	甲供料台账	核算员 料具员	建设单位（总承包单位）提供的各种材料构件验收、领用单据（包括三料交料情况）	反映供料实际数据、规格、损坏情况
13	分包合同台账	成本员	有关合同副本应交项目成本员备案，以便登记和结算	反映项目经理部与有分包商签订的主要经济合同的签约、履行、结算等情况

表3-5-8中所列各种台账的表格见表3-5-9～表3-5-21。

表 3 - 5 - 9

产值构成台账

单位工程名称：

年　月　日　份

日期		工作量（万元）	预算成本			记账数合计	2.5%大临费	工程成本表预算成本合计	计划利润 4%已减让利	装备费 3%全部	劳保基金 1.92%全部	二税一费	二站费用	双包费用	机械分包
年	月		高进高出系数材差	直接费、间接费	利息										

制表人：

表 3 - 5 - 10

预算成本构成台账

单位工程名称：

结构：　　面积（m²）：　　预算造价：　　竣工决算造价：

	人工费	材料费	周转材料费	结构件	机械使用费	其他直接费	施工间接费	分建成本	合计	备注
原合同数										
增减账										
竣工决算数										
逐月发生										

表 3 - 5 - 11：

单位工程增减账台账

单位工程名称：

编号	日期		内容	金额	其中：直接费部分						签证状况		
	年	月			人工费	材料费	周转材料费	结构件	机械费	其他直接费	已送审	已签证	已报工作录
1													
2													
3													
4													
...													

表 3 - 5 - 12

人工耗用台账

单位工程名称：

日期		内包工		外包工		其他		合计		备注
年	月	工日数	金额	工日数	金额	工日数	金额	工日数	金额	

表 3 - 5 - 13

主要材料耗用台账

单位工程名称：

日期		材料名称	水泥	水泥	水泥	砂子	石子	统一砖	20孔	水灰	纸筋灰	商品混凝土	沥青	玻璃	油毛毡	瓷砖	地砖	陶瓷锦砖
年	月	规格	32.5级	42.5级	52.5级		统											
		单位	t	t	t	t	t	万块	万块	t	t	m³	t	m²	卷	块	块	m²
		合同预算数																
		增加账																
		实际耗用数																

表 3 - 5 - 14

结构件耗用台账

单位工程名称：

年 月 日	构件名称	钢窗	钢门	钢框	木门	木窗	其他木制品	多孔板	槽形板	阳台板	扶梯梁	扶梯板	过梁	小构件	成型钢筋	金属制品	铁制品
	规格																
	单位	m²	m²	m²	m²	m²	元	m²	m²	m²	m²	m²	m²	m²	t	t	t
	计划单价																
	预算用量																
	增减账																
	实际耗用量																

表 3 - 5 - 15

周转材料使用台账

单位工程名称：

年 月 日	名称	组合钢模		钢管脚手		脚手扣件		回形销		山字夹		毛竹		海底笆		钢木脚手板		木模		组合钢模赔损		合计
	单位	m²		套		只		只		只		支		块		块		m²		m²		金额
	单价																					
	摘要	数量	金额	数量	金额	数量	金额	数量	金额	数量	金额	数量	金额	数量	金额	数量	金额	数量	金额	数量	金额	
	施工预算用量																					

表 3 - 5 - 16　　机械使用台账

单位工程名称：

机械名称

型号规格

年	月	台班	单价	金额	台班	单价	金额	台班	单价	金额	台班	单价	金额	台班	单价	金额	金额合计

表 3 - 5 - 17　　临时设施（专项工程）台账

单位工程名称：

日期		人工		机具棚	材料库	办公室	休息室	木材	砂子	石子	砖	门窗	屋架	石棉瓦	水电料	其他	活动房	机械费	金额合计
年	月	工日	金额	m²　元	m²　元	m²　元	m²　元	m³	t	t	万元	m²		张	元	元	元	元	
逐月消耗																			

日期		宿舍	食堂	浴室	化灰池	储水池	道路	围墙	水电料	金额合计
年	月	m²　元	m²　元	m²　元	m³　元	m³　元	元	元	元	
化制建成										
救处记录										

表 3 - 5 - 18：　　　　　　　　**技术措施执行台账**

单位工程名称：

年		分部分项工程项目	单位	工程量	掺用原状粉煤灰代砂子	掺用石屑代砂子	掺用磨细粉煤灰节约水泥	掺用木质素节约水泥	使用碎砖三合土代道砟	使用散装水泥	金额合计
月	日										
1	30	钢筋混凝土带基础 C20	m³								
		基础墙 MU10	m³								
		本月合计									
		开工起累计									

表 3 - 5 - 19：　　　　　　　　**质量成本台账**

单位工程名称：

质量成本科目			
预防成本	质量工作费		
	质量培训费		
	质量奖励费		
	在建产品保护费		
	工资及福利基金		
	小计		
鉴定成本	材料检验费		
	构件检验费		
	计量工具检验费		
	工资及福利基金		
	小计		

续表

	质量成本科目									
内部故障成本	操作返修损失									
	施工方案失误损失									
	停工损失									
	事故分析处理费									
	质量罚款									
	质量过剩支出									
	外单位损坏返修损失									
	小计									
外部故障成本	保护期修补									
	回访管理费									
	诉讼费									
	索赔费用									
	经营损失									
	小计									
外部保证成本	评审费用									
	评审管理费									
	质量成本总计									
	（质量成本/实际成本）×100%									

表 3 - 5 - 20　　　　　　　　甲供料台账

单位工程名称：

年		凭证		摘要	供料情况				结算方式			经办人	备注
月	日	种类	编号		名称	规格	单位	数量	结算方式	单价	金额		

表 3 - 5 - 21　　　　　　　　分包合同台账

单位工程名称：

序号	合同名称	合同编号	签约日期	签约人	对方单位及联系人	合同标的	履行标的	结算日期	违约情况	索赔记录

三、 施工项目成本核算工作流程

项目经理部在承建工程项目收到设计图纸以后，一方面要进行现场"三通一平"等施工前期准备工作；另一方面，还要组织力量分头编制施工图预算、施工组织设计，降低成本计划及其他实施和控制措施；最后将实际成本与预算成本、目标成本对比考核。对比考核的内容包括项目总成本和各个成本项目的相互对比，用以观察分析成本升降情况，同时作为考核的依据。比较的方法如下：

通过实际成本与预算成本的对比，考核工程项目成本的降低水平；通过实际成本与目标成本的对比，考核工程项目成本的管理水平。

施工项目成本核算和管理的工作流程如图 3-5-1 所示。

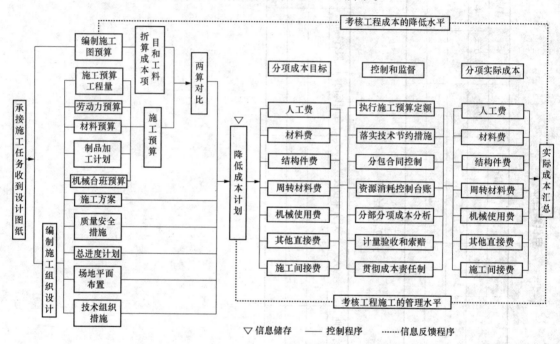

图 3-5-1　工程项目成本核算和管理的工作流程图

四、 施工项目成本核算的办法

成本的核算过程，实际上也是各项成本项目的归集和分配过程。成本的归集是指通过一定的会计制度以有序的方式进行成本数据的收集和汇总，而成本的分配是指将归集的间接成本分配给成本对象的过程，也称间接成本的分摊或分派。

1. 人工费核算

人工费包括内包人工费和外包人工费：内包人工费，按月估算计入项目单位工程成本；外包人工费，按月凭项目经济员提供的"包清工工程款月度成本汇总表"预提计入项目单位工程成本。上述内包、外包合同履行完毕，根据分部分项的工期、质量、安全、场容等验收考核的情况，进行合同结算，以结账单按实据以调整项目的实际值。

2. 材料费核算

（1）工程耗用的材料，根据限额领料单、退料单、报损报耗单、大堆材料耗用计算

单等，由项目料具员按单位工程编制"材料耗用汇总表"，据以计入项目成本。

（2）钢材、水泥、木材价差核算。

1）标内代办。标内代办指"三材"差价列入工程预算账单内作为造价组成部分；由项目成本员按价差发生额，一次或分次提供给项目负责统计的统计员报出产值，以便收回资金。单位工程竣工结算，按实际消耗来调整实际成本。

2）标外代办。标外代办指由建设单位直接委托材料分公司代办"三材"，其发生的"三材"差价，由材料分公司与建设单位按代办合同口径结算。项目经理部只核算实际耗用超过设计预算用量的那部分量差及应负担市场部高进、高出的差价，并计入相应的单位工程成本。

（3）一般价差核算。

1）提高项目材料核算的透明度，简化核算，做到明码标价。

2）钢材、水泥、木材、玻璃、沥青按实际价格核算；高于预算费用的差价，应遵循"高进、高出"，"谁租用谁负担"的原则。

3）装饰材料按实际采购价作为计划价核算，计入该项目成本。

4）项目对外自行采购或按定额承包供应材料，如砖、瓦、砂、石、小五金等，应按实际采购价或按议价供应价格结算，由此产生的材料成本差异节超，相应增减成本。

3. 周转材料费核算

（1）周转材料实行内部租赁制，以租费的形式反映消耗情况，按"谁租用谁负担"的原则，核算其项目成本。

（2）按周转材料租赁办法和租赁合同，由出租方与项目经理部按月结算租赁费。租赁费按租用的数量、时间和内部租赁单价计入项目成本。

（3）周转材料在调入移出时，项目经理部都必须加强计量验收制度，如有短缺、损坏，一律按原价赔偿，计入项目成本（短损数＝进场数－退场数）。

（4）租用周转材料的进退场运费，按其实际发生数，由调入项目负担。

（5）对U形卡、脚手扣件等零件除执行租赁制外，考虑到其比较容易散失的因素，故按规定实行定额预提摊耗，摊耗数计入项目成本，相应减少次月租赁基数及租费；单位工程竣工，必须进行盘点，盘点后的实物数与前期逐月按控制定额摊耗后的数量差，按实调整清算计入成本。

（6）实行租赁制的周转材料，一般不再分配负担周转材料差价。

4. 结构件费核算

（1）项目结构件的使用必须要有领发手续，并根据这些手续，按照单位工程使用对象编制"结构件耗用月报表"。

（2）项目结构件的单价，以项目经理部与外加工单位签订的合同为准，计算耗用金额进入成本。

（3）根据实际施工形象进度、已完施工产值的统计、各类实际成本报耗三者在月度时点的三同步原则（配比原则的引申与应用），结构件耗用的品种和数量应与施工产值相对应。结构件数量金额账的结存数，应与项目成本员的账面余额相符。

（4）结构件的高进、高出价差核算应同材料费高进、高出价差核算一致。

（5）如发生结构件的一般价差，可计入当月项目成本。

（6）部位分项分包，如铝合金门窗、卷帘门、轻钢龙骨石膏板、平顶屋面防水等，按照企业通常采用的类似结构件管理和核算方法，项目经济员必须做好月度已完工程部分的验收记录，正确计报部位分项分包产值，并书面通知项目成本员及时、正确、足额计入成本。

（7）在结构件外加工和部位分包施工过程中，项目经理部通过自身努力获取或转嫁压价让利风险所产生的利益，均应受益于施工项目。

5. 机械使用费核算

（1）机械设备实行内部租赁制，以租赁费形式反映其消耗情况，按"谁租用谁负担"原则，核算其项目成本。

（2）按机械设备租赁办法和租赁合同，由企业内部机械设备租赁市场与项目经理部按月结算租赁费；租赁费根据机械使用台班、停置台班和内部租赁单价计算，计入项目成本。

（3）机械进场、出场费，按规定由承租项目负担。

（4）项目经理部租赁的各类中小型机械，其租赁费全额计入项目机械费成本。

（5）根据内部机械设备的租赁运行规则要求，结算原始凭证由项目指定专人签证开班和停班数，据以结算费用；现场机、电、修等操作工奖金由项目考核支付，计入项目机械成本并分配到有关单位工程。

（6）向外单位租赁机械，按当月租赁费用全额计入项目机械费成本。

6. 其他直接费核算

项目施工生产过程中实际发生的其他直接费，有时并不"直接"，凡能分清受益对象的，应直接计入受益成本核算对象的工程施工—"其他直接费"；如与若干个成本核算对象有关的，可先归集到项目经理部的"其他直接费"总账科目（自行增设），再按规定的方法分配计入有关成本核算对象的工程施工—"其他直接费"成本项目内。分配方法可参照费用计算基数，以实际成本中的直接成本（不含其他直接费）扣除"三材"差价为分配依据，即人工费、材料费、周转材料费、机械使用费之和扣除高进、高出价差。

（1）施工过程中的材料二次搬运费，按项目经理部向劳务分公司汽车队托运包天或包月租费结算，或以汽车公司的汽车运费计算。

（2）临时设施摊销费按项目经理部搭建的临时设施总价（包括活动房）除以项目合同工期求出每月应摊销额，临时设施使用一个月摊销一个月，摊完为止。项目竣工的搭拆差额（盈亏）按实调整实际成本。

（3）生产工具用具使用费。大型机动工具、用具等可以套用类似内部机械租赁办法以租费形式计入成本，也可按购置费用一次摊销法计入项目成本，并做好在用工具实物借用记录，以便反复利用。工具用具的修理费按实际发生数计入成本。

（4）除上述以外的其他直接费内容，均应按实际发生的有效结算凭证计入项目成本。

7. 施工间接费核算

施工间接费的具体费用核算内容已在表 1-1-1 "施工项目成本"的构成已有论述，

本节不再重复。下面着重讨论几个应注意的问题：

（1）要求以项目经理部为单位编制工资单和奖金单列支工作人员薪金。项目经理部工资总额每月必须正确核算，以此计提职工福利费、工会经费、教育经费、劳保统筹费等。

（2）劳务分公司所提供的炊事人员代办食堂承包、服务，警卫人员提供区域岗点承包服务以及其他代办服务费用计入施工间接费。

（3）内部银行的存贷款利息，计入"内部利息"（新增明细子目）。

（4）施工间接费，先在项目"施工间接费"总账归集，再按一定的分配标准计入受益成本核算对象（单位工程）"工程施工—间接成本"。

8. 分包工程成本核算

（1）包清工程，如前所述纳入人工费—外包人工费内核算。

（2）部位分项分包工程，纳入结构件费内核算。

（3）双包工程，是指将整幢建筑物以包工包料的形式包给外单位施工的工程。双包工程可根据承包合同取费情况和发包（双包）合同支付情况，即上、下合同差，测定目标盈利率；月度结算时，以双包工程的已完工程的价款作收入，应付双包单位工程款作支出，适当负担施工间接费预结降低额。为稳妥起见，拟控制在目标盈利率的50%以内，也可月结成本时做收支持平，竣工结算时，再接实调整实际成本，反映利润。

（4）机械作业分包工程，是指利用分包单位专业化的施工优势，将打桩、吊装、大型土方、深基础等施工项目分包给专业单位施工的形式。对机械作业分包产值的统计的范围是只统计分包费用，而不包括物耗价值。机械作业分包实际成本与此对应包括分包结账单内除工期费之外的全部工程费。

同双包工程一样，总分包企业合同差，包括总包单位管理费，分包单位让利收益等在月结成本时，可先预结一部分，或月结时做收支持平处理，到竣工结算时，再做项目效益反映。

（5）上述双包工程和机械作业分包工程由于收入和支出比较容易辨认（计算），所以项目经理部也可以对这两项分包工程，采用竣工点交办法，即月度不结盈亏。

（6）项目经理部应增设"分建成本"成本项目，核算反映双包工程、机械作业分包工程的成本状况。

（7）各类分包形式（特别是双包），对分包单位领用、租用、借用本企业物资、工具、设备、人工等费用，必须根据经管人员开具的、且经分包单位指定专人签字认可的专用结算据，如"分包单位领用物资结算单"及"分包单位租用工具设备结算单"等结算依据入账，抵作已付分包工程款。同时，要注意对分包资金的控制，分包付款、供料控制，主要应依据合同及要料计划实施制约，单据应及时流转结算，账上支付款（包括抵作额）不得突破合同。要注意阶段控制，防止资金失控，引起成本亏损。

第六节　施工项目成本分析和考核

一、施工企业的成本分析的概述

1. 施工企业成本分析的内容和分类

施工企业成本分析的内容就是对施工项目成本变动因素的分析。影响施工项目成本

变动的因素有两个方面，一是外部的属于市场经济的因素；二是内部的属于企业经营的因素。影响施工项目成本变动的市场因素主要包括施工企业的规模和技术装备水平，施工企业专业协作的水平以及企业员工的技术水平及操作熟练程度等几个方面，这些因素不是在短期内所能改变的。施工企业成本分析的重点是影响施工项目成本升降的内部因素包括：材料、能源利用效果，机械设备的利用效果，施工质量水平的高低，人工费用水平的合理性和其他影响施工项目成本变动的因素（其他直接费用以及为施工准备、组织施工和管理所需的费用）。

2. 施工项目成本分析内容的原则要求

从成本分析的效果出发，施工项目成本分析的内容应该符合以下原则要求：

（1）要实事求是。在成本分析当中，必然会涉及一些人和事，也会有表扬和批评。受表扬的当然高兴，受批评的未必都能做到"闻过则喜"，因而常常会有一些不愉快的场面出现，乃至影响成本分析的效果。因此，成本分析一定要有充分的事实依据，应用"一分为二"的辩证方法，对事物进行实事求是的评价，并要尽可能做到措辞恰当，能为绝大多数人所接受。

（2）要用数据说话。成本分析要充分利用统计核算、业务核算、会计核算和有关辅助记录（台账）的数据进行定量分析，尽量避免抽象的定性分析。因为定量分析对事物的评价更为精确，更令人信服。

（3）要注重时效。注重时效也就是：成本分析及时，发现问题及时，解决问题及时。否则，就有可能贻误解决问题的最好时机，甚至造成问题成堆，积重难返，发生难以挽回的损失。

（4）要为生产经营服务。成本分析不仅要揭露矛盾，而且要分析矛盾产生的原因，并为克服困难献计献策，提出积极的有效的解决矛盾的合理化建议。这样的成本分析，必然会深得人心，从而受到项目经理和有关项目管理人员的配合和支持，使施工项目的成本分析更健康地开展下去。

施工项目成本分析内容的具体要求为：从成本分析应为生产经营服务的角度出发，施工项目成本分析的内容应与成本核算对象的划分同步。如果一个施工项目包括若干个单位工程，并以单位工程为成本核算对象，就应对单位工程进行成本分析；与此同时，还要在单位工程成本分析的基础上，进行施工项目的成本分析。

施工项目成本分析与单位工程成本分析尽管在内容上有很多相同的地方，但各有不同的侧重点。从总体上说，施工项目成本分析的内容应该包括随项目施工的进展进行的成本分析、按成本项目构成进行的成本分析、专题分析及影响因素分析三个方面，见表3-6-1。

表 3-6-1　　　　　　　　　　　　　　施工项目成本分析的分类表

类别	内容
随项目施工的进展进行的成本分析	（1）分部分项工程成本分析。 （2）月（季）度成本分析。 （3）年度成本分析。 （4）竣工成本分析

续表

类别	内容
按成本项目构成进行的成本分析	(1) 人工费分析。 (2) 材料费分析。 (3) 机械使用费分析。 (4) 其他直接费分析。 (5) 间接成本分析
专题分析及影响因素分析	(1) 成本盈亏异常分析。 (2) 工期成本分析。 (3) 资金成本分析。 (4) 技术组织措施节约效果分析。 (5) 其他因素对成本影响分析

二、 施工项目成本分析的方法

1. 成本分析的基本方法

(1) 比较法（又称指标对比分析法）。

1）将实际指标与目标指标对比。以此检查目标的完成情况，分析完成目标的积极因素和影响目标完成的原因，以便及时采取措施，保证成本目标的实现。

2）本期实际指标和上期实际指标对比。通过这种对比，可以看出各项技术经济指标的动态情况，反映施工项目管理水平的提高程度。

3）与本行业平均水平、先进水平对比。通过这种对比，可以反映项目的技术管理和经济管理与其他项目的平均水平和先进水平的差距，进而采取措施赶超先进水平。

【实例 3 - 6 - 1】 某项目本年度"三材"的目标为 250000 元，实际节约 300000 元，上年节约 237500 元，本企业先进水平节约 325000 元。根据上述资料编制分析表，见表 3 - 6 - 2。

表 3 - 6 - 2　　　　实际指标与目标指标、上期指标、先进水平对比表　　　　（元）

指标	本年 目标数	上年 实际数	企业先 进水平	本年 实际数	差异数		
					与目标比	与上年比	与先进比
"三材节约额"	250000	237500	325000	300000	+50000	+62500	−25000

(2) 因素分析法（又称连锁置换法或连环替代法）。

因素分析法可以用来分析各种因素对成本形成的影响程度。在用因素分析法进行分析时，首先要假定众多因素中的一个因素发生了变化，而其他因素不变，然后逐个替换，并分别比较其计算结果，以确定各个因素的变化对成本的影响程度。

因素分析法的计算步骤如下：

1）确定分析对象（即所分析的技术经济指标），并计算出实际与目标（或预算）数的差异。

2）确定该指标是由哪几个因素组成的，并按其相互关系进行排序。

3）以目标（或预算）数量为基础，将各因素的目标（或预算）数相乘，作为分析替代的基数。

4）将各个因素的实际数按照上面的排列顺序进行替换计算，并将替换后的实际数保留下来。

5）将每次替换计算所得的结果与前一次的计算结果相比较，两者的差异即为该因素对成本的影响程度。

6）各个因素的影响程度之和应与分析对象的总差异相等。

【实例 3 - 6 - 2】　某工程浇筑一层梁商品混凝土，目标成本 364000 元，实际成本为 383760 元，比目标成本增加 1976 元。根据表 3 - 6 - 3 的资料，用"因素分析法"分析其成本增加原因。

表 3 - 6 - 3　　　　　　　　　商品混凝土目标成本与实际成本对比表

项目	单位	计划	实际	差额
产量	m³	500	520	+20
单价	元	700	720	+20
损耗率	%	4	2.5	−1.5
成本	元	364000	383760	+19760

【解】

a. 分析对象是浇筑一层梁商品混凝土的成本，实际成本与目标成本的差额为 19760 元。

b. 该指标是由产量、单价、损耗率三个因素组成的，其排序见表 3 - 6 - 3。

c. 以目标数 364000 元（＝500×700×1.04）为分析替代的基础。

d. 第一次替代：产量因素，以 520 替代 500，得 378560 元，即 520×700×1.04＝378560（元）。

第二次替代：单价因素，以 720 替代 700，并保留上次替代后的值，得 389376 元，即 520×720×1.04＝389376（元）。

第三次替代：损耗率因素，以 1.025 替代 1.04，并保留上两次替代后的值，得 38760 元，即 520×720×1.025＝383760（元）。

e. 计算差额：第一次替代与目标数的差额＝378560−364000＝14560（元）。

第二次替代与第一次替代的差额＝389376−378560＝10816（元）。

第三次替代与第二次替代的差额＝383760−389376＝−5616（元）。

产量增加使成本增加了 14560 元，单价提高使成本增加了 10816 元，而损耗率下降使成本减少了 5616 元。

f. 各因素的影响程度之和＝14560＋10816−5616＝19760（元），该值为实际成本与目标成本的差额相等。

为了使用方便，企业也可以通过运用因素分析表来求出各因素的变动对实际成本的

影响程度，其具体形式见表 3 - 6 - 4。

表 3 - 6 - 4　　　　　　　　　　　商品混凝土成本变动因素分析表

顺序	连环替代计算	差异（元）	因素分析
目标数	500m³×700 元×1.04		
第一次替代	520m³×700 元×1.04	14560	由于产量增加 120m³，成本增加 14560 元
第二次替代	520m³×720 元×1.04	10816	由于单价提高 20 元，成本增加 10816 元
第三次替代	520m³×720 元×1.025	−5616	由于损耗率下降 15%，成本减少 5616 元
合计	14560＋10216−5616	19760	

必须说明，在应用"因素分析法"时，各因素的排列顺序应该固定不变，否则就会得出不同的计算结果，也会产生不同的结论。

7）差额计算法。差额计算法是因素分析法的一种简化形式，利用各个因素的目标与实际的差额来计算其对成本的程度。

8）比率法。比率法是指用两个以上的指标的比例进行分析的方法。比率法的基本特点是：先把对比分析的数值变成相对数，再观察其相互之间的关系。常用的比率法有相关比率法、构成比率法和动态比率法。

2. 综合成本的分析方法

（1）分部分项工程成本分析。分部分项工程成本分析是施工项目成本分析的基础。分部分项工程成本分析的分析对象是已完分部分项工程。分部分项工程成本分析分析方法：进行预算成本、目标成本和实际成本的"三算"（预算成本、目标成本、实际成本的计算）对比，分别计算实际偏差和目标偏差，分析偏差产生的原因，为今后的分部分项工程成本寻找节约途径。

分部分项工程成本分析表的格式见表 3 - 6 - 5。

（2）月（季）度成本分析。月（季）度成本分析是施工项目定期的、经常性的中间成本分析。月（季）度的成本分析的依据是月（季）度的成本报表。月（季）度成本分析的方法通常有以下几个方面：

1）通过实际成本与预算成本的对比，分析当月（季）的成本降低水平；通过累计实际成本与累计预算成本的对比，分析累计的成本降低水平，预测出实际项目成本的前景。

2）通过实际成本与目标成本的对比，分析目标成本的落实情况，以及目标管理中的问题和不足，进而采取措施，加强成本控制，保证成本目标的落实。

月度成本盈亏异常情况分析表见表 3 - 6 - 6。

3）通过对各成本项目的成本分析，可以了解成本总量的构成比例和成本控制的薄弱环节。

4）通过主要技术经济指标的实际与目标对比，分析产量、工期、质量、"三材"节约率、机械利用率等对成本的影响。

表 3 - 6 - 5

分部分项工程成本分析

单位工程： _____　工程量： _____　施工班组： _____　施工日期： _____

工料名称	规格	单位	单价	预算成本		目标成本		实际成本		实际与预算比较		实际与计划比较	
				数量	金额	数量	金额	数量	金额	数量	金额	数量	金额
合计													
实际与预算比较（预算＝100%）													
实际与计划比较（计划＝100%）													

节超原因说明

编制单位： _____　成本员： _____　填表日期： _____

表 3 - 6 - 6

月度成本盈亏异常情况分析表

工程名称　　　　　　　　　　　　　　　　年　月　份

结构层数　　　　　　　　　　　预算造价：　　　万元

到本月末的形象进度		
累计完成产值	万元	累计点交预算成本	万元
累计发生实际成本	万元	累计降低或亏损	金额　万元 / 率　%
本月完成产值	万元	本月点交预算成本	万元
本月发生实际成本	万元	月降低或亏损	金额　万元 / 率　%

资源消耗

已完工程及费用名称	单位	数量	产值	实耗人工（工日）	金额小计	实耗材料 其中						机械租费	工料机金额合计
						水泥 数量	水泥 金额	钢材 数量	钢材 金额	木材 数量	木材 金额	结构件 金额	设备 租费		

5）通过对技术组织措施执行效果的分析，寻求更加有效的节约途径。

6）分析其他有利条件和不利条件对成本的影响。

（3）年度成本分析。年度成本分析的依据是年度成本报表。年度成本分析的内容，除了月（季）度成本分析的六个方面以外，重点是针对下一年度的施工进展情况规划切实可行的成本控制措施，以保证施工项目成本目标的实现。

（4）竣工成本的综合分析。凡是有几个单位工程而且是单独进行成本核算的施工项目，其竣工成本分析应以各单位工程的竣工成本分析资料为基础，再加上项目经理部的经济效益（如资金调度、对外分包等所产生的效益）进行综合分析；如果施工项目只有一个成本核算对象（单位工程），就以该成本核算对象的竣工成本资料作为成本分析的依据。单位工程竣工成本分析的内容应包括：竣工成本分析，主要资源节超对比分析，主要技术节约措施及经济效果分析。通过以上分析，可以全面了解单位工程的成本构成和降低成本的来源，对今后同类工程的成本控制很有参考价值。

3. 专项成本的分析方法

（1）成本盈亏异常分析。检查成本盈亏异常的原因，应从经济核算的"三同步"（产值与形象进度同步，预算成本与产值统计同步，实际成本与资源消耗同步）入手。"三同步"检查可以通过以下五个方面的对比分析来实现：

1）产值与施工任务单的实际工程量和形象进度是否同步？

2）资源消耗与施工任务单的实耗人工、限额领料单的实耗材料、当期租用的周转材料和施工机械是否同步？

3）其他费用（如材料价差、超高费、井点抽水的打拨费和台班费等）的产值统计与实际支付是否同步？

4）预算成本与产值统计是否同步？

5）实际成本与资源消耗是否同步？

（2）工期成本分析。工期成本分析就是目标工期成本和实际工期成本的比较分析。所谓目标工期成本，是指在假定完成预期利润的前提下计划工期内所耗用的目标成本；而实际工期成本则是在实际工期耗用的实际成本。工期成本分析的方法一般采用比较法，即将目标工期成本与实际工期成本进行比较，然后应用"因素分析法"分析各种因素的变动对工期成本差异的影响程度。

（3）资金成本分析。进行资金成本分析，通常应用"成本支出率"指标，即成本支出占工程款收入的比例。"成本支出率"指标的计算公式如下：成本支出率＝（计算期实际成本支出/计算期实际工程款收入）×100%。通过对"成本支出率"的分析，可以看出资金收入中用于成本支出的比重有多大；也可通过资金管理来控制成本支出；还可联系储备金和结存资金的比重，分析资金使用的合理性。

（4）技术组织措施执行效果分析。对执行效果的分析要实事求是，既要按理论计算，又要联系实际。对节约的实物进行验收，然后根据节约效果论功行赏，以激励有关人员执行技术组织措施的积极性。不同特点的施工项目，需要采取不同的技术组织措施，有很强的针对性和适应性，在这种情况下，计算节约效果的方法也会有所不同。但总的来说，措施节约效果＝措施前的成本－措施后的成本。对节约效果的分析，需要联

系措施的内容和措施的执行经过来进行。

（5）其他有利因素和不利因素对成本影响的分析。这些有利因素和不利因素，包括工程结构的复杂性和施工技术上的难度，施工现场的自然地理环境（如水文、地质、气候等），以及物资供应渠道和技术装备水平等。这些有利因素和不利因素对成本的影响，需要具体问题具体分析。

4. 目标成本差异分析方法

（1）人工费分析。人工费分析主要依据是工程预算工日和实际人工的对比，分析出人工费的节约和超用的原因。人工费分析的主要因素有两个：人工费量差和人工费价差，计算公式如下：

人工费量差＝（实际耗用工日数－预算定额工日数）×预算人工单价

人工费价差＝实际耗用工日数×（实际人工单价－预算人工单价）

影响人工费节约和超支的原因是错综复杂的，除上述分析外，还应分析定额用工、估点工用工，从管理上找原因。

（2）材料费分析。

1）主要材料和结构件费用的分析。为了分析材料价格和消耗数量的差异对材料和结构件费用的影响程度，可按下列计算公式计算：

因材料价格差异对材料费的影响＝（实际单价－目标单价）×实际用量

因材料用量差异对材料费的影响＝（实际用量－目标用量）×目标单价

主要材料和结构件差异分析表的格式见表 3 - 6 - 7。

表 3 - 6 - 7　　　　　　　　　　主要材料和结构件差异分析表

材料名称	价格差异				数量差异				成本差异
	实际单价	目标单价	节超	价差金额	实际用量	目标用量	节超	量差金额	

2）周转材料费分析。周转材料费分析主要通过实际成本与目标成本之间的差异比较。节超分析从提高周转材料使用率入手，分析与工程进度关系，及周转材料使用管理上是否有不足之处。周转利用率的计算公式如下：

$$周转利用率 = \frac{实际使用数 \times 租用期内的周转次数}{进场数 \times 租用期} \times 100\%$$

（3）机械使用费分析。机械使用费分析主要通过实际成本和目标成本之间的差异分析，其中目标成本分析主要列出超高费和机械费补差收入。机械使用费的分析要从租用机械和自有机械这两方面入手。使用大型机械的要着重分析预算台班数、台班单价和金额，同实际台班数、台班单价及金额相比较，通过量差、价差进行分析。机械使用费差异分析表的格式见表 3 - 6 - 8。

表 3-6-8　　　　　　　　　　机械使用费差异分析表

机械名称	台数	价格差异				数量差异				成本差异
		实际台班单价	预算台班单价	节超	价差金额	实际台班单价	预算台班单价	节超	价差金额	
翻斗车										
搅拌机										
砂浆机										
塔式起重机										

（4）其他直接费分析。其他直接费分析主要应通过目标与实际数的比较来进行。其他直接费目标与实际比较表的格式见表 3-6-9。

表 3-6-9　　　　　　　　其他直接费目标与实际比较表　　　　　　　　（万元）

序号	项目	目标	实际	差异
1	材料二次搬运费			
2	工程用水电费			
3	临时设施摊销费			
4	生产工具用具使用费			
5	检验试验费			
6	工程定位复测费			
7	工程点交费			
8	场地清理费			
	合计			

（5）间接成本分析。应将其实际成本和目标成本进行比较，将其实际发生数逐项与目标数加以比较，就能发现超额完成施工计划对间接成本的节约或浪费及其发生的原因。间接成本目标与实际比较表的格式见表 3-6-10。

表 3-6-10　　　　　　　　间接成本目标与实际比较表　　　　　　　　（万元）

序号	项目	目标	实际	差异	备注
1	现场管理人员工资				包括职工福利费和劳动保护费
2	办公费				包括生活用水电费、取暖费
3	差旅交通费				
4	固定资产使用费				包括折旧及修理费
5	物资消耗费				
6	低值易耗品摊销费				指生活行政用的低值易耗品
7	财产保险费				
8	检验试验费				
9	工程保修费				

续表

序号	项目	目标	实际	差异	备注
10	排污费				
11	其他费用				
	合计				

　　用目标成本差异分析方法分析完各成本项目后，再将所有成本差异汇总进行分析，目标成本差异汇总表的格式见表 3 - 6 - 11。

表 3 - 6 - 11　　　　　　　　　目标成本差异汇总表的格式

部位：　　　　　　　　　　　　　　　　　　　　　　　　　　　　　　　　（万元）

成本项目	实际成本	目标成本	差异金额	差异率（%）
人工费				
材料费				
结构件				
周转材料费				
机械使用费				
其他直接费				
施工间接成本				
合计				

三、施工项目成本考核

1. 施工项目成本考核的内容 （见表 3 - 6 - 12）

表 3 - 6 - 12　　　　　　　　　施工项目成本考核的内容

考核对象	考核内容
企业对项目经理考核	（1）项目成本目标和阶段成本目标的完成情况。 （2）成本控制责任制的落实情况。 （3）成本计划的编制和落实情况。 （4）对各部门、作业队、班组责任成本的检查和考核情况。 （5）在成本控制中贯彻责权利相结合原则的执行情况
项目经理对各部门的考核	（1）本部门、本岗位责任成本的完成情况。 （2）本部门、本岗位成本控制责任的执行情况
项目经理对作业队的考核	（1）对劳务合同规定的承包范围和承包内容的执行情况。 （2）劳务合同以外的补充收费情况。 （3）对班组施工任务单的管理情况。 （4）对班组完成施工后的考核情况
对生产班组的考核	（1）平时由作业队对生产班组考核。 （2）考核班组责任成本（以分部分项工程成本为责任成本）完成情况

2. 施工项目成本考核的实施

（1）评分制。评分制的具体方法为：先按考核的内容评分，然后按七与三的比例加权平均，即：责任成本完成情况的评分为七，成本管理工作业绩的评分为三。这是一个假定的比例，施工项目可根据自己的情况进行调整。

（2）要与相关指标的完成情况相结合。与相关指标的完成情况结合的具体方法是：成本考核的评分是奖罚的依据，相关指标的完成情况作为奖罚的条件。也就是，在根据评分计奖的同时，还要考虑相关指标的完成情况加奖或扣罚，与成本考核相结合的相关指标，一般有质量、进度、安全和现场标准化管理。

（3）强调项目成本的中间考核。一是月度成本考核；二是阶段成本考核（基础、结构、装饰、总体等）。

（4）正确考核施工项目的竣工成本。施工项目竣工成本是项目经济效益的最终反映，既是上缴利税的依据，又是进行职工分配的依据。由于施工项目的竣工成本关系到国家、企业、职工的利益，必须做到核算正确，考核正确。

（5）施工项目成本的奖罚。施工项目成本的奖罚应在施工项目的月度考核、阶段考核和竣工考核的基础上立即兑现，不能只考核不奖罚，或者考核后拖了很久才奖罚。由于月度成本和阶段成本都是假设性的，正确程度有高有低。因此，在进行月度成本和阶段成本奖罚的时候不妨留有余地，然后再按照竣工结算的奖金总额进行调整（多退少补）。施工项目成本奖罚的标准，应通过经济合同的形式明确规定。

第四章

标杆企业成本控制方法实例

第一节　标杆企业施工项目成本管理办法

一、总则

（1）为进一步规范公司施工项目的成本管理行为，强化各层级的项目成本管理责任，提升项目精细化管理水平，推进施工项目从投标至竣工结算的全过程成本管理，保障项目的预期经济效益，根据《集团项目成本管理办法》及其他相关管理制度并结合我公司实际情况，制定本办法。

（2）施工项目成本管理应遵循以下四条基本原则：

1）坚持法人管项目的原则。

2）坚持价本分离、目标责任的原则。

3）坚持全过程管理、过程精细化的原则。

4）坚持动态管理、持续改进的原则。

第三条　本办法适用于公司范围内所有自营项目管理，其他管理模式项目可参照本办法执行。

二、术语和定义

1. 利润（率）

（1）投标预期利润（率）：是指在项目招投标阶段，施工单位组织相关专业人员，根据招标文件要求、预计项目生命周期中的市场环境、生产要素组织等全部条件，对项目进行收入与成本测算后，得到的项目完成时应该形成的合理利润（率）预期值。该指标计算时不包括劳保基金。

（2）项目实际利润（率）：是指项目在某个实际施工阶段或项目实际完成后，该时点形成的项目利润（率）实际值。该指标计算不包括劳保基金。

2. 成本

（1）标前预测成本：指在投标预期利润（率）计算时进行的项目预期成本计算值。标前预测成本的计算应充分考虑未来项目生命周期内可能产生的市场、生产要素变化因素。标前预测成本的内容应包括项目所有直接费、间接费、措施费及税费。

（2）项目责任成本：指施工单位以标前预测成本为依据，以企业内部定额为基础，

综合项目既定合同条件、项目特点、企业现有管理水平等因素，由公司成本主管部门组织测算的项目成本的责任额。项目责任成本是以"项目管理目标责任书"的形式向项目经理部下达的该项目成本管理责任目标。项目责任成本通常以项目上缴利润（率）的形式体现，并辅以相关主要费用目标和主要材料耗量目标。

（3）项目目标成本：指公司对项目经理部的责任成本确定后，项目依据公司下达的责任成本指标，计划利用各种资源优势，通过成本策划等一系列挖潜手段，计算出完成项目全部合同义务应支出的各项成本费用的内控计划目标。

（4）项目成本降低率：指项目部通过进一步优化生产要素组织、优化施工技术方案、节约预期措施与管理费用，形成的对项目责任成本的降低比率。项目成本降低率的计算式是：（项目责任成本－项目实际成本）÷项目责任成本×100％。

（5）项目岗位成本责任制：指成本管理的两级责任制中的第二级责任制，即项目部明确项目各不同生产经营岗位人员的岗位成本责任，以"项目成本策划"中的目标责任成本分解或单独的岗位成本责任书的形式体现。

3. 风险抵押

风险抵押指为完成项目管理目标责任书规定的内容和要求，强化和落实项目经理部的责任，公司与项目经理部约定，由项目各管理人员提供履约保证金（以下称"风险抵押金"）作为履行担保的行为。

根据《集团经营活动授权管理办法》，工程类别划分如下：

A 类工程：合同额≥3 亿元（专业工程≥1 亿元）的工程。

B 类工程：5000 万元≤合同额＜3 亿元，其中专业工程 1000 万元≤合同额＜1 亿元的工程。

C 类工程：合同额＜5000 万元，其中专业工程合同额＜1000 万元。

三、 管理模式与流程

（1）施工项目的成本管理模式一般为利润率比例上缴、利润总额上缴、项目管理费预算包干、模拟股份合作分成等形式，以上成本管理模式均按照本办法执行。

（2）不论采用何种成本管理模式，均应遵循"公司对目标责任成本控制，项目经理或项目管理班子对目标责任成本承担责任、管理风险抵押、确保预期利润上缴、成本降奖超罚"的原则。

（3）不论采用何种成本管理模式，目标责任应包括重点单项成本费用指标控制和重点单项耗量指标控制。同时还必须确保工程质量、安全、进度、环境保护、标准化管理、技术进步、文明施工与 CI 创优、经济技术资料管理、工程结算、工程款回收及相关方服务等其他项目管理目标指标的完成。

（4）施工项目成本管理流程应形成：投标成本测算→责任成本下达→目标成本编制→目标成本分解→过程成本管控→"三算"统计分析→公司成本数据库建立→下一次投标成本测算参考的循环。

1）所有自营项目成本管理包括标前成本测算、责任成本测算（价本分离）、责任目标下达（目标责任书）、项目目标成本编制、过程成本控制（岗位成本责任制）、阶段成本分析与考核预兑现、竣工成本考核与最终兑现等贯穿三次经营全过程的相关成本管理

规范与要求；

2）所有自营项目实行工程项目从投标承接到过程施工、竣工交付、办完工程结算、回收工程款全过程的目标责任承包和管理，公司重点通过落实风险抵押、季度（或节点）考核预兑、竣工考核奖罚兑现的方式确保各责任主体的权责利益。

四、管理权责划分

（1）总经理全面领导公司成本管理工作，总经济师是项目成本管理分管领导，公司商务合约部是项目成本管理主管部门。项目经理是项目成本管理的第一责任人。项目商务经理是项目成本管理组织与实施的牵头岗位。

各分管领导及相关部门根据管理责任分别承担相关成本管理责任，详见表 4-1-1。

（2）公司成立成本委员会和项目成本检查小组，成本委员会负责解决重大争议问题；项目成本检查小组负责成本管理的日常工作。

项目成本检查小组负责项目每月/季度/节点对项目进行成本综合管理检查、过程考核兑现及项目最终考核兑现进行审核。项目成本检查小组根据工长算量及分析深度、准确性，技术措施创效等情况评选出亮点员工，实行单项或单独奖励。

（3）公司的管理责权：

1）依据本办法及公司的实际情况，建立健全与改进修订公司的项目成本管理制度及相关细则、流程，并报集团合约法务部备案。

2）领导和组织项目的成本管理工作，授权、指导、检查和考核评价项目的成本管理工作并执行相关奖罚措施。

3）定期或不定期以参加项目成本分析会的形式监督、检查项目成本管理工作，公司参加成本分析会的次数应确保每季度覆盖到所有自营项目。

4）负责价本分离，执行风险抵押，直接下达项目经理与公司总经理签订的《项目管理目标责任书》，审核批准各项目的最终成本清算与兑现，并应对项目的过程成本考核与兑现进行审批或备案管理。

5）审批责任成本及决定责任成本的调整；负责公司项目现场管理费、施工措施费等成本费用的定期测定、修改、发布。

6）对项目的成本资料进行分析与收集，充分利用项目综合管理信息化系统，建立公司项目成本数据库，总结推广优秀管理经验，并为投标成本预测提供有效支撑，使项目成本管理流程形成有效循环链。

（4）项目经理部的责权：

1）项目经理代表项目经理部与公司签订《项目管理目标责任书》，项目经理与项目各岗位管理人员签订《项目岗位成本管理目标责任状》。

2）以《项目管理目标责任书》明确的目标责任成本为依据，组织项目成本策划，编制和实施项目目标成本，有效将目标成本责任进行分解，编制合理的项目总目标成本及分段/分项目标成本，并合理分配到各成本岗位，落实"工长算量"要求，通过优化生产要素组织、优化技术施工方案、科学组织现场施工降本增效，确保本项目的《项目管理目标责任书》各项目标按预期实现。

3）定期召开项目月度/季度/节点成本分析会，落实"认真盘点、内部分析、做好

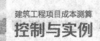

表4-1-1　各条线各层面项目成本管理责任分解

序号	责任指标	成本指标	公司责任领导	公司责任部门	项目责任人	奖罚原则
一		成本指标				
1	合同外人工费（主要包括零星用工、合同外分包合同外安全文明施工用工等）		生产副总10%，总经济师5%	项目管理部10%，商务合约部5%	项目经理15%，商务经理10%，生产经理20%，工长25%	零星用工、合同外用工总金额以建筑面积2.5元/m²为控制标准，按超过控制标准额度的1%～5%的给予罚款；按低于控制标准额度的20%给予奖励
2	材料费		生产副总5%，总经济师5%	项目管理部10%，物资设备部10%	项目经理10%，生产经理15%，材料主管20%，分管工长20%，办公室主任5%	材料节约奖罚标准参照《项目管理目标责任书》和项目各岗位责任状的约定执行
3	机械费		生产副总10%	项目管理部10%	项目经理30%，生产经理20%，技术总工15%，设备主管15%	因工期提前（延长）造成机械费成本节约（增加），给予机械设备成本降低（增加）额的1%～5%的奖罚
4	间接费	管理人员工资	分管领导10%	综合办公室20%	项目经理40%，项目办公室主任30%	按节约（超过）额度的1%～5%给予奖罚《项目管理目标责任书》约定的
		业务招待费	总会计师10%	财务资金部10%	项目经理80%	按节约（超过）额度的1%～5%给予奖罚《项目管理目标责任书》约定的
		备用金管理	总会计师10%	财务资金部20%	项目经理50%，财务代表20%	因备用金环账造成成本增加，给予成本增加额的1%～5%处罚
		农民工工资管理（造表发放）	生产副总5%，总会计师5%，分管领导5%	项目管理部10%，财务资金部15%，综合办公室10%	项目经理20%，财务代表20%，办公室主任10%	因农民工工资发放引起的经济纠纷，给予纠纷损失额的1%～5%处罚
		办公差旅费	分管领导10%	综合办公室20%	项目经理40%，办公室主任30%	按节约（超过）额度的1%～5%给予奖罚《项目管理目标责任书》约定的

续表

序号	责任标	公司责任领导	公司责任部门	项目责任人	奖罚原则
5 其他	技术成本（科技研发、技术创新等）	总工程师 10%	项目管理部 20%	项目经理 40%、技术总工 40%	通过技术手段降本增效的，视增加项目净收益的情况，给予 1000 元～1 万元的奖励
	质量、安全、工期、现场文明施工管理	总工程师 10%、生产副总 10%	项目管理部 10%	项目经理 15%、生产经理 15%、技术总工 15%、质安主管 10%、分管工长 15%	（1）质量、安全、后期维修费用等按节约定额度的 1%～5% 给予奖罚。 （2）工期延误，但未及时提交工期顺延报告，按项目刚性成本支出额度的 1%～5% 给予罚款或未按合同约定的签认时间得到同得签认的
	前期营销费用（营销中介费用、营销奖励费用等）	营销主管领导 20%	市场营销部 50%	营销经理 30%	按工程造价总价的 1% 为控制标准，按节约（超过）控制标准的 1%～5% 给予奖罚
二	其他指标				
1	工程结算	总经济师 10%	商务合约部 20%	项目经理 40%、商务经理 30%	按结算责任状执行
2	资金回收	总会计师 20%	财务资金部 20%	项目经理 40%、项目会计 20%	按公司财务管理办法执行
3	工程竣工资料	总工程师 10%	项目管理部 20%	项目经理 20%、技术总工 30%、资料员 20%	按《项目管理目标责任书》约定期限内完成，否则视造成损失情况给予 2000 元～1 万元的处罚

注　各指标奖罚金额由公司责任领导负责分配。公司通过考察招标的方式确定人工、材料、设备等分包单价，公司侧重对量负责；项目侧重对价负责。此成本管理分解项目权重主要侧重对工程量的控制。

整改"的要求，积极接受公司对项目的成本管理过程监督、检查和指导，持续改进项目成本管理方法。

4）组织和实施项目签证、索赔、结算、收款工作，按时、真实、准确编制成本考核资料，配合公司进行《项目管理目标责任书》确定的过程成本考核与最终项目成本考核。

5）项目经考核后的兑现分配权归项目经理部所有，但必须执行公司关于项目兑现分配的原则及员工岗位绩效工资管理办法等相关规定。

五、 标前成本测算

（1）所有工程项目投标前（非投标项目为签约前）均应组织专业人员进行标前成本测算。在做相应合同评审，需查看项目投标预期利润率测算与审批文件时，则应按要求作为合同签订前评审的附件资料。

（2）公司应逐步建立健全投标成本快测体系，标前成本测算应力求详细准确。

（3）公司应将标前成本测算明细资料作为基础经济档案保存，标前成本测算值的最终审批人为本单位总经济师或总经理。

（4）项目责任成本管理目标确认方法：根据项目投标预期利润率确定上缴管理费比例或金额（即责任成本管理目标上缴管理费比例＝投标预期利润率），如公司对项目有特殊战略定位考虑，上缴管理费可下浮1‰～2‰作为对项目的政策鼓励。

六、 项目管理风险抵押制度

（1）公司所有施工项目应实施"项目管理风险抵押"制度，并在《项目管理目标责任书》中明确缴纳岗位范围、时限及额度。风险抵押金交纳标准见表4-1-2。

表4-1-2 风险抵押金交纳标准 （万元）

项目承包班子	A类工程		B类工程		C类工程	
	自营	联营	自营	联营	自营	联营
项目经理	5	2	4	1	3	0.5
项目副经理	2	1	1.5	0.5	1	0.2

注 项目经理在竞聘时承诺的交纳额度必须按其承诺交纳，项目班子其他成员原则上按以上标准交纳。若项目经理竞聘承诺不能兑现，在过程考核及最终考核兑现时奖金减半，扣减的项目经理奖金按比例分配给项目其他人员。

1）项目经理及承包班子应于《项目管理目标责任书》签订之日起10日内如数用现金缴纳风险抵押金，抵押金原则上应一次全额缴纳。凡逾期未缴纳的项目，在过程考核及最终考核兑现时奖金减半。

2）对于一次性缴足规定风险抵押金确实有困难的人员，由所属项目部申请，经公司总经理批准，可采取对其部分收入逐月转抵、直到缴足的方式，但转抵期限原则上不得超过6个月，逾期仍未全额缴纳的项目及人员，在过程考核及最终考核兑现时奖金减半（6个月内不影响奖励发放）。

3）项目经理部缴纳的风险抵押金的总额由公司成本主管部门核定，在责任状里明确，由公司财务部门负责收取和催办及保管并出具收据。

（2）项目风险抵押采取项目承包班子抵押的方式。项目承包班子成员：原则上要求由项目经理、商务经理、技术总工、生产经理组成，各项目经理部也可根据项目实际情况适当调整，具体人员名单由项目经理部申报，公司商务合约部及主管领导审核。名单及风险抵押金数额在《项目管理目标责任书》中明确。

（3）风险抵押金的返还：项目竣工结算、分包与分供结算已完成；项目实际成本费用已核准、债权债务已明确；竣工资料已归档；经审计完成了《项目管理目标责任书》的约定目标，风险金退还本人，并按银行同期存款年利率增加两个百分点支付利息。若项目经审计后，不能满足责任书明确的上缴指标，则用风险抵押金抵扣，直至抵扣完。

（4）风险抵押金的转抵：员工在甲项目缴纳的风险抵押金尚未具备返还条件时，进入乙项目工作，可将其在甲项目缴纳的风险抵押金的不超过50％部分转入乙项目（此时其在甲项目的风险抵押金权重不做改变），但转抵额度不大于乙项目应缴金额；甲项目明显亏损时不得转抵风险抵押金。

七、 项目目标责任成本与项目商务策划

（1）公司对施工项目必须以《项目管理目标责任书》的形式进行项目目标责任成本管理。项目经理应以《项目岗位成本管理目标责任状》对项目各岗位员工进行岗位目标责任成本管理。

1）项目责任成本实施以"价本分离"的方式进行，落实责任目标与实际成果间的对比与考核。

2）项目的目标责任成本管理分二级具体实施，一级是以《项目管理目标责任书》形式明确的公司对项目的目标责任成本管理；第二级是以项目岗位成本责任状或以在项目成本策划中的成本责任分解形式明确的项目经理部对各岗位责任人的项目岗位成本责任制。

（2）施工项目必须由公司下达书面的《项目管理目标责任书》，明确项目总体、主要分项的成本管理目标。

《项目管理目标责任书》由项目经理与公司总经理在项目开工后30天内签订。项目的《项目管理目标责任书》由集团合约法务部备案生效后交集团审计部留存（责任书的变更同前述审批流程）。项目最终兑现审计时，集团审计部以备案生效版本进行相关审计，未经备案的责任书或责任书变更不作为审计依据。

（3）在项目实施条件发生较大变化时，应对项目目标责任成本根据实际条件变化进行必要的调整。

1）原则上项目施工过程中对其目标责任成本指标不调整，而是在项目竣工结算后的最终兑现时进行总体一次性调整，过程中确因变化重大而需立即调整的，须得到公司总经济师提议，公司总经理批准。

2）项目目标责任成本的调整要求由项目经理部提出书面报告，经公司成本管理委员会审批后按责任书签订审批或备案程序进行审批或备案。

（4）项目商务策划是项目策划的重要组成部分，各项目应在项目开工后规定时间内编制项目商务策划书，报公司审批；一般自营项目成本策划书编制时间为开工后30

天内。

（5）项目正常水平成本费用包括：劳务费、实体材料费、机械费、分包工程费、技术措施费、综合措施费、间接费、维修及安全成本。成本费用组成详见表4-1-3。

表4-1-3　　　　　　　　　　　　成本费用组成表

一、项目实体费	劳务费	完成工程量清单分部分项工程实体所需劳务费	人工费、含在劳务费中的辅材及小型机具
		辅助用工	门卫、现场保卫、水电工人用工、食堂人员等辅助人工费
		零星用工	合同外清扫、装卸、文明施工、场内二次转运费等
	实体材料费	完成工程量清单分部分项工程实体所需材料费（含采保、运输、损耗、包装等）	钢材、水泥、砂石、砌体、商品混凝土（砂浆）、石灰、结构件、装饰材料等
		辅材费	指未含在劳务费中的辅材费
		水电费	生活用水电费
			生产用水电费
	机械费	机械设备的租赁费等	租赁费、维修费、保养费、油料费、燃料动力费等
		机操人员工资	
		小型机具配置费	指未含在劳务费中的小型机具配置费
		大型机械进出场及安拆费（含设备基础）	
	分包工程费	项目分包	指项目自行发包的包工包料专业分包工程（如：土石方、桩基、防水、铝合金门窗、防火门窗、幕墙、人防工程、涂料、栏杆扶手、厨卫排气道等）
		公司分包	指公司发包的包工包料专业分包工程（如：水电安装、钢结构等）
		甲方分包	甲方指定分包项列收入则进成本，若不列收入则不进成本、只将总包管理费及配合费列收入

续表

二、措施项目费	施工措施项目费	模板支撑系统费用	(1) 自行采购模式：模板、木枋摊销费；架管、扣件、早拆头等租赁费（包括损耗、运输等费用）。 (2) 按建筑面积包工包料给劳务分包队伍：由商务人员按主体完成建筑面积计取相应费用
		外架系统费用	(1) 自行采购模式：架管、扣件租赁费（包括损耗、运输等费用）。 (2) 按面积包工包料给劳务分包队伍：由商务人员按主相应面积计取相应费用
		检验实验费	(1) 对建筑材料、构件进行的一般鉴定与检查，如混凝土、钢筋、砂浆及砌块的检验实验费、钢筋保护层检验等。 (2) 对新材料、新结构的试验费，对构件做破坏性实验及其他特殊的试验费，如试桩费、幕墙抗风试验费等
	安全防护与文明施工措施项目费	临时设施费	临时设施费指为进行工程施工所必须搭设的生活和生产用的临时建筑物、构筑物和其他临时设施费用。包括：项目办公、生活用房、临时道路、围墙、加工棚、临时用水（水管、阀门等）、临时用电（电线、电缆、开关箱、配电箱、接电保护等）设施费、绿化等
		安全、文明施工费	脚手架安全防护、临边洞口交叉高处作业防护（如竹架板、竹篾笆、安全网、槽钢摊销、防护栏杆、防护门、高空操作平台等） 安全标志标语及规程。 安全教育宣传培训、安全评优；个人安全防护用品、用具（如安全帽、手套等劳保用品）。 季节性安全费用。 施工现场急救器材及药品。 机械设备安全防护措施。 消防设施、器材。 项目意外伤害保险费。 其他安全专项活动费用
		CI 费用等	
三、间接费用	现场管理费	管理人员工资等	指管理人员的工资、职工福利、劳动保护费、劳动保险费（含安全人员的工资）
		办公费	因现场管理办公所需发生的费用，如文具、纸张、书报、会议等费用及办公用品的摊销费用
		社保（五险一金）、工会经费、职工教育经费	
		差旅交通费	
		业务招待费	
		财务费	为筹集资金而发生的各种费用
		财产保险费	施工管理用财产、车辆保险
		科技研发、诉讼费等其他	
	规费	定额测编费、中标服务费、招投标代理费、价格调整基金、安全服务费、环保、排污费	
		工程保险费等	

续表

四、其他	维修费	工程维修费、已完工程及设备保护费	
	专项奖励	营销、质量、安全、进度、结算等专项奖励	
	前期营销费用	项目前期的营销成本	营销业务费及其他费用
五、税金	工程税金		

（6）项目正常水平成本计算方法：

1）项目实体费。

a. 劳务费：

（a）清单分部分项实体工程劳务费（该部分劳务费一般包括部分辅材和小型机具使用费等），具体可采取以下方法之一：

a）参考投标阶段分析的定额工日，结合本单位同类子项工作经验积累数据调整后的工日数乘以经公司批准的市场价或合同价。

b）分项实物量单价包干的分包模式，按经公司批准的市场价或合同价乘以工程量计算。

c）工程建筑面积平方米包干单价大清包的分包模式，按经公司批准的市场价或合同价乘以建筑面积计算。

（b）辅助用工：包括维护水电工、现场保卫人员、食堂人员等。辅助用工配置见表4-1-4。

表 4-1-4   辅助用工配置

工程类型	A类工程	B类工程	C类工程
维护水电工人数（人）	4	3	2
食堂人员（人）	2	2	1
现场保卫人数	按施工现场每门配置2人		

（c）零星用工（合同外的清扫、装卸、文明施工等零星用工）：房建项目按建筑面积以3元/m²包干计取，公建项目按造价的0.5%包干，但不高于劳务成本的2.5%。

（d）已含在劳务单价中的辅助用工和零星用工不再另外计取。

b. 实体材料费。

（a）主材价格按现行市场价格确定，甲供材以发包人确认价格为准，材料数量包括材料的损耗。材料损耗率的确定原则如下（供参考）：商品混凝土按图示尺寸计算不计损耗；现场自拌混凝土用砂、石、水泥根据实验室的实际配合比情况乘以1.6%的损耗系数计取；钢筋按预算量下浮4%计取（不含钢材本身的负公差，过磅另加3%）；砌体、砂浆按定额消耗量计取；外墙块料的损耗系数按5.0%计取；其他块料、屋面瓦等大宗材料按定额损耗计取；次材用量除特殊规定外按定额消耗量下浮8%（或按照主材成本1%~2%的比例）计取。

（b）工程用水电费一般可按预算造价的0.8%~1.5%计取。

（c）已含在劳务单价中的辅材或包工包料中已包含的辅材不再另外计取。

c. 机械费。

（a）机械租赁费：根据施工组织设计中的机械设备需用计划，进场、出场时间及公司确定的市场租赁价格计算。

（b）非租赁的主要小型机具购置费：根据施工组织设计明确配置数量，按市场价格计入。

（c）塔式起重机按经审批的施工组织设计配置（明确规格型号），租赁时间为18层以下按建筑结构主体工期另加有人货电梯3个月，无人货电梯4个月，然后计入成本；18层以上按建筑结构主体工期另加有人货电梯4个月，无人货电梯5个月，然后计入成本。人货电梯从8层主体完工开始计算，到外架拆完加一个月为止。

（d）机操工配置：塔式起重机6人/台（含随机、指挥人员）、人货电梯4人/台（含随机人员）、搅拌机2人/台，物料提升机2人/台，机操工的使用时间同设备进出场时间，机操工人工费按公司确定的工资标准计算。

（e）已计入劳务单价的或包工包料工程已包含的小型机具不再另外计取。

d. 分包工程费。

项目自行包工包料分包工程按公司确定的市场价进入成本；甲方指定分包项目列收入则进成本，若不列收入则不进成本，只将总包管理费及配合费列收入。

2）措施项目费：包括技术措施费和综合措施费。

a. 技术措施费。

（a）模板支撑系统费用。

a）模板支撑架费用计算。架管扣件数量：根据建筑层高和建筑面积配置见表4-1-5（供参考，可根据各项目的项目策划和施工方案调整计算）。

表4-1-5　　　　　　　　　　建筑层高和建筑面积配置

序号	层高（m）	架管（t/100m²）	扣件（套/100m²）
1	2.7以下（含2.7）	4.612	966
2	2.7～3.6（含3.6）	4.999	966
3	3.6～4.5（含4.5）	6.536	1287
4	4.5～5.4（含5.4）	6.920	1287
5	5.4～6.3（含6.3）	8.459	1610
6	6.3～7.2（含7.2）	8.842	1610

架管扣件租赁费用的确定，一般情况下数量按上述规定计算的工程总使用量，租赁时间按平均每层搭拆时间为20天考虑，地下室和裙房按25天/层，转换层按30天/层单独考虑；特殊情况下，按施工组织设计中明确的施工方案和工期计算。租赁单价按公司下达的市场指导价计算。

架管扣件损耗：按架管损耗小于或等于2.5%、扣件损耗小于或等于6%计算。

架管扣件运输费按进场、出场量和市场运输价格计算。

b）模板木枋费用计算。模板数量根据施工组织设计配置计算；模板单价按16mm

厚木胶合板（材质要求：至少能周转 8 次）的市场价考虑。

模板背枋：按 60×80（mm）规格，框架综合楼 1m² 模板的摊销面积配 6m，即 $S/35$；高层住宅 1m² 模板的摊销面积配 7m，即 $S/30$ 计算；其中 S 为按施工组织设计模板配置面积。

模板木枋周转次数：根据工程施工组织设计和施工方案确定周转次数。

残值的确定：见表 4-1-6。

表 4-1-6　　　　　　　　　　　残值的确定

名称	周转次数		
	4 次以下（含 4 次）	4 至 6 次（含 6 次）	7 次以上（含 7 次）
模板	20%	10%	0
木枋	60%	50%	35%

（b）外架费用。外架管扣件数量：按双排钢管扣件脚手架计算，每 100m² 外墙投影面积配置钢管（ϕ48）1728kg，扣件用量 325 套。

租赁时间（日历天）$T=T_1/2+T_2+2T_3/3$。其中：T_1 为正负零以上主体工期；T_2 为主体封顶至外装饰开始时间（根据施工方案确定，高层建筑为 30 日历天，多层建筑为 15 日历天）；T_3 为外装饰时间。

架管扣件运输费按进出场量和市场运输价格计算。

架管扣件损耗：按架管损耗小于或等于 2.5%、扣件损耗小于或等于 6% 计算。

安全网和竹架板：按方案配置面积×市场单价×0.7。

外架使用槽钢摊销、洞口、临边及人行坡道、卸料平台费用按施工方案确定的数量及市场单价计入。

若采用爬架，按公司确定的市场价计入。

（c）检验试验费。房屋常规检验试验费为 1 元/m² 建筑面积。

（d）机械进出场及安拆费：按经批准的施工组织设计中明确的机械台班数量和公司的机械进场、出场及安拆费用台班指导价进行计算（含地脚螺栓费用）。设备基础费用按批准的施工方案计算。

b. 综合措施费。

（a）临时设施费用。

方法一：按工程造价乘系数 1.5%～1.8% 计算。

方法二：依据施工方案计算（但不得超过工程造价的 1.8%）。

办公及宿舍临建：按活动板房公司租赁单价及公司批准的施工方案确定的面积计算（包括基础工程）。

附属用房（包括库房、养护室、机修、门卫室等）：按附属用房规格用途及公司批准的施工方案确定的面积计算（包括基础工程）。

临时水电设施、施工围挡、临时道路、场地硬化：按公司批准的施工方案确定的数量及市场单价确定。

（b）文明施工及 CI 覆盖费：以下表所列标准为上限，可以根据项目特征与工程是

否创优等具体情况，在上限控制范围内进行调整。

文明施工费用标准见表 4-1-7。

表 4-1-7　　　　　　　　　**文明施工费用标准**

工程类型	A类	B类	C类
文明施工费（万元）	5	4	3

CI 费用标准见表 4-1-8。

表 4-1-8　　　　　　　　　**CI 费用标准**

工程类型	公司定位看点项目	CI 创优项目	CI 达标项目
CI 包干费（万元）	12	9	6

3）间接费。

a. 现场管理费。现场管理费包含的现场管理人员工资、办公差旅费、通信、业务招待费等按公司文件执行。

b. 规费。规费参照当地政府部门有关规定计取，一般按不超过自营造价部分的 0.8%。

4）维修及营销、质量、安全等奖励费用。

维修成本：房建项目按工程造价的 3‰ 计算；公建、市政、安装项目按工程造价的 1‰ 计算。

八、项目过程成本管控

（1）项目必须有效实施项目岗位成本责任制。由项目经理组织牵头，依据下达的目标责任成本按项目分段、分项目标成本分解到项目各相关岗位、个人，明确岗位具体应控制的最大支出额度或应节余指标。

1）每月/季/节点末，项目经理将下月/季/节点施工控制目标依据岗位责任下达给相关责任人，明确每项施工内容的工程量、要素消耗控制指标。

2）施工过程中，各具体岗位人员必须针对责任指标，过程控制消耗量支出。

3）每月/季/节点完结时，项目经理应组织相关管理人员，根据实际消耗量，对比岗位责任成本和消耗控制指标，计算和确定节超量和节超额，分析改进现场施工措施和管理，其结果报项目经理审核后作为项目岗位人员考核兑现依据。

4）项目经理应每月组织并主持召开项目人员参加的经济活动分析会，由项目工长、成本会计、办公室人员、材料员、设备员等人员介绍、分析上月的费用发生情况，总结经验，找出问题，并提出改进措施。

5）项目部的月/季/节点成本分析时，对项目后续未完工程的盈亏预测是当期成本分析所必须的内容之一，即项目每次成本分析应对项目总体盈亏状况进行评价。

（2）必须坚持落实和推进"工长算量"的要求，项目生产一线的管理人员必须根据项目成本责任分解的目标考察自己的控制管理效果，"工长算量"的基本资料应作为项目成本分析的基础资料管理。

九、 项目成本核算

（1）成本核算科目设置应符合以下要求：项目成本按项目人工费、材料费、机械使用费、其他直接费、分包工程费、间接费等核算科目，每个科目下设辅助科目，真实记录成本费用发生的组成；核算内容应与计划成本口径一致。

（2）成本核算制度与原则：成本核算应执行《会计法》《企业会计准则》《集团股份会计制度》等国家财经法规及内部规章制度。项目成本核算应严格坚持施工形象进度、施工产值统计、实际成本归集"三同步"（形象进度、施工产值统计、实际成本）的原则。

（3）施工过程中项目的核算，应以每月为一核算期，统一按上月的26日至当月的25日，则每月25日为自营项目工程量盘点、分包结算、材料盘点、租赁费等月成本计算截止日。

（4）项目成本核算方法：项目成本核算应按实际成本核算的原则进行。项目目标（计划）成本减去项目实际成本后的数额，为项目部的成本降低额（负数为超支），是项目核算成本的主要指标。

（5）项目商务经理组织项目预算员、成本会计员、材料员及时并准确计算和反映自营工程每月计划成本、实际成本和成本降低额，办理工程内外结算，并向项目成本会计提供相应的成本核算基础资料。

（6）项目实体工程费核算一般规定。

1）人工费核算：

人工费核算包括核算分包纯人工费（含辅助材料及机具）、自有工人工资、文明施工CI实施用工费、场内材料搬运清理用工费及零星点工等费用。

（a）清包工成本中如包含其他费用时，商务经理应根据合同予以区分，会计核算人员应正确归集相关成本明细对象。

（b）分包纯人工费根据分包合同和本项目用工情况，由工长按期开具施工任务书，项目商务合约部办理劳务结算，经项目商务经理审核、项目经理批准，报公司复审后，计入工程成本，作为支付过程分包款项的依据。

2）材料费核算：

（a）材料计价原则：材料验收入库时按当批材料的实际成本计价核算，材料出库领用时，按会计制度规定的"先进先出法"进行核算。

（b）材料计量原则：材料验收、发料、盘点，可按点数、过磅、尺量等方法和各种方法相结合计量，计量时项目部至少两人参加，并全过程参与。材料验收、发料、盘点要做原始计量记录，根据原始计量记录计算填制材料验收单、发料单和盘点表，并作为其附件由材料部门装订保管，作为核算原始依据。

（c）材料盘点：库存材料每月盘点，盘点时间与工程盘点同日，即为上月26日到当月25日，并依据材料物资盘点表调整库存材料账面余额和月材料消耗成本，即"以盘定耗"。某品种或规格材料月消耗成本＝上月库存＋本月购买－月底盘点库存。

（d）直接消耗材料采购价差收入核算：工程消耗材料无论是公司采购还是项目部采购，材料实际采购单价与计划成本单价之差形成的采购价差收入或超支归项目所得，由

项目部直接反映核算。公司集中采购的材料，如商品混凝土、钢材、地材、大宗装饰材料等，项目部参与。当采购单价超过计划成本单价时，应征得项目同意后才可采购。

(e) 低值易耗品摊销核算：使用时间较长的在用工程小型工具、机具、劳保用品、办公用品等低值易耗品，按会计制度规定的一次摊销法进行核算。

(f) 剩余材料核算：工程完工后，项目部回收的剩余材料，项目部使用双方协商价进行计价核算；协商不一的，由公司物资主管部门按照充分利用现有资源的原则，结合项目部双方意见，按均衡价或市场价确认价值，通知项目部双方计价核算。

(g) 分包单位包清工中包含材料费用时，商务经理应予区分并进行预估及时归集；分包结算时，按实际发生额计入，同时冲销原相应的预估。分包商在施工过程中领取本项目的材料或其他物资时，应通过合同约定或补充约定，实际领用时应由分包商法人授权领取，项目商务经理审核、项目经理批准，会计核算时比照债权管理进行会计处理。

3）机械费核算：

(a) 机械费包括项目自有机械设备（非租赁小型机具购置费）、机械进出场及安拆费、承租机械设备费用核算，机械设备操作工工资和奖金的分配、机械设备燃料动力电费等。

(b) 承租机械设备费用支出。承租机械设备费用支出按核算期由机械管理岗位人员提供，经项目经理批准后，成本会计计入项目成本。

(c) 租赁设备自带操作工或外聘操作工的，按合同由办公室管理员办理结算，经项目经理审批后报送项目成本会计计入项目成本。

(d) 项目自有非租赁小型机具购置费一次性进成本，完工后按回收价值冲抵项目成本。

(7) 分包工程（包工包料分包）费核算。

1）核算分包成本支出时，应由分包商提出当期完成额，经项目责任工程师（工长）、商务经理、项目经理的审核批准后，作为成本预估支出的主要依据，同时也作为支付款项的条件之一；待办理最终结算后调整预估成本。

2）公司分包（消防、水电安装、钢结构等）、业主自行指定分包（我方总包，收取管理费、配合费）划归项目的管理费、配合费可冲销项目分包成本，或计列项目收入进行核算。

(8) 施工措施项目费核算。

1）周转材料费用：

(a) 自行采购或租赁模式：模板、木枋采用工作量法按月摊销计算成本，不考虑残值。模板（木枋）月摊销量＝累计投入总价值×本月主体产值/主体总产值。工程完工后，根据实际盘存回收价值或调拨价调整摊销成本；安全网、竹木挡板月摊销成本＝累计需用价值×本月主体产值/主体工程预算产值；项目部租赁的架管、扣件、吊料平台、型钢挑梁等周转料具，按月计算租赁成本。根据总需用量预估总损耗，按月主体工作量分摊。

(b) 按建筑面积包工包料给劳务分包队伍：由商务人员按主体完成建筑面积计取相应费用。

2) 检验试验费按核算月当月实际发生计入项目成本。

3) 临时设施费核算：

（a）项目部临时设施分别按"办公临建""其他"单独归集核算。办公临建包括办公及宿舍临建、附属用房、加工棚、临时道路、施工围墙（围墙）及围墙大门、垃圾废料坑、场地硬化等。

（b）临时设施费依据主体产值进行摊销，完工后按实际回收价值冲抵项目成本。

4) 安全防护与文明施工费：文明施工费、安全施工费、环境保护费等安全文明施工及 CI 费用按实际发生计入项目成本。

5) 凡涉及周转材料费、临建设施费等需进行分期摊销措施费用时，项目商务合约部门为摊销额确定的发起责任人，相应的物资设备等部门为摊销额确定的会签人。

（9）间接费核算：包括规费和现场管理费等。按项目管理人员职工费用、办公费（包括物料消耗及办公用品、电话、差旅、车辆使用费、会议、网络使用费等）、业务招待费、物业费、折旧及摊销费、税费、劳动保护费、财产保险费、上交管理费、工程保修费、其他现场管理费等明细科目核算，计入当月成本。

（10）收入确认：按照建造合同准则的要求确认项目收入，进行会计核算。其中签证部分甲方未确认的，收入暂按预估成本价且不超过预计签证额的 50% 计，待甲方确认后按实际签证额计取。

（11）未完施工成本核算：月成本核算期内，项目完成的工程量中按合同或规定不能向甲方报量部分，月成本应扣除已完成未报量部分的实际成本，作为未完施工成本，反映企业尚未完工的建造合同成本和合同毛利。

十、 项目成本分析和考核兑现

（1）项目施工过程中应按月进行项目成本分析，公司按季度或节点对各项目进行项目成本考核兑现，确保每季度覆盖到所有自营项目。公司对项目的具体考核详见附表。

1) 项目自行组织的过程成本分析分的时点一般按月度。

2) 要求项目的季度、主体封顶及竣工节点成本分析必须以专题会议的形式进行，且必须编制正式的"三算对比"成本分析资料，项目全体管理人员应在会议上针对本岗位的目标成本责任进行对比分析发言。

"三算对比"是指同期的工程"预算收入""目标成本""实际成本"三项数据的对比分析。该"预算收入"的概念应有别于"工程建造合同收入"，应以月底工程盘点实际完成量计算的合同预算收入为基础编制。

3) 项目应于次月 10 日前由项目经理组织商务经理、预算员、材料员、项目会计等编制月度成本分析报表，在 15 日前由项目经理主持召开项目月度成本分析会，项目关键岗位人员应针对本岗位目标成本责任进行对比分析，对存在的问题提出改进意见。

（2）公司按季度、竣工节点及最终进行考核。

项目成本考核程序（季度/节点考核范表参照月成本分析表格，另增加编制说明、奖金审批表、现金流量表）：

1) 季度考核：季度末的 24 日至 25 日，由项目部相关人员共同对在建工程和库存物资进行盘点，并形成签字认可的盘点表（公司统一安排参与重点项目、问题项目的季度

盘点工作）。由项目部负责在季度的次月 10 日前，按公司制定的统一成本考核表格，真实填写成本考核资料报公司审核，公司于 30 日左右完成季度考核资料的审核工作，作为项目季度兑现的依据。

2）竣工节点考核：项目完工时（当天或第二天），由项目部上报公司商务合约部和物资设备部到项目部与项目相关人员共同对库存物资进行盘点，并形成签字认可的盘点表。项目部 15 日内按公司制定的统一成本考核表格真实填写竣工节点成本考核资料报公司审核，公司收到考核资料后 30 日内完成考核资料的审核工作，作为竣工节点兑现的依据。

3）最终考核：项目完工，工程余料已退库或按规定处置，各类分包结算已完成，工程竣工结算办理完毕，资料归档完成，由项目部报公司申请最终兑现审计，公司同意申请后确认符合条件且资料齐全后移交集团审计部进行项目最终兑现审计并提出项目最终兑现审计报告，最后由公司成本管理委员会审会签确定项目最终兑现奖金额。

（3）项目过程预兑现的一般原则。

1）项目过程考核兑现应坚持谨慎性原则。一般按季度、年度为过程预兑现发放期。

2）项目进行过程兑现一般应符合下列要求：

（a）经考核保证公司上缴费用后确认当期（累计）有成本降低额（率）且净现金流为正。

（b）经审核的后期利润预测仍能满足责任上缴。

（c）《项目管理目标责任书》的当期目标均已完成（未完成的指标应进行相应抵扣兑现处罚）。

（d）过程兑现奖金额一般不超过保证公司上缴费用后当期成本降低额的 20％（主体阶段不得超过 15％，装饰阶段不得超过 20％）。

（e）该过程预兑现奖发放时要求项目管理班子出具书面预借奖金承诺。

3）对于不能满足正净现金流条件，但情况特殊的项目可经公司总经济师、总经理审批后预兑现。该种情况下可采用过程预兑现奖金预借制，即项目班子应出具"过程预借奖金承诺书"。

4）项目过程兑现分配一般应遵循下列原则：

（a）项目班子分配比例不超过应兑现额的 55％；其中项目经理的分配比例为应兑现额的 25％～30％，副经理的分配比例为应兑现额的 10％～15％。当期未缴纳或未缴足风险抵押金的员工（不包括经批准以部分工资收入逐月转抵的员工）最高只得发放当期名义应得奖金全额的 50％；奖金分配方案由项目部领导班子签字确认后分别报公司商务合约部、综合办公室备案，由公司人力资源管理员统一造表发放。

（b）公司在年终时，可从项目成本降低额中提取不超过应由企业所得部分的 10％，作为发放项目成本节余奖金，重点奖励给参与成本管理的部门，由公司总经济师分配，总经理审批。公司在年终时，根据成本检查小组业绩考核情况，从项目成本降低额中拿出 3 万～10 万元，对公司成本检查小组成员发放项目成本节余奖金，由公司总经济师分配，总经理审批。

（4）项目结算完成后 30 日内，项目经理应组织编制本项目的最终成本分析报告，相关实际成本数据由公司统计分析后录入相应数据库，作为公司投标报价的参考依据。

（5）项目完工结算后，公司均应对项目进行最终成本考核；公司在项目工程余料已退库或按规定处置，各类分包采购结算已完成，工程竣工结算办理完毕，资料归档完成后及时进行管理审计。

（6）项目最终考核兑现的一般原则。

1）项目的最终考核兑现的前提条件：

（a）项目已交竣工，总包与分包结算已审定，实际成本已核定，债权债务已确认（含清场后的工程余料及临时设施、办公、生活等所有公有财物均已按规定进行了清理、处置）。

（b）项目的应收、应付账款必须核实无误。

（c）项目其他应收款（含备用金）必须清理完毕，不留余额。

（d）按要求整理归档的各类工程技术资料和与之相关的各类经济资料（如工程资料、结算审计资料、竣工成本分析资料等）全部移交公司有关职能部门。

（e）项目最终考核、审计已完成且审计报告已经审批通过。

（f）项目应收款项已全额收回（一般不含质量保修金）；项目无任何纠纷与诉讼等遗留问题；有后续工程的项目未影响后续工程的承接。

2）最终考核审计规定。先由公司商务合约部组织物资设备部、财务部等相关部门，对达到最终考核兑现项目的《项目承包管理责任书》进行考评与审计，并在《项目承包管理责任书》履行情况考评报告书签署审核意见，出具审查报告；同时将所有考核资料报集团合约法务部进行审查，审查核实后报集团审计部，在报送考核资料15天后，审计部根据审核情况组织审计小组进行就地审计，出具审计报告。

3）项目最终考核兑现分配的标准：项目班子分配比例不超过应兑现额的55%；其中项目经理的分配比例为应兑现额的25%～30%，副经理的分配比例为应兑现额的10%～15%。奖金分配方案由项目部领导班子签字确认后分别报公司商务合约部、综合办公室备案，由公司人力资源管理员统一造表发放。

4）项目最终兑现审计报告已经过公司审批通过，其他条件均已具备，但应收款项中的保修金暂未回收时，可依据审定项目名义应兑现额的70%暂发，剩余部分待项目款项全额收回后补充兑现。

十一、 成本管理综合检查奖罚

（1）成本管理综合检查每季度评比一次，根据成本检查小组的评分汇总（详附表七）确定排名，第一名奖励5000元，第二名奖励3000元，第三名奖励1000元，倒数第一名罚款1000元；对在成本管理综合检查评比中进步比较大的项目，设置进步奖一名，奖励2000元；对于在成本管理综合检查排名前三名的项目，成本分析可根据项目实际情况两个月或每季末做一次，对于排名倒数的项目必须每月坚持做成本分析。

（2）对在成本分析、成本控制或项目开源节流中成绩突出的亮点员工（需提供书面成本分析及经验总结材料），设置单项奖励；每季度单项奖设置5～10名，奖励1000元/名，并在公司商务季报和网站上进行宣传。对在成本分析和成本控制中敷衍了事、玩忽职守或管理失职，给项目造成不必要损失的个人，给予200～1000元/名的罚款。

（3）对于在成本管理中取得突出成绩的优秀个人（包括各施工工长、预算员、材料员、办公室管理员等），在主体封顶和竣工结算完成后可将自己开源节流的措施及已取得成绩进行分析并形成书面汇报材料，报公司成本检查小组审核。成本检查小组根据审核结果，并报公司总经理批准，可给予优秀个人1000～5000元的单项奖励。

十二、附则

本办法由公司商务合约部负责解释。本办法自颁布之日起施行，并报集团合约法务部备案。

第二节　标杆企业施工项目成本管理实例附件

本办法附件：

附件一：成本委员会及成本检查小组名单。

附件二：成本考核评分及排名表。

附件三：项目商务策划书。

附件四：项目月或季度成本分析表。

附件五：项目季度/节点过程成本考核资料编制要求。

附件六：项目成本盘点要求。

附件七：项目季度/节点过程考核预兑现奖金审批表。

附件八：项目最终考核兑现表。

附件九：项目管理目标责任书。

附件十：目标责任分解责任状模板。

附件十一：奖金预兑现承诺书。

附件一：成本委员会及成本检查小组名单

成本委员会名单见表4-2-1，成本检查小组名单见表4-2-2。

表4-2-1　　　　　　　　　　　　成本委员会名单

组成	岗位	成员名单
主任	总经理	徐某某
副主任	总经济师	罗某某
组员	党委书记兼副总经理	黄某某
	副总经理	齐某某
	总会计师	张某某
	总经理助理	胡某某
	项目管理部经理	左某某
	商务合约部经理	陈某某
	物资设备部经理	白某某
	财务资金部经理	张某某
	商务合约部副经理	李某某
	项目经理	任某某
	项目经理	邹某某
	项目经理	欧某某

表4-2-2　　　　　　　　　　　　成本检查小组名单

组成部门	岗位	组员名单
带队领导	总经济师	罗某某
主管领导		
商务合约部	部门负责人及分管负责人	陈某某、郭某某
	成本及结算管理	蔡某某
财务资金部	成本稽查	万某某
物资设备部	部门负责人及稽查	白某某
综合办公室	部门负责人	孙某某
项目管理部	设备管理	孔某某

注　每月12～25日为项目成本检查时间，本月检查上月成本分析。刘总选择性参加，不列入名单内；项目管理部经理参加成本检查的次数保证每季度覆盖到所有自营项目；公司根据需要，可抽取一至两名项目商务经理作为机动人员，参与成本小组的检查。

附件二：成本考核评分及排名表

集团总承包公司项目成本管理综合检查评分汇总表见表4-2-3，项目收入及成本综合管理评分表见表4-2-4，项目物资成本管理评分表见表4-2-5，项目设备成本管理评分表见表4-2-6，项目财务成本管理评分表见表4-2-7，项目综合办公系统成本管理评分表见表4-2-8。

表4-2-3　　　　**集团总承包公司项目成本管理综合检查评分汇总表**

项目名称：　　　　　　　检查日期：　　　　　　　评分总表

序号	考评项目	权重分	公司检查结果		
			得分	折合权重分	检查部门/检查人
1	项目收入及成本综合管理（见表4-2-4）	40			
2	项目物资成本管理（见表4-2-5）	25			
3	项目设备成本管理（见表4-2-6）	10			
4	项目财务成本管理（见表4-2-7）	15			
5	项目办公综合系统成本管理（见表4-2-8）	10			
	总分	100			

表4-2-4　　　　　　　　**项目收入及成本综合管理评分表**

年　月/　季度　　　　　　　　项目名称：

序号	考评项目	标准分	标准分	评分标准	抽检结果	
					扣分	得分
1	基础管理	25	2	项目未于次月10日前提交成本分析资料的扣2分		
			5	项目提交的成本分析资料不完整的，每发现一项扣1分		
			3	项目成本考核资料基础数据非相关责任人提交并签字确认的，扣3分		
			5	项目未针对成本管理目标及时以签订《项目岗位成本管理目标责任状》的方式对项目各岗位员工进行岗位目标责任成本分解的，扣5分		
			5	分供方结算、签证索赔未按规定程序报公司审查，扣5分		
			5	项目是否全员参与成本分析，与成本相关的主要管理人员是否在分析会上发言并递交书面分析资料，每发现一项不符合扣2分		
2	成本核算	40	3	项目成本核算未按公司费用口径统一的要求进行的，扣3分		
			5	零星用工、合同外签证总金额是否控制在合同内劳务费的1%以内，每超过0.1%扣1分，直到扣完为止；已确认扣除相应分供方结算金额的可不计入合同外用工签证总金额，但需提供分供方同意扣款的证据资料		
			5	工长是否算量，是否有相应的计算式，每发现缺一项扣1分；直到扣完为止		
			5	施工任务书未及时签发，劳务或分包未及时进行结算（月清月结），导致成本反映不真实的，扣5分		
			5	商务与财务费用口径统一表格未详细分析出差额原因，扣5分		
			5	工期延误未能分析工期延误原因，及时收集影响工期的证据资料，预估造成的损失并提出工期风险控制措施的，扣5分		

续表

序号	考评项目	标准分		评分标准	抽检结果	
					扣分	得分
2	成本核算	40	3	项目形象进度、工程量和物资盘点三者不对应或盘点基础数据出现严重误差，导致成本资料失真的，扣3分		
			5	管理费占总成本的比例超过3%，每高0.5个百分点，扣1分，直到扣完为止；如工期延误，需有工期延误提供有效签证资料		
			4	临建、文明施工及CI占工程总造价的比例超过1.8%，每高0.2个百分点，扣1分，直到扣完为止		
3	成本分析	35		项目成本分析是否全面有效（共29分）		
			6	有亏损分项时未查明原因并提出相应有效应对措施的，扣5分		
			5	有节约分项时未总结说明经验的，扣5分		
			4	分析未立足总包管理角度，分析不全面的，扣4分		
			5	收入与成本的计取不匹配，导致利润情况失真的，扣5分		
			5	控制结果不理想，不能确保上交的，扣5分		
			4	项目未对上次成本分析提出的整改内容书面回复并按、保质整改完成的，扣4分		
			3	本次成本分析未对上次成本分析整改落实，扣3分		
			3	项目未对总目标成本进行动态调整，以指导后期工作的，扣3分		
项目分值		100		检查项目总分		

检查人：　　　　　　　　　　　　　　　　　日期：

表 4 - 2 - 5　　　　　　　　　　项目物资成本管理评分表

年　　月/　季度　　　　　　　　　　　项目名称：

序号	考评项目	标准分		评分标准	抽检结果	
					扣分	得分
1	计划、合同管理	15	4	项目成立1个月后无物资总计划或计划未报公司的扣2分；计划不准确差别明显的、超计划或无计划采购的扣2分；计划未按要求编制、审批、归档的扣0.5分		
			7	无合同采购的每项扣2～5分；无特殊情况或说明先采购后签合同的扣2分；未按合同评审修改的扣2分；直接议价采购每次必须有真实询价对比记录，缺少或不真实每次扣2.5分；拆分大合同每次扣5分		
			4	小型材料与公司内部信息价相差较大的每次扣2～4分；执行合同过程中因市场波动引起材料价格变化，项目材料未及时进行市场调查分析并书面报告公司的，扣1～4分；未经公司批准有自行提高采购价的扣2～4分		

续表

序号	考评项目	标准分		评分标准	抽检结果	
					扣分	得分
2	现场管理	35	10	物资进场未及时验收每次扣5分；主材及大宗材料进场未按公司程序验收的、送货单多车一票、参加验收人数少于公司规定最少人数的，每次扣5分；无材料人员验收或有代签现象的每次扣10分；收料单填写不清、签字不全或后补的每次扣2分；发现不合格品未按规定程序进行处理的每次扣2～5分		
			5	无限额领料制度（无计划领料）的得0分；限额领料未真正实施或流于形式的扣2～5分		
			5	库内物资一次性开领料单的每次扣2分；未经批准采购属于劳务队自购的材料或领用时未及时开具调拨单的每次扣2分		
			5	现场物资堆放零乱、库房物资未按规格型号摆放整齐的每处扣1分，库存材料未按贮存要求做好保护、防损措施、标识不清、堆放不整齐每一处扣2分，砂石未分堆、砌块未成垛乱倾泻的每处扣2分		
			10	材料使用过程中长材短用、大材小用、挪作他用、浪费明显的每次扣2～5分；模板任意切割、打洞、木枋任锯、用新板、枋搭临建的每次扣2分；材料清理不及时、周转材料退还不及时的每次扣2分		
3	资料管理	13	6	未按公司要求登记台账或滞后的扣5分；未采取合理措施保管数据资料的扣2分；调拨单和领料单使用错误的扣2分；票据每月未及时传递相关部门、未及时上报报表（盘点报表含原始记录单、收支盘存表、领料单等）每拖后一天扣2分		
			2	材料单据未按月归类整理装订保存，查找无序的每次扣2分		
			2	未建立调拨台账的扣5分；当月未及时办理调拨手续的每次扣2分		
			3	废料未按公司要求处理的，先处理后报告或无报告的扣3分；未建立台账、处理原始资料归档整理不规范、不齐全的扣2～3分		
4	成本管理	25	4	成本数据填写缺漏、失真、错误或归类错误的每处扣0.5分；未及时办理结算导致成本数据不符的每项扣2分		
			15	钢材节约率（相对收入）低于6%，每低0.5个百分点，扣1分；混凝土节约率（相对收入）0%，每低0.5个百分点，扣1分；水泥节超率（相对收入）－2%，每超过1个百分点，扣1分；砌体损耗率（相对收入）－2%，每超过1个百分点，扣1分，直到扣完为止		
			6	材料有亏损时未查明原因并提出相应有效应对措施的扣2～5分；未对上次成本分析提出的整改内容书面回复并按时、保质整改完成的，扣2～5分		

续表

序号	考评项目	标准分		评分标准	抽检结果	
					扣分	得分
5	综合管理	12	4	未建立供应商货款及资金支付台账的扣4分；未按审批资金计划支付材料款且无充分理由的每次扣2分		
			2	不熟悉公司物资管理相关文件和流程的扣2分；不熟悉项目合同的扣2分		
			2	考核期内无投诉，可得分		
			4	对沟通、协调、配合能力定性考核，由公司定性评判ABC三档，分别得分4、3、2分		
6	奖励	5~10		奖分原因：		
合计		100				

检查人：　　　　　　　　　　　　　　日期：

表 4 - 2 - 6　　　　　　　　项目设备成本管理评分表

年　　月/　季度　　　　　　　　　　　　项目名称：

序号	考评项目	标准分		评分标准	抽检结果	
					扣分	得分
1	基础管理	15	5	未按公司要求填报计划、履行招议标程序、签订合同的每项每次扣2分		
			5	未按公司要求及时对账、结算、报送进出场台账的每次扣2分		
			5	设备管理相关资料未按时编制、报送，或不符合公司及相关部门要求的每次扣2分		
2	使用管理	30	5	设备进退场时的交接、验收、报停手续未及时办理每次扣2分		
			5	设备进场时间与正式启用时间不符的扣2~5分		
			5	设备管理未落实到人的扣5分		
			5	机操工无证上岗的每人次扣2分；未执行考勤制度或未做到真实有效的扣2~5分		
			10	设备管理不到位每次扣5~10分；因设备及其相关要素引起安全事故的扣0~10分		
3	成本管理	25	4	无切实可行的项目设备管理制度、设备管理员未制订成本控制指标的扣4分		
			4	成本数据不真实，导致成本资料失真的扣0~4分		
			10	机械费占总成本的比例每超过1.6%，每高0.1个百分点，扣1分，直到扣完为止		
			7	水电费未及时扣除劳务及分包单位应分摊部分，视情况扣2~5分；水电费占总成本的比例超过1%，每高0.1个百分点，扣1分，直到扣完为止		

续表

序号	考评项目	标准分	评分标准	抽检结果	
				扣分	得分
4	标准件管理	20	5	标准件未按公司要求填报计划，计划零散无批次性的每次扣2分		
			5	标准件未按公司要求及时对账、结算的每次扣2分；未按公司要求报送进出场台账、标准件盘存报表等每次扣2分		
			5	标准件管理未落实到人、管理不到位每次扣5～10分		
			5	标准件可外调但未及时报《外拨材料申请表》或报送不准确的扣0～5分		
5	综合管理	10	2	未建立供应商货款及资金支付台账的扣2分		
			2	不熟悉公司设备管理相关文件和流程的扣2分；不熟悉项目合同的扣2分		
			2	考核期内无投诉，可得分		
			4	对沟通、协调、配合能力定性考核，由公司定性评判A、B、C三档，分别得分4、3、2分		
6	奖励	5～10	奖分原因：			
	合计	100				

检查人： 日期：

表4-2-7 项目财务成本管理评分表

年 月/ 季度 项目名称：

序号	考评项目	标准分	评分标准	抽检结果	
				扣分	得分
1	账务处理	60	10	检查项目科目余额表，是否有成本费用采取长期挂账未进行处理；其中备用金是否及时处理，出现备用金坏账或存在较大风险，此项不得分		
			15	检查财务往来性科目，财务是否对债权债务长期未进行清理，对到期的押金、保证金是否明确责任人催收。 内外结算是否与其他部门进行核对并对账务及时调整处理。 月末与公司往来金额相符。 根据审核无误的原始凭证每天及时编制记账凭证，每项业务编制一张记账凭证，不得多笔合并编制，不得一段时间集中编制		
			10	★检查项目成本表、材料盘点表、财务材料明细账是否一致		
			7	检查项目对外支付人工和材料等款是否存在超付坏账现象（检查客户科目余额的借贷方向）		
			8	业务招待费总是否控制在《项目管理目标责任书》约定的额度，每月是否控制在公司集团文规定标准内（合同额5000万元以内，控制在5000元以内；5000万～1亿元以内，控制在8000元以内；1亿～3亿元以内，控制在12000元以内；3亿以上，控制在15000元以内）		
			10	★检查月项目明细情况表编报真实、准确情况；与财务明细账核对是否一致；检查项目之间的往来调拨采取挂账后，未及时处理。（检查客商往来科目余额表）		

序号	考评项目	标准分	评分标准	抽检结果 扣分	得分
2	资金管理	10	7	检查项目是否在开工前进行了项目资金的整体策划，对外合同付款方式与资金策划书是否相符（抽取一个客户资料，验算工程量与付款是否与合同条款相符）		
			3	检查分包合同是否按规定足额收取或代扣保证金、税金、管理费用		
3	收付款	15	5	检查项目收款是否按合同及时足额收回了工程款，业主拖延付款项目是否发出催款函（验算并与合同条款比较）		
			5	检查项目废材料等收款情况，是否及时入账并在成本表中体现		
			5	农民工工资是否造表发放		
4	摊销核算	10	10	检查项目材料成本核算方法是否按公司规定执行（移动平均成本）；对项目周转材料、临建的摊销是否按公司规定执行。（验算其核算方法）		
5	分析深度	5	5	成本员的分析是否有深度以及对项目费用开支的合理性见解、是否体现参与监督项目的职能		

注 此表检查人为公司财务资金部检查人员。

检查人：   日期：

表 4-2-8　　　　　　　　**项目综合办公系统成本管理评分表**

年　　月/　　季度　　　　　　　　　　　　　项目名称：

序号	考评项目	标准分	评分标准	抽检结果 扣分	得分
1	印章管理	20	6	印章管理是否由专人负责		
			5	印章登记是否全面、准确		
			9	印章使用是否符合管理规定		
2	文件及后勤管理	25	5	文件登记是否详细、准确；传阅是否及时、准确		
			5	文件登记是否有台账；文件执行是否落实、反馈		
			7	项目人员控制是否符合集团和公司相关要求		
			8	管理人员工资是否控制在《项目管理目标责任书》约定的额度，如工期延误，需有工期延误提供有效签证资料		
3	办公用品管理	15	5	办公用品是否进行登记、造册是否按规定发放控制		
			5	办公用品是否按规定报批采购，是否控制在公司规定的标准范围内		
			5	办公设备是否按公司规定标准购买，是否服从公司统一调配		
4	食堂及小卖部管理	15	2	是否有相关卫生许可证件		
			2	食堂工作人员是否办理健康证		
			6	员工食堂费用控制是否合理		
			5	管理人员、工人生活环境是否安全卫生		
5	CI管理	25	7	CI策划是否符合要求		
			5	CI覆盖是否根据要求进行覆盖		
			5	CI是否有明确责任人，维护是否及时		
			8	CI费用是否控制在《成本管理办法》第二十九条CI费用标准范围内，每超0.5万元，扣2分，直到扣完为止		
	项目分值	100	检查项目总分		

检查人：   日期：

附件三：项目商务策划书

_____项目

项 目 成 本 策 划 设 计

项目会计：
商务经理：
项目经理：

编制时间：____年____月____日

目　录

第一部分　项目概况
　　一、基本情况
　　二、相关方情况
　　三、编制依据
第二部分　创收点分析
　　一、投标报价分析
　　二、签证索赔（开源点）策划
　　三、列收原则
第三部分　减支点分析
　　一、主要减支点策划
　　二、风险防范策划
　　三、现金流策划
　　四、成本编制原则

第一部分 项 目 概 况

一、基本情况

基 本 情 况

序号	名称	内容
1	工程名称	×××项目
2	工程地点	×××
3	工程类型	√公建 □工业建筑 □住宅 □市政 □公路 □其他
4	结构类型	√框架 □框剪 □框筒 □筒中筒 □钢结构 桩基为预应力管桩
5	建筑面积	m²（若是群体工程则分栋描述） （其中地下室面积 m²）
6	栋数、层数与层高	
7	合同造价（万元）	___万元（其中土建造价___万元，机电造价___万元，甲指分包___万元）
8	图纸主要指标 （图算量）	钢筋___kg/m²；混凝土___m³/m²；模板展开面积___m²/m²；砌体___m³/m²； 楼地面找平___m²/m²；楼地面块料___m²/m²；内抹灰___m²/m²；外墙装饰 ___m²/m²；外架投影面积___m²/m²
9	合同工期	_____日历天（说明合同开竣工时点与过程节点要求）
10	实际开工日期	
11	合同承包范围	（分别说明自行施工部分与甲指分包部分）
12	合同计价标准	
13	合同付款条件	
14	投标预期利润	___%（暂估___万元），其中机电___%（暂估___万元）
15	商务管理目标	确保完成成本管理目标：综合上交：___%；其中机电工程： 分项成本控制目标：临时设施不高于___万元（占土建造价的比例为___%），业务招待费不高于___万元， 钢筋节约率（相对图算量）为大于或等于___%，混凝土节约率（相对图算量）为大于或等于___%

二、相关方情况（关键人员的性格、喜好、专业素养情况，对我司的认可度、支持度等）

（1）业主方：×××。

（2）监理方：×××。

（3）设计院：×××（为设计变更创造条件，赢得支持）。

三、编制依据

《招标文件》《投标测算资料》《主合同》《施工图》《项目管理目标责任书》《项目策划》《施工组织设计》等。

第二部分 创收点分析

一、投标报价分析

（1）基本下浮分析。

（2）分项包干分析。

（3）甲指内容分析。

（4）综合而言，投标报价预期利润率为××％。

若为清单报价，则对重点子目进行盈亏分析：

对重点子目进行盈亏分析

序号	清单名称	工程量	单位	收入		成本		单价差	盈亏额
				单价	合价	单价	合价		
一	主要盈利子目								
1									
2									
二	主要亏损子目								
1									
2									

二、签证索赔（开源点）策划

签证索赔（开源点）策划

	序号	分项名称	相应合同条款内容	时效	责任人
合同约定	1	工期签证			
	2	经济签证			
	3	材料认质、认价签证			
	4	索赔			

	序号	措施	具体内容	责任人
开源点	1	改善主合同条件	以显失公平为由，改良合同条款	
			以总包管理为契机，获取总包效益	
			关注现金流	
	2	争取变更	（1）充分了解现场实情争取变更。 （2）以双赢的理念争取变更。 （3）对比材料优劣。 （4）着眼业主关心的质量与安全。 （5）深挖设计漏洞促成变更。 （6）信息收集，提前了解功能变更需求，多与业主、设计院沟通 ……	（考虑不同层面对接，做具体分工）
	3	把握材料认价		

注 1. 可量化的创收点尽量做到数据化。

2. 施工过程中逐步补充调整策划。

三、列收原则

(1)

(2)

······

(一般情况下，拟争取创收点的收入暂不计入策划中)

第三部分　减支点分析

一、主要减支点策划

主 要 减 支 点 策 划

序号	措施		具体内容	责任人
1	技术措施		(1) 精细策划土方调配。 (2) 合理优化外架方案。 (3) 合理优化配合比。 (4) 精细质量目标。 (5) 合理运用施工允许负偏差。 (6) 合理优化施工范围	
2	组织措施	工期	(提前论证进度计划，计算工期与成本的平衡点，并说明保障措施) (1) 合理优化施工顺序，降低成本。 (2) 合理穿插工序，缩短工期	
		现场布置	(1) 尽量减少二次搬迁。 (2) 合理布置硬化范围。 (3) 临时与永久相结合	
		资源组织 (劳务、 材料、 设备)	(1) 权衡资源组织渠道。 (2) 对比资源组织方式。 (3) 选准资源组织时点。 (4) 权衡资源组织数量。 (5) 合理有效利用资源	
3	资金措施			
	...		(施工过程中可补充调整策划)	

备注说明：哪几项减支措施成本策划中已考虑。

二、风险防范策划

风 险 防 范 策 划

序号	风险点	风险内容	应对措施	责任人
1	工期风险		(施工组织设计中要有针对性的工期保证措施)	
2	质量风险			
3	安全风险			
4	固定成本风险			
5	市场风险			
6	周边环境风险			
7	人员变动风险		(提出保障措施)	
	······			

三、现金流策划

（1）现金流策划的原则：应说明项目人工、材料及分包等大类供方的支付方式、资金收支计划及资金来源计划。

（2）项目现金流策划表（对费率项目有条件的参照类似项目工程量计算，无条件的不进行详细计算）。

项目现金流策划表

项目名称：　　　　　　　　　　　　　　　　　　　　　　　　　　单位：万元

序号	时间	主进度计划或工程节点内容	预计产值	收入计划		支出计划		资金余缺		备注
				当期	累计	当期	累计	当期	累计	
1										
2										
3										
4										
5										
6										
	合计					—		—		
会签栏	项目部	项目会计		商务经理			项目经理			
	公司	财务资金部		商务合约部						
		总会计师		总经济师						

四、成本编制原则

（1）劳务费：

（2）材料费：（说明材料损耗和材料价格的计取原则）。

（3）机械费：（说明设备的投入数量与进出场时间，以及机上人员的配置）。

（4）分包工程：（说明询价情况与成本暂列情况）。

（5）外架系统及支模系统：（说明外架的搭设方式、模板系统的配置方式与层数）。

（6）临设费用：（说明临设的配置方式，是搭设还是租赁；针对可周转的部分说明总投入、残值计取的原则及策划中本项目摊入的成本。原则上临设费用要求控制在土建造价的1%以内；否则，须报总经理特批，超过1.5%还须报董事长特批）。

（7）间接费：（说明管理人员的配置情况）。

（8）其他：

附件四：项目月或季度成本分析表

项目月或季度成本分析表见表4-2-9~表4-2-11。

表4-2-9　项目创利情况及成本分析质量排名表　(　年　月/季度）

| 序号 | 项目名称 | 建筑面积(m²) | 合同额(万元) | 责任上交比例 | 自开工累计 | | | | 可上缴公司利润(万元) | 排名 | 本季度成本分析质量综合评分 | 排名 | 形象进度 | 项目经理 |
| | | | | | 完成预算收入(万元) | 项目成本降低率%(不含上交) | 排名 | 项目成本降低率%(含上交) | 排名 | | | | | | |

注　形象进度一栏分三种情况填写：主体、装饰、收尾。

总经理：　　　　总经济师：　　　　商务合约部经理：

表4-2-10　项目成本费用排名表　(　年　月/季度）

| 序号 | 项目名称 | 总成本费用 | 劳务费占总成本的比例(%) | 排名 | 临建、文明施工及CI占土建总造价的比例(%) | 排名 | 间接费占总成本的比例(%) | 排名 | 业务招待费占总成本的比例(%) | 排名 | 水电费占总成本的比例(%) | 排名 | 备注 |
| | | | | | | | | | | | | | |

续表

序号	项目名称	总成本费用	劳务费占总成本的比例（%）	临建、文明施工及CI占土建总造价的比例（%）	排名	间接费占总成本的比例（%）	排名	业务招待费占总成本的比例（%）	排名	水电费占总成本的比例（%）	排名	备注

注　总成本费用不含甲方指定分包。

总经理：　　　　　总经济师：　　　　　商务合约部经理：

表 4 - 2 - 11　项目材料节超排名表（　　年　　月/季度）

序号	项目名称	钢材 节超率（相对收入）（%）	排名	混凝土 节超率（相对收入）（%）	排名	水泥 节超率（相对收入）（%）	排名	砌体 节超率（相对收入）（%）	排名	占总成本的比例（%）	排名	模板、木枋等类周转材 模板预算展开含量（m²/m²）	模板平米摊销费用指标（元/m²）	排名	木枋购买类周转 木枋平方米摊销销费用指标（元/m²）	排名	架管、扣件等租赁周转材占总成本的比例（%）

注　模板、木枋的平米摊销销费用指标：面积按混凝土与模板的接触面积计取。

总经理：　　　　　总经济师：　　　　　商务合约部经理：

附件五：项目季度/节点过程成本考核资料编制要求

公司对在建自营项目实行季度/节点过程成本考核兑现，考核资料的编制及报送要求如下：

一、考核报送资料

（1）填写完整的月度/季度成本分析表，包含成本分析表、编制说明、商务与财务费用口径统一表、项目现金流量表、成本分析报告、各主要岗位人员书面成本分析资料、后期未完工程利润情况预测表、考核奖金申请报告和奖金审批表。

（2）形象进度、材料、设备盘点表、检验试验费、间接费、水电费、办公用品等费用现场盘点记录及盘点依据。详见附件六：项目成本盘点要求。

（3）财务有关工程款收支情况。

（4）各劳务及分包结算情况。

（5）各类合同、投标报价书、业主对量情况。

（6）依据合同材料调差有效证据资料（报甲方核定的材料调差）。

（7）完整的变更签证资料。

二、有关费用的确定

（1）合同内收入：按盘点的形象进度从紧计算收入。

（2）合同外签证索赔收入。包含合同外签证索赔已确认收入和合同外签证索赔待确认收入：

合同外签证索赔已确认收入：按保守预估收入100％列收入。

合同外签证索赔待确认收入：按预估成本价且不超过保守预估收入的50％列收入。

项目经理、商务经理对预算收入的准确性负责。

（3）税金以合同规定的税率及个人所得税2％（如免，提供依据）计算，但项目一次性缴纳的规费等按产值比例计入实际成本。

（4）办公设备及用品一次性进成本，按回收残值冲抵项目成本。

（5）购买类的周转模板木方的摊销量＝投入总量×已完主体产值/主体总产值，主体工程完工后按回收残值冲抵成本。

（6）临建、CI按主体产值进行摊销。

（7）甲方指定分包部分：按主合同约定，若甲方指定分包包括在我方主合同合同额内，则必须列收入及相应成本；若甲方指定不包括在我方主合同合同额内，则只将总包管理费及配合费列收入。

（8）各资料尽可能提供原始资料及计算式。

三、说明

如果项目部提供考核资料不完整，成本检查小组有权不予审核，相应的考核兑现推迟到下季度。

附件六：项目成本盘点要求

一、盘点的原则

保证收入与成本相匹配，项目列收入则进成本，若不列收入则不进成本。

二、盘点时间

每月 25 日或节点完成的当日或次日，由商务经理牵头，项目经理组织项目各相关部门或人员进行现场盘点。

三、参加部门或人员

项目经理、商务经理、生产经理、工程部各施工工长、物资设备部主管及材料、设备人员、综合办、商务合约部、项目会计。

四、人员分工

（1）项目经理：负责组织、指导、督促项目各部门相关人员进行成本盘点。

（2）生产经理及工程部各工长：各工长负责在盘点前将自己所负责施工区域的形象进度以书面形式描写出来，准确描述屋面、地面、外装修、各楼层内等部位的详细情况，要准确到每个轴线。也可以打印图纸，在图纸上准确标注。

特别强调：项目自行施工的部分（也就是项目自行采购材料施工部分）形象进度一定要标注清楚，包工包料部分根据形象进度收入进多少，与之相应的成本就进多少。

（3）商务合约部：商务经理、商务合约部与各工长根据书面描写或图纸上标注的形象进度，到施工现场进一步复核形象进度是否准确。形象进度切记不能简单描述为有完成××％。商务合约部根据确定的形象进度计算收入。

（4）物资设备部：负责对库存材料（包括施工现场楼层中未使用材料）、半成品材料进行盘点，其中半成品材料盘点由各施工工长和材料人员共同完成。

（5）项目会计和综合办：主要负责间接费用的盘点，将应计入本月或节点而暂未入账的费用预计进去。如管理人员工资和福利，可能到本月或节点还未发放，但应根据预计发放金额进成本。综合办还应对项目办公用品、CI 费用等进行盘点。

（6）试验员：盘点统计检验试验费用。

（7）分管水电人员：读表统计水电费用。

总之：项目成本盘点需以项目经理为首的项目班子成员重视，各相关部门相互协作、相互沟通，确保盘点的准确性。

项目工程现场盘点记录

项目经理：

生产部门（含各工长、栋号长）：

商务合约部：

物资设备部：

财务资金部：

综合办公室：

盘点时间： 年 月 日

一、现场形象进度：

（要求：各工长负责在盘点前将自己所负责施工区域的形象进度以书面形式描写出来，准确描述屋面、地面、外装修、各楼层内等部位的详细情况，要准确到每个轴线。也可以打印图纸，在图纸上准确标注。商务经理、商务合约部与各工长根据书面描写或图纸上标注的形象进度，到施工现场进一步复核形象进度是否准确。形象进度切记不能简单描述为有完成××％。商务合约部根据确定的形象进度计算收入。）

二、材料库存：（所有材料都需盘点，并尽量准确）

见下表。

___项目 年 月物资盘点报告

___项目部与 年 月 日对项目所有材料进行了一次盘点，并与项目会计的账面余额数据进行核对，具体明细如下：

序号	材料名称	规格型号	单位	实存数		财务账面	差额	差额分析		存放地点	备注
				数量	金额	金额		未入账	串账		
一		库存原材料									
1											
二		半成品									
1											
	本月合计										

三、办公设备及用品：（项目根据实际情况自行添加附表）

四、水电费：（项目根据实际情况自行添加附表）

五、间接费：（项目根据实际情况自行添加附表）

附件七：项目季度/节点过程考核预兑现奖金审批表

项目季度/节点过程考核预兑现奖金审批表见表4-2-12。

表4-2-12　项目季度/节点过程考核预兑现奖金审批表

项目名称：　　　　　　　　　　　　　编制时间：　　　年　　月　　日

各项指标完成情况				相关部门	相关领导	收入及成本情况		
考核指标	责任目标	实际	扣奖金百分比或金额（或金额）			指标名称	本节点情况	累计
施工工期管理						收入（含税）		
工程质量管理				（项目管理部）	（生产副总）	考核成本（含税）		
安全文明/环境管理					（总工程师）	上缴公司费用		
技术管理						项目成本降低额		
CI创优				（综合办公室）	（主管办公室领导）	项目成本降低率		
施工管理费				（财务部）	（总会计师）	应提奖金		
资金管理和实际成本				（物资部）	（总经济师）	扣罚金额		
物资管理						累计已实发奖金		
成本管理	责任上缴 %			（商务合约部）		本节点考核预提奖金		

项目经理：　　　　　商务经理：　　　　　生产经理：　　　　　技术总工：　　　　　　（大写）：

公司审核：　成本检查小组成员：
　　　　　　总会计师：
　　　　　　总经济师：
　　　　　　总经理：

附件八：项目最终考核兑现表

项目最终考核兑现表见表 4-2-13。

表 4-2-13

项目最终考核兑现表

项目名称：　　　　　　　　　填表申请日期：

项目申请最终兑现说明	(可附页)				
公司审核最终兑现条件	项目管理部		财务资金部		商务合约部
	物资设备部		综合办公室		审计部
	结算收入总额		实际总成本		商务合约部
	责任上缴总额		成本降低额 (率)	(额)／(率)	
最终兑现额计算	应计提奖金总额		应扣罚款项		财务资金部
	累计已发奖金总额				…
	最终应兑现总额	(小写)	(大写)		

公司成本管理委员会审批

	审批意见	
成员名称		负责人签字
总工程师		
生产副总		
总会计师		
总经济师		
总经理		

集团合约法务部审核备案

注　此表审批过程中应附"项目最终考核资料""项目审计报告"，审批签字完成后由项目提交分配方案，按成本管理办法审批后提交综合办公室造表。

附件九：项目管理目标责任书

项目管理目标责任书范本

工程名称：＿＿＿＿＿＿＿＿＿＿

工程地点：＿＿＿＿＿＿＿＿＿＿

签订时间：＿＿＿＿＿＿＿＿＿＿

集团＿＿＿＿＿＿公司

自营项目管理目标责任书

为了规范项目管理，明确项目责任，确保项目质量、工期、安全、文明施工、环境保护等各项管理目标的实现，提高企业经济效益和社会效益，规避项目运行风险，充分调动项目骨干管理者的积极性，本着项目经理部只承担管理风险，不承担企业经营风险，风险与收益对等的原则，根据集团/公司项目管理的有关规定，订立本责任书。

一、项目概况

（1）工程名称：＿＿＿＿＿＿＿＿＿＿＿＿＿＿＿＿＿

（2）工程地址：＿＿＿＿＿＿＿＿＿＿＿＿＿＿＿＿＿

（3）建设单位：＿＿＿＿＿＿＿＿＿＿＿＿＿＿＿＿＿

（4）结构类型：＿＿＿＿＿＿＿＿＿＿＿＿＿＿＿＿＿

（5）建筑面积：＿＿＿＿＿＿＿＿＿＿＿＿＿＿＿＿＿

（6）合同工期：

开工日期：＿＿＿＿＿年＿＿＿月＿＿＿日

竣工日期：＿＿＿＿＿年＿＿＿月＿＿＿日

合同工期总日历天数：＿＿＿＿＿＿＿＿

（7）合同造价：＿＿＿＿＿＿＿万元（小写：＿＿＿＿＿万元）

其中：总包自行施工造价：＿＿＿＿＿万元（小写：＿＿＿＿万元）；

业主指定分包造价：＿＿＿＿＿万元（小写：＿＿＿＿万元）。

（8）总包自行施工范围：＿＿＿＿＿＿＿＿＿＿＿＿＿＿

（9）业主指定分包范围：＿＿＿＿＿＿＿＿＿＿＿＿＿＿

二、项目考核目标

（本文本以房建总承包项目为例，其他专业公司及公路、铁路项目根据具体情况确定）

（一）成本目标

（1）项目成本管理目标：本项目综合上缴比例为 K ＿＿＿％（暂估＿＿＿万元）；或项目成本管理目标：本项目综合上缴管理费＿＿＿万元。

本项目自行施工部分考核上交比例为 K_1（土建）：＿＿＿＿＿（暂估＿＿＿＿万元），K_2（精装）：＿＿＿＿＿（暂估＿＿＿＿万元），K_3（钢构）：＿＿＿＿＿（暂估＿＿＿＿万元），K_4（机电）：＿＿＿＿＿（暂估＿＿＿＿万元）。

（2）业主指定分包上交总承包管理费：＿＿＿＿＿％（暂估＿＿＿万元），配合费：＿＿％（暂估＿＿＿＿万元）。总包管理费全额上缴；配合费（含水电费）1.5％留存项目，超过1.5％部分由项目与公司2∶8分成；当主合同无此项费用配合费（含水电费）低于1.5％时，公司不予以补偿。

（3）对考核上交比例的基数、包括范围的说明：＿＿＿＿＿＿＿。

（由各公司根据各地区具体实施情况进行填写，如：过程中设计变更和工程师指令增减工作内容、劳保基金、税金等是否包括）。

（4）本项目总包项目部临时设施成本控制目标为不高于＿＿＿万元。

（5）本项目部施工管理费控制目标为：＿＿＿万元以内，其中管理人员工资＿＿＿万元，办公差旅费用为＿＿＿万元，招待费用为＿＿＿万元。

（二）工程管理目标

（1）工程质量管理目标：达到_____标准。

1）杜绝严重质量事故、重大质量事故。

2）因质量问题、质量事故引起的直接经济损失不超过____万元（包括总包自行施工部分及由于总包原因产生的直接经济损失）。

3）项目维修成本费用不超过____万元（总包自行施工部分）。

4）项目 QC 小组活动开展管理目标：_____。

（2）安全文明施工创优目标：确保合同和公司安全文明施工标准，并获____奖。

1）杜绝死亡事故。

2）重伤人数控制在____人以内。

3）安全事故赔付经济损失控制在____万元以内。

（3）施工工期管理目标：完成合同工作内容总工期为____日历天，并在分包合同中明确各分包方工作内容的开始和完工时间。

过程节点工期目标：_____。

（4）施工环境管理目标：满足合同要求和集团总公司环境达标标准，无政府部门投诉及媒体曝光事件。

（5）技术进步管理目标：_____。

（6）CI 创优管理目标：_____。

（7）竣工资料管理目标：确保项目竣工验收____个月内将完整、符合要求的竣工资料整理完毕并移交公司档案室和建设单位归档。

（8）过程控制管理目标：严格执行集团、公司/分公司、项目部的各项管理制度。

1）项目策划编制率__100％__。

2）项目目标成本（含总目标与季度目标）编制率__100％__。

3）项目自行施工部分的分供方招标率__100％__。

4）项目季度成本考核及时率__100％__。

5）项目报表及时填报率__100％__。

6）项目严格执行建造合同准则相关要求，定期及时提供和调整预计总成本、预计总收入，过程产值报量准确率__（≥97％）__。

7）项目分包结算严格按程序进行；及时结算率__100％__。

8）项目主合同分阶段结算及时送审率__100％__，及时审定率__100％__。

9）项目工程与经济资料及时归档率__100％__。

10）项目资金按合同回收率__100％__。

11）业主满意度调查评分_____分以上。

（三）材料用量及损耗目标

（1）本项目混凝土用钢材废料率目标为____％；商品混凝土损耗率控制目标为____％。

（2）本项目架管最大进场量控制目标为_____t，最终损耗率控制目标为_____％；扣件最大进场量控制目标为_____万套，最终损耗率控制目标为_____％；模板总进场量控制目标为_____m²；木枋总进场量控制目标为_____m³。

三、管理风险抵押

（1）本项目总承包项目部管理人员总数确定为_____人。

（2）本项目总承包管理班子成员为：

姓名：_____ 职务：<u>总承包项目经理</u>；

姓名：_____ 职务：<u>总承包项目技术经理</u>；

姓名：_____ 职务：<u>总承包项目生产经理</u>；

姓名：_____ 职务：<u>总承包项目商务经理</u>。

（3）项目总承包管理班子人员管理风险抵押金总额为____万元，按下列标准于本责任书签订后 10 天内交公司/分公司财务部门，抵押金应以现金方式一次全额交纳。（非现金形式缴纳或抵扣、转抵时应予以明确）

项目经理：_____元　　技术经理：_____元

生产经理：_____元　　商务经理：_____元

（4）项目完毕，经审计达到了本责任书规定的各项指标，风险抵押金退还本人，并按银行同期存款年利率支付利息（此条根据各公司成本管理的细则约定）。若不能满足本责任书明确的上交指标，则用风险抵押金抵扣，直至抵扣完。

（5）未按时足额交风险抵押金的人员，在项目效益薪（超利润提成）预兑和最终兑现时，按____％计算。（具体比例按各公司成本管理细则的规定进行约定）。

四、考核与兑现奖罚

（1）考核。

1）按节点（或季度）、竣工节点及最终进行考核。

2）考核程序：

a. 过程考核：每节点/季度末时，由项目部相关人员共同对在建工程和库存物资进行盘点，并形成签字认可的盘点表。项目部负责在本季度的次月____日前（节点后____日内），按公司制定的统一成本考核表格如实填写成本考核资料报公司/分公司审核，公司/分公司于____日前完成季度考核资料的审核工作，并报公司/集团商务合约部备案，作为项目年终和年终奖金兑现的依据。

b. 竣工节点考核：项目完工时（当天或第二天），由项目部通知公司/或分公司商务合约部和物资设备部到项目部与项目相关人员共同对库存物资进行盘点，并形成签字认可的盘点表。项目部____日内按公司制定的统一成本考核表格如实填写竣工节点成本考核资料报公司/分公司审核，公司/分公司收到考核资料后____日内完成考核资料的审核工作，并报公司商务合约部备案，作为竣工节点奖金兑现的依据。

c. 最终考核：项目竣工，工程余料已退库或按规定处置，各类分包结算已完成，项目总结完成，工程竣工结算办理完毕，资料归档完成，由项目部报公司（或分公司）申请最终兑现审计，公司商务合约部审查确认符合条件且资料齐全后移交公司审计部进行项目最终兑现审计并提出项目最终兑现审计报告，最后由公司项目管理委员会或项目成本管理委员会审批会签确定项目最终兑现奖金额。

（2）兑现奖罚。

1）过程兑现预提发放。

a. 项目过程考核兑现分配的标准：

序号	人员类别	兑现总额下限	兑现总额上限
1	项目部门负责人及以上人员		
2	项目一般管理人员		

注 项目经理过程考核兑现分配控制上限为兑现额的＿＿＿％，项目副经理为项目经理的＿＿＿％。

b. 在过程考核完成，成本降低、合同约定应收款已收回、项目现金流原则上为正流的条件下对项目过程考核兑现奖预提发放；过程预提奖金发放必须报公司商务合约部审查备案；预提奖金按经审批的节点应兑现奖金额的＿＿＿％提取，扣减本期应扣罚兑现额后由项目部按公司/分公司关于项目兑现分配与员工绩效薪核发标准的相关规定进行预分配，经公司/分公司审批、公司人力资源部备案后造表发放。

c. 节点考核应兑现额＝预算收入－实际发生成本－上交金额（项目部签订责任上交）；节点实际预发额＝节点考核应兑现额×＿＿＿％－节点扣罚额。

2）考核扣罚兑现额规定：

a. 工程质量未达到约定质量目标，扣罚成本节约奖金额的＿＿＿％。

b. 安全文明施工、环境管理未达到约定目标，扣罚成本节约奖金额的＿＿＿％。

c. 施工工期：按主合同约定奖罚。进度工期以合同节点工期为基准，按每延迟＿＿＿天，扣罚节点预提奖金＿＿＿元［或按对应的节点要求计算延迟天数百分比（项目提供的有效工期签证可冲减实际工期延迟天数），实际工期每延迟＿＿＿％，扣罚节点预提奖金的＿＿＿％］。

d. 科技进步目标未达要求：扣罚成本节约奖金额的＿＿＿％。

e. CI 未达到约定标准，扣罚成本节约奖金额的＿＿＿％。

f. 竣工资料管理：未完成本项目资料管理目标，扣罚成本节约奖金额的＿＿＿％。

g. 成本管理：项目部未完成本目标责任书中考核上交目标，不得计发兑现奖金。

h. 业务招待费、临时设施费和办公费超额部分除应计入项目成本外，超额部分全额抵扣项目最终应兑现奖（此条按各公司细则执行）。

i. 当地政府职能部门、政府行政主管部门等外部单位及总公司、集团对项目的罚款均进入当期项目成本，公司/分公司考核时不另行对兑现奖扣罚。

j. 项目过程考核兑现与最终考核兑现的扣罚奖金额，均应针对项目部整体应得兑现奖而言；项目对具体责任人的处罚由项目部自行处理。

3）最终兑现：

a. 项目最终考核兑现奖按本管理目标责任书下达的所有项目管理目标责任完成情况进行最终考核。

b. 最终考核兑现奖：项目最终全面完成成本目标和各项管理目标，成本降低超过承包指标，公司提取项目超额利润部分的＿＿＿％～＿＿＿％作为超利润效益薪奖给项目部（项目部的具体提奖比例在项目终结审计兑现时由公司成本委员会讨论决定或按本公司细则规定的方式明确提取方式）。

c. 项目最终考核兑现分配的标准：项目经理最终考核兑现分配控制上限为最终兑现

额的____%，对于公司评价有突出贡献的项目经理，由分公司领导班子集体讨论后可突破分配控制上限标准（或不占用项目应兑现额度而由公司另行嘉奖）；项目副经理为项目经理的____%；项目最终考核兑现时，原则上不对一般项目管理人员进行分配，对于项目部评价有突出表现的个人，由项目班子集体讨论后分配（对于一般管理人员的分配原则按各公司的细则执行）。

d. 最终兑现奖的发放前提：项目应收款项已全部收回；预提工程质量保修金（结算造价的____‰）已从应兑现奖中扣留；项目履约情况好，未影响后续工程的承接；项目总结完成；项目最终兑现审计报告由集团/公司审计部提出并已经审批通过；项目在最终兑现审计报告被批准后，项目部将最终兑现奖拟定分配方案经项目承包班子成员签字认可，报公司审核并经公司人力资源部备案。

e. 若预提工程质量保修金在维修期结束后还有剩余，则维修期满后一个月内将剩余部分的____%～____%发放给项目部；若不够则从留存公司的效益奖中抵扣。

f. 最终兑现考核审批的扣罚执行第四条中的 2.2 条规定。

五、其他

（1）本合同未明确的奖金项目，项目无权自立名目发放奖金，确因需要时，应报公司审批，违者按违反财经纪律的规定处理。

（2）业主单位单独临时拨付的合同外质量奖和工期奖，项目与公司/分公司按____∶____分成。

（3）项目分包和公司分包工程，均由项目负责管理。因项目督促无力而出现安全、质量问题所造成的损失由项目负责。

（4）本管理目标责任书在执行过程中如有争议，由公司成本管理委员会或集团裁决。

（5）子公司所属项目的责任书由公司审批，公司商务合约部门备案后执行；集团直营一类公司所属项目由公司审批，集团合约法务部备案后执行；集团二、三类公司所属项目报集团审批，集团合约法务部备案后执行。即：各项目的《管理目标责任书》不经上级主管部门备案的不生效。

（6）集团直营公司的全部项目的《管理目标责任书》由集团合约法务部备案生效后交集团审计部留存（包括责任书的变更）。项目最终兑现审计时，集团审计部以备案生效版本为依据进行相关审计，未经备案的责任书或责任书变更文件不作为审计依据。

（7）本协议书一式____份，公司/分公司商务合约部、财务部及____部门各壹份，项目部壹份，备案部门贰份。

公司/分公司总经理签字：　　　　　　　　项目经理签字：
（单位公章）　　　　　　　　　　　　　　（单位公章）

备案部门负责人签字：
（部门公章）

签订日期：　　年　　月　　日　　　　　备案日期：　　年　　月　　日

附件十：目标责任分解责任状模板

成本责任状

项目名称：_____

项目经理成本责任状

为了控制工程消耗，降低项目成本，对管理人员明确成本责任，目标分解到人，合同内工程确保整体节约率达＿＿＿％。

（1）制定项目成本计划和实施措施。

（2）分解成本指标，落实到人。

（3）组织确定项目分包工程单价。

（4）审定项目结算工程量。

（5）督促并指导现场签证及时办理。

（6）控制管理费支出。

（7）定期组织召开项目管理人员成本分析会，及时调整施工方案，落实成本措施。

项目	预算收入（万元）	目标控制（万元）	降低额（％）
产值			
人工费			
材料费			
机械费			
外架			
税金、规费			
临建、规费			
管理费			

（8）每次节点成本会考核降低额，达到责任指标的奖励 800 元/项，否则罚款 500 元/项，在当月工资中兑现。

责任人：

责任人签名： 年 月 日

生产经理成本责任状

（1）合理安排劳动力，保证工期按计划实施确保甲方要求工期。

（2）合理安排材料进场时间，确保施工场地的合理使用。

（3）控制机械租赁台班。

（4）负责办理现场签证。

（5）参与确定项目分包工程单价。

（6）审核项目结算工程量。

（7）控制材料消耗，材料节约率控制分别为混凝土节约率为＿＿＿％；钢筋节约率为＿＿＿％；模板整体投入＿＿＿张，回收率＿＿＿％，木枋整体投入＿＿＿条，回收率＿＿＿％。

（8）对工程质量进行过控制，因过程控制不严出现返工，承担 20％返工损失，若影响最终工程质量不能达到合同要求，成本节约奖按 50％计发。

（9）责任按月考核，奖罚在当月工资中兑现：

1）工期按计划完成奖励 100 元，否则罚款 50 元。

2）完成混凝土、钢筋节约率奖励 200 元，否则罚款 100 元。

3）机械台班不超责任指标奖励 100 元，否则罚款 50 元。

4）没有返工浪费奖励 100 元，否则罚款 50 元。

责任人：

责任人签名：　　　　　　　　　　　　　　　年　　月　　日

技术经理成本责任状

（1）编制施工方案，向各工长进行交底。

（2）对工程质量负责，确保工程质量达到合同要求，否则成本节约奖按80％计算。

（3）施工方案滞后或未向工长进行书面交底造成返工损失，承担30％损失费用。

（4）每天对工程质量进行检查，定期组织项目质量检查，并进行现场讲评，同时进行质量评定。

（5）编制施工作业指导书或技术交底。

（6）及时解决图纸问题与设计院沟通，负责设计变更和施工联系单。

（7）负责督导检查资料、试验，如资料试验滞后或出现低级错误，承担30％的费用。

（8）审核项目结算工程量。

（9）参与确定项目分包工程单价。

（10）负责四新技术的实施，落实技术创效益目标。

（11）责任每月考核，奖罚当月工资中兑现。

1）及时编制施工方案且向各工长进行书面交底奖励100元/月，否则罚50元/次。

2）每天对工程质量进行检查并定期现场讲评奖励100元/月，否则罚款50元/月。

3）及时解决图纸问题、设计变更和施工联系单，督导资料、试验及时无误的完成奖励150元/月，否则罚款100元/月。

责任人：

责任人签名：　　　　　　　　　　　　　　年　　月　　日

商务经理成本责任状

（1）负责办理设计变更签证。

（2）准确无误计算出分项工程量并进行工料分析。

（3）审核劳务队人工费工程量。

（4）负责办理劳务队人工费结算。

（5）提前一周出节点预算。

（6）节点完成后 5 天出成本分析表。

（7）责任每月考核，奖罚当月工资中兑现。

1）准确及时计算分项工程量，进行工料分析奖励 100 元，否则罚款 50 元。

2）每月 25 号进行节点盘点后三天内出节点预算五天后出成本分析表，奖励 100 元，否则罚 50 元；若获公司成本分析季度奖的奖励 300 元。

3）准确高效处理对内对外结算奖励 500 元/项，否则罚款 300 元/项。

责任人：

责任人签名：　　　　　　　　　　年　月　日

<h2 style="text-align:center">混凝土工长成本责任状</h2>

（1）对混凝土分项工程负责。

（2）做好与各工种的工序交接，前一个工序没有完成，后续工序不得进场。

（3）开盘前，做好施工方案，现场布局及浇筑路线，杜绝出现施工冷缝。

（4）分项工程开工前向劳务队、班组进行技术交底。

（5）分项及分段工程开工前 3 天向项目经理提交材料计划及设备使用计划，分项及分段工程完工后及时办理材料限额结算，对超出部分进行分析，查找原因，认真整改并提出下一步工作思路、计划。

（6）控制材料消耗，材料节约率控制分别为混凝土整体实体节约不低于＿＿＿％。

（7）对混凝土施工质量进行过程控制，现场监督、指导班组施工，若因控制不严出现返工，承担 10％返工损失。

（8）对所负责的分项工程进行严格过程控制，不出现返工浪费，节点成本会考核节超率，达到责任指标的奖励 500 元/月，否则罚款 200 元/月，奖罚在当月工资中兑现。

责任人：

责任人签名：　　　　　　　　　　　　　　　年　　　月　　　日

钢筋工长成本责任状

（1）对钢筋分项工程负责，审核钢筋料表，核对钢筋用量计划。

（2）分项工程开工前一个星期向劳务队提交技术交底。

（3）分项及分段工程开工前 5 天向项目经理提交材料限额用量计划，该项工程完工后应及时办理材料限额结算，对超用材料进行原因分析并提出整改措施。

（4）对所负责的分项工程进行质量过程控制，因控制不严出现返工，承担 10% 返工损失。

（5）严格过程控制，注重材料节约，确保材料不超量，否则承担超量损失 20% 费用（从成本节约奖扣回）。

（6）损耗率控制在＿＿＿％。

（7）节约量控制在＿＿＿％。

（8）对所负责的分项工程进行严格过程控制，不出现返工浪费，节点成本会考核节超率，达到责任指标的奖励 1000 元/月，否则罚款 500 元/月，奖罚在当月工资中兑现。

责任人：

责任人签名：　　　　　　　　　　　　　　年　　月　　日

木工工长成本责任状

（1）对模板分项工程负责。

（2）分项工程开工前向劳务队进行技术交底。

（3）分项及分段工程开工前 5 天向项目经理提交限额用量计划，该项工程完工后及时办理材料限额结算，对超用材料进行原因分析并提出整改措施。

（4）整张模板回收率 20%，定尺板回收率占新板的 20%，木枋整条回收率 70%。

（5）对所负责的分项工程进行质量过程控制，若因控制不严出现返工，承担 5% 返工损失费。

（6）回收率达不到扣发成本节约奖＿＿＿%。

（7）对所负责的分项工程进行严格过程控制，不出现返工浪费，每次成本会考核节超率，达到责任指标的奖励 100 元，否则罚款 50 元，奖罚在当月工资中兑现。

序号	单位	名称	预算/计划	目标控制	回收率
1	m²	模板			
2	张	模板			整板　　%
3	条	木枋			整条　　%

责任人：

责任人签字：　　　　　　　　　　　　　年　　月　　日

设备主管成本责任状

(1) 负责项目各工种、各工序所需机械设备的平衡，根据工程实际提出_____设备需用计划。

(2) 贯彻执行机械设备管理的各项规章制度和机械设备安全技术操作规程，负责编制项目机械设备管理办法，做到定人、定机、定岗并与相关人员订立管理责任状。

(3) 负责设备保养维修，确保设备正常使用。

(4) 机械总成本控制在____万元内。

(5) 编制设备月需用计划，及时办理机械停用手续。

(6) 合理布设临时用电用水，节约临电费用用水。

(7) 及时准确提出设备需用计划且贯彻执行机械设备安全技术操作，做到定人、定机、定岗制定责任状，定期进行设备保养维修，杜绝机械故障及其操作事故发生，切实有效节约水电耗用，达到以上各项责任指标的奖励 500 元/月，否则罚 200 元/月，奖罚在当月工资中兑现。总额超出部分承担 10%，从成本节约奖中扣除。

责任人：

责任人签名：　　　　　　　　　　　　　　　　　　年　　　月　　　日

材料主管成本责任状

（1）负责对材料实行限额领料。

（2）负责项目材料管理。

（3）准确了解材料价格信息并及时向项目经理汇报。

（4）负责零星材料采购，价、质要货比三家，采购单价不得超出公司信息价，否则承担 50％的超出费用。

（5）及时统计汇总材料，在节点完成后 3 天完成材料实际成本分析。

（6）认真负责材料的限额领料，及时快捷准确的掌握材料采购价信息使材料采购价低于公司信息价，做到优质、足量、低价原则，在每月成本节点盘点完后 3 天内完成《成分分析表》材料部分的编制，达到以上各项责任指标的奖励 100 元/月，否则罚 50 元/月，奖罚在当月工资中兑现。

责任人：

责任人签名：　　　　　　　　　　　　　年　　　月　　　日

库管员成本责任状

（1）负责协助现场材料验收及管理。

（2）材料验收要严格把关，验收不得出现负差。

（3）材料验收必须质量合格，保证无废次品，如有废次品，负责10％的损失。

（4）负责限额材料发料，无限额领料单不得发料，否则造成损失要负全部责任。

（5）建立进出料台账，做好材料进出场原始记录。

（6）库管员严格执行材料日常库房管理制度，把关好见单限额发料，做好材料进场、出场记录，达到以上各项责任指标的奖励100元/月，否则罚50元/月，奖罚在当月工资中兑现。

责任人：

责任人签名：　　　　　　　　　　　　　　年　　月　　日

收料员成本责任状

（1）负责协助现场材料验收。

（2）材料验收要严格把关，验收不得出现负差。

（3）材料验收必须质量合格，保证无废次品，如有废次品，负责10％的损失。

（4）负责限额材料发料，无限额领料单不得发料，否则造成损失要负全部责任。

（5）建立进料台账，做好材料进场原始记录。

（6）收料员严把进料关，保证量上不出现负差、质上不出现废次品，达到以上各项责任指标的奖励100元/月，否则罚50元/月，奖罚在当月工资中兑现。

责任人：

责任人签名：　　　　　　　　　　　　　　　年　　月　　日

安全文明施工主任成本责任状

(1) 负责安全文明施工管理（包括门卫）。

(2) 负责 CI 管理，CI 费用控制在＿＿元以内。

(3) 检查落实安全文明施工措施，消除安全隐患，杜绝安全事故。

(4) 确保安全文明施工达标，若未达标承担与项目经理相同的罚款。

(5) 有权对安全，文明施工工作差的管理人员和分包队伍进行处罚。

(6) 负责工人宿舍管理，带电工定期检查安全用电，有权对违反安全用电人员进行处罚。

(7) 若所控制费用超支，承担超支部分的 20%（从成本节约奖中扣回）。

(8) 切实落实安全文明施工措施，杜绝安全事故及安全隐患的发生，确保安全文明施工达标，达到以上各项责任指标的奖励 100 元，否则罚 50 元，奖罚在当月工资中兑现。

责任人：

责任人签名： 年 月 日

资料员成本责任状

（1）负责项目工程技术和管理资料的收集和整理。

（2）所有资料能做到与工程同步。

（3）各分部工程完成后能及时完成分部验收所需资料，待工程竣工后按广东省竣工资料统表做好工程竣工资料验收及存档。

（4）按合同要求交出工程竣工资料，否则承担罚款的 5%。

（5）及时准确完成各施工时段所需分部验收资料，按合同及时完整提交竣工验收资料，严格合理控制日常各项办公费用开支，达到以上各项责任指标的奖励 100 元/月，否则单项不达指标一次罚 50 元/月，奖罚在当月工资中兑现。

责任人：

责任人签名： 年 月 日

试验员成本责任状

（1）负责试验，计量器具管理。

（2）负责混凝土试块，砂浆试块制作，养护及保管，确保试块送检合格。

（3）负责原材料取样送检。

（4）试块制作数量，原材料取样必须符合要求。

（5）若因试块本身制作质量问题造成抽芯或回弹检验，承担该项检验费20％，从成本节约奖中扣除。

（6）负责钢筋焊件送检，对其制作过程进行监督，如因自己的问题造成复检将承担复检费30％。

（7）及时准确送检原材料取样，试块制作质量未导致抽芯或回弹检验、钢筋焊件未出现复检的奖励100元/月，否则罚50元/月，奖罚在当月工资中兑现。

责任人：

责任人签名：　　　　　　　　　　　　　　年　　月　　日

后勤管理员成本责任状

（1）负责工地后勤管理工作。

（2）负责工人生活区食堂、生活用水管理，控制生活区水电费平均在 5 万元/月内。

（3）负责工人生活区宿舍安全文明、卫生管理检查，确保室内整洁；查处在宿舍私接电源、生火做饭的现象，对违规操作开具罚款通知单。

（4）负责办公用品管理，控制办公用品费 300 元/（月·人）内。

（5）对生活区居住工人登记花名册；严格按照生活区管理条例执行，对违反条例的及时提出整改，开具罚款通知单；达到以上各项责任指标奖励 100 元/月，否则罚款 50 元/月。

责任人：

责任人签名：　　　　　　　　　　　　　年　　月　　日

附件十一：奖金预兑现承诺书

承 诺 书

致：<u>集团公司</u>

鉴于_____项目部本次拟申请预兑现奖金_____万元，自开工累计已发预兑现奖金_____万元（不含本次）。项目班子承诺：项目提交的成本分析资料真实可靠，可作为奖金发放的依据，若因数据不真实导致奖金超额兑现，我项目班子成员承诺将超发部分奖金退还给公司。

承诺人：（项目班子成员签字）

_____年___月___日

第五章

标杆企业工程项目成本管理系统

工程项目成本管理系统规范工程项目债务形成管理、债务集中管理和资金集中支付审批流程，特别是在债务形成管理的过程中以工程项目的现金流为主线，加强成本控制，包括：合同管理、劳务结算管理、物资管理、机械租赁管理。对外部客户（如：劳务协作队伍、材料供应商、设备租赁商等）的债务资金支付实现按合同约定支付比例或公司规定支付比例在公司/集团层面进行资金支付的控制，减少或杜绝工程项目超合同付款、超计价付款、超比例付款、付款比例不均衡的问题，有效节约资金成本，提高资金的利用效率。同时，在执行控制和审批过程中，与现有的账务系统和 OA 办公系统实现无缝对接，不增加任何重复工作量。

第一节　各部门工作步骤

一、工经部

（一）收入管理

（1）在网页端【业主合同登记】录入业主合同信息。

（2）在客户端【业主合同清单导入】中导入业主合同清单。

（3）在网页端发起【业主合同审批】流程。

（4）在网页端【验工计价管理】中进行相关操作。

（5）如有变更索赔，请在【变更索赔管理】中进行相应操作。

（二）成本管理

（1）在客户端进行【清单分解】。

（2）在网页端发起【清单分解审批】流程。

（3）在网页端发起【劳务队伍登记】流程。

（4）在网页端发起【劳务合同评审】流程。

（5）在网页端发起【劳务费用验工计价表】流程。

（6）在网页端发起【劳务合同变更】流程。

（7）在网页端发起【合同数量变更单】流程。

（三）责任成本预算管理

（1）待工程部完成【施组管理】相关流程后，在客户端编制【责任成本预算】。

（2）在网页端发起【责任成本预算审批】流程。

（3）在网页端发起【责任成本预算计价】流程。

（4）可根据实际需要进行【责任成本预算调整】相关功能操作。

具体操作请点击：工经部业务操作指导。

二、 工程部

（一）合同清单复核和工程数量挂接

（1）待工经部完成业主清单审批后，客户端【清单分解】中进行施工图数量和总控数量复核工作。

（2）客户端进行【工程数量挂接】操作。

（二）收方单

在劳务合同审批完成后，网页端发起【收方单】流程。

（三）主要物资总计划

（1）清单分解后，客户端【主要物资消耗数量】表，填写项目部的物资消耗计划。

（2）网页端发起【主要物资总计划】流程。

（3）若存在物资计划变更，可在网页端发起【主要物资总计划变更】流程。

（4）若需调整施工图数量和总控数量，可在网页端发起【总控数量变更】调整已审批清单的总控数量和施工图数量。

（四）施工组管理

（1）网页端发起【劳务分包模式】流程。

（2）网页端发起【施工组织设计】流程。

（3）网页端发起【机械配置方案】流程。

（4）网页端发起【周转料配置方案】流程。

（5）网页端发起【土石方调配方案】流程。

具体操作请点击：工程部业务操作指导。

三、 物机部

（一）物资管理

（1）网页端发起【供应商登记】流程。

（2）网页端发起【物资合同评审】。

（3）如需对初始合同做修改或补充，可发起【物资补充合同】。

（4）网页端发起【物资验收单】流程。

（5）网页端发起【物资采购结算】流程。

（6）网页端发起【物资发料单】流程。

（7）网页端发起【物资盘点单】流程。

（二）机械管理

（1）网页端发起【机械供应商登记】。

（2）网页端发起【机械租赁合同】。

（3）如需对初始合同做修改或补充，可发起【机械租赁补充合同】。

（4）根据单机油料是核算情况，发起【单机油料核算】。

（5）网页端发起【机械租赁结算】。

（6）在网页端【自有机械管理】中录入【自有机械基本信息】及【自有机械结算】。

（三）周转料管理

（1）在网页端发起【周转料租赁合同】。

（2）在网页端发起【周转料租赁补充合同】。

（3）在网页端发起【周转料结算】。

（4）在网页端填写【周转料外加工记录表】。

（5）根据【周转料采购合同】和【周转料外加工记录表】填写【周转料摊销配置表】。

（四）劳务结算

当每月收方工作完成后，可发起【材料费扣款单】【机械费扣款单】【主要材料消耗核算表】【其他扣款单】辅助工经部完成劳务结算工作。

具体操作请点击：物机部业务操作指导。

四、　财务部

（一）现场经费管理

（1）在责任成本预算审批完成后，网页端发起【现场经费全周期预算】流程。

（2）若需调整，可通过网页端发起【现场经费全周期预算（补充）】。

（3）在网页端发起【现场经费年度预算】流程。

（4）若需调整，可在网页端发起【现场经费年度预算（补充）】。

（5）发起【现场经费支付申请单】。

（6）发起【现场经费银行凭证】和【现场经费提现凭证】。

（二）资金管理

（1）在其他部门完成供应商登记后，可在网页端填写【供应商对应】相关信息。

（2）在其他部门录入审批完成相应结算单后，在网页端发起【债务支付申请】。

（3）若合同付款比例需要调整，可在网页端发起【控制比例变更】流程。

（4）发起【银行付款】和【提现】流程，生成财务凭证。

具体操作请点击：财务部业务操作指导。

五、　其他部门业务操作流程

（1）录入其他合同前，其他部门先进行【其他供应商登记】。

（2）发起【其他合同评审】。

（3）发起【其他合同结算】。

（4）发起【其他费扣款单】，对该劳务单位进行扣款。

具体操作请点击：其他部门业务操作指导。

第二节　各部门操作指导

一、工经部业务操作指导

（一）收入管理

工经部收入管理操作流程图如图5-2-1所示。

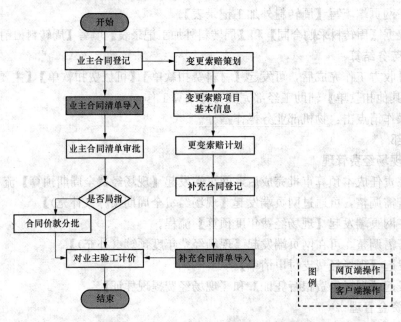

图5-2-1　工经部收入管理操作流程图

（1）点击【业主合同登记】。点击页面如图5-2-2所示。

图5-2-2　点击页面

按照表单内容填写业主合同信息，如图5-2-3所示。

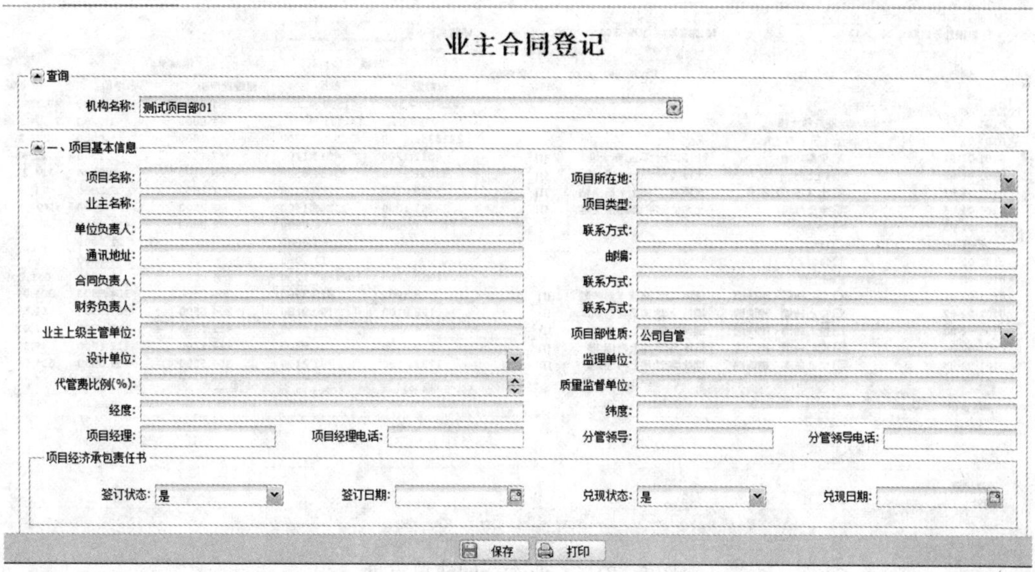

业主合同登记

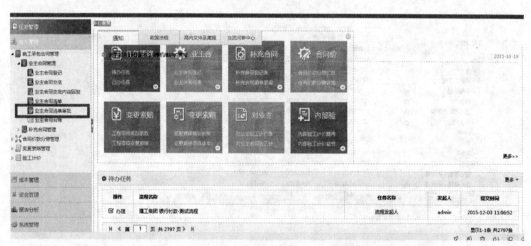

图 5-2-3 业主合同登记

（2）完成【业主合同登记】后，在客户端进行【业主合同清单导入】，将原始业主合同清单导入系统，如图 5-2-4 所示。

图 5-2-4 业主合同清单导入

（3）在网页端发起【业主合同清单审批】，将客户端导入的业主合同清单进行审批，如图 5-2-5 所示。

（4）在网页端发起【合同内验工计价】，对原始业主清单进行验工计价，如图 5-2-6 所示。

如果产生变更索赔，需在网页端【收入管理】→【变更索赔管理】中依次发起【变更索赔策划】【变更索赔项目基本信息】。

图 5-2-5　业主合同清单审批

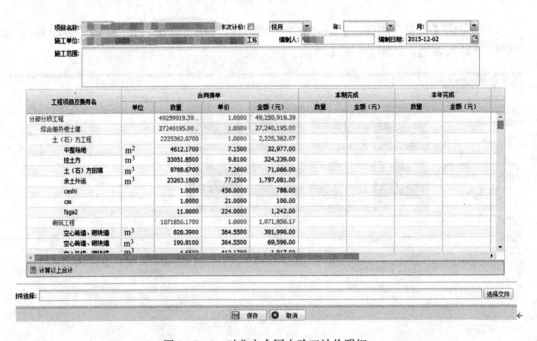

图 5-2-6　对业主合同内验工计价明细

　　如果【变更索赔项目基本信息】中的"变更索赔类型"是需要产生补充清单的变更索赔类型,还需进行【补充合同登记】。以上操作完成后,进入变更索赔项目验工计价流程:

　　(1) 在客户端进行【补充合同清单录入】,录入补充合同清单。

　　(2) 验工计价:

　　1) 在网页端【收入管理】→【验工计价】→【对业主验工计价】发起【合同外验

工计价－业主】对补充清单进行验工计价。

2）在网页端【收入管理】→【验工计价】→【对业主验工计价】发起【其他费用验工计价】对不产生清单的变更索赔进行验工计价。

（二）成本管理

工经部成本管理操作流程图如图 5-2-7 所示。

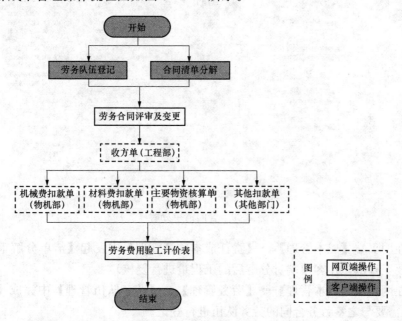

图 5-2-7　工经部成本管理操作流程图

（1）客户端【清单管理】→【合同清单分解】中，将导入的业主合同清单分解至可挂接劳务定额的分项工程并且挂接劳务定额和单位工号，如图 5-2-8 和图 5-2-9 所示。

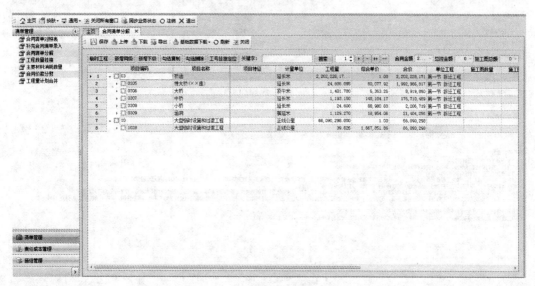

图 5-2-8　合同清单分解（一）

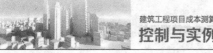

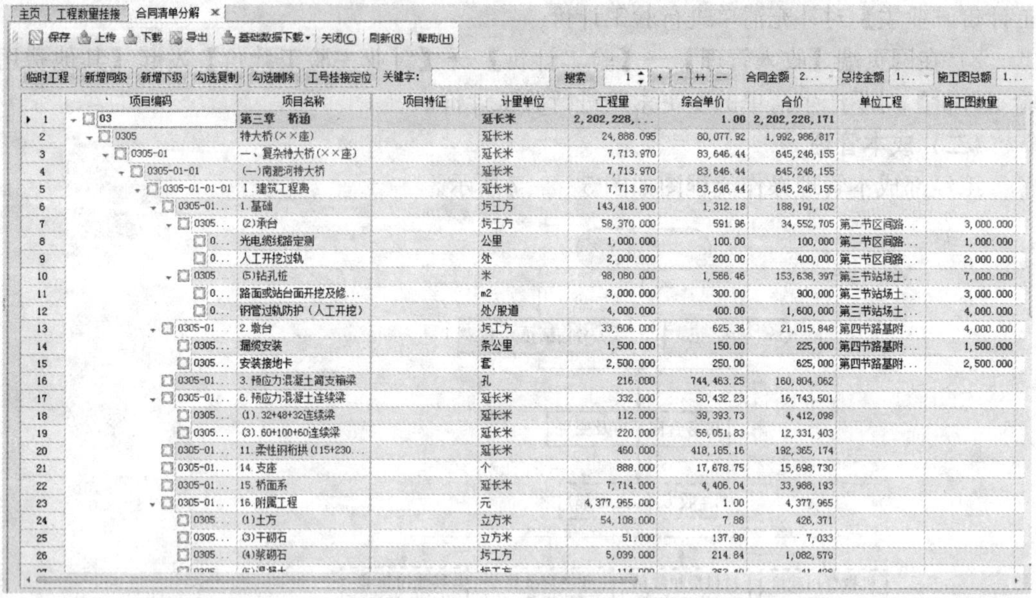

	项目编码	项目名称	项目特征	计量单位	工程量	综合单价	合价	单位工程	施工图数量
1	03	第三章 桥涵		延长米	2,202,228,...	1.00	2,202,228,171		
2	0305	特大桥(××座)		延长米	24,888.095	80,077.92	1,992,986,817		
3	0305-01	一、复杂特大桥(××座)		延长米	7,713.970	83,646.44	645,246,155		
4	0305-01-01	(一)南淝河特大桥		延长米	7,713.970	83,646.44	645,246,155		
5	0305-01-01-01	Ⅰ.建筑工程费		延长米	7,713.970	83,646.44	645,246,155		
6	0305-01...	1.基础		圬工方	143,418.900	1,312.18	188,191,102		
7	0305...	(2)承台		圬工方	58,370.000	591.96	34,552,705	第二节区间路...	3,000.000
8	0...	光电缆线路定测		公里	1,000.000	100.00	100,000	第二节区间路...	1,000.000
9	0...	人工开挖过轨		处	2,000.000	200.00	400,000	第二节区间路...	2,000.000
10	0305	(5)钻孔桩		米	98,080.000	1,566.46	153,638,397	第三节站场土...	7,000.000
11	0...	路面或站台面开挖及修...		m2	3,000.000	300.00	900,000	第三节站场土...	3,000.000
12	0...	钢管过轨防护（人工开挖）		处/股道	4,000.000	400.00	1,600,000	第三节站场土...	4,000.000
13	0305-01	2.墩台		圬工方	33,606.000	625.38	21,015,848	第四节路基附...	4,000.000
14	0305...	漏缆安装		条公里	1,500.000	150.00	225,000	第四节路基附...	1,500.000
15	0305...	安装接地卡		套	2,500.000	250.00	625,000	第四节路基附...	2,500.000
16	0305-01...	3.预应力混凝土简支箱梁		孔	216.000	744,463.25	160,804,062		
17	0305-01...	6.预应力混凝土连续梁		延长米	332.000	50,432.23	16,743,501		
18	0305...	(1).32+48+32连续梁		延长米	112.000	39,393.73	4,412,098		
19	0305...	(3).60+100+60连续梁		延长米	220.000	56,051.83	12,331,403		
20	0305-01...	11.柔性钢桁拱(115+230...		延长米	460.000	418,185.16	192,365,174		
21	0305-01...	14.支座		个	888.000	17,678.75	15,698,730		
22	0305-01...	15.桥面系		延长米	7,714.000	4,406.04	33,988,193		
23	0305-01...	16.附属工程		元	4,377,965.000	1.00	4,377,965		
24	0305...	(1)土方		立方米	54,108.000	7.88	426,371		
25	0305...	(3)干砌石		立方米	51.000	137.90	7,033		
26	0305...	(4)浆砌石		圬工方	5,039.000	214.84	1,082,579		

图 5-2-9 合同清单分解（二）

（2）在网页端【成本管理】→【责任成本预算管理】中发起【清单分解审批】。（此步骤前需要工程部先在客户端对分解后的工程量进行复核）

（3）在网页端【成本管理】→【劳务管理】→【劳务队伍管理】中完成【劳务队伍登记】，将需要与之签劳务合同的劳务队伍进行登记。

（4）在网页端【成本管理】→【劳务管理】→【劳务合同管理】→【劳务合同评审】中录入劳务合同（星号为必填项），如图 5-2-10 所示。

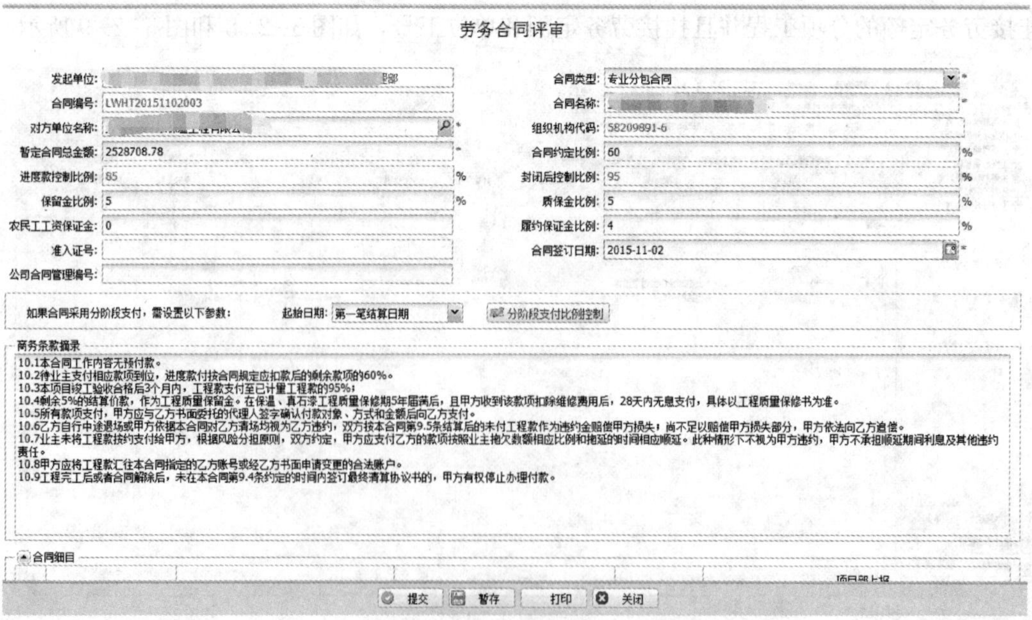

图 5-2-10 劳务合同评审

（5）如对相应劳务合同进行结算需在网页端【成本管理】→【劳务管理】→【劳务结算】中发起【劳务费用验工计价表】（此步骤前需要工程部完成【收方单】；物机部完成【材料费扣款单】【主材消耗核算表】【机械费扣款单】；其他相关部门完成【其他费用扣款单】），如图5-2-11所示。

劳务费用验工计价表

所属合同：[LWHT20150910001]承台劳务合同						结算单号：LWJS20150910007			
是否末次结算：否						对方单位名称：县世勤劳务队(00988)			
所属单位：测试项目部476						合同类型：劳务分包合同			
暂定合同总金额：27010						制单日期：2015-09-10			

劳务结算汇总表

序号	工程项目或费用名称			单位	至上期末累计	本期结算	至本期末累计
1	本期工程量结算合计			元		2,400.00	2,400.00
2	工程应扣款			元		1,967.00	1,967.00
(1)	甲供材料款			元		987.00	987.00
(2)	甲供材料超耗款			元			
(3)	机械费扣款			元		500.00	500.00
(4)	其它扣款			元		480.00	480.00
3	应付款			元		433.00	433.00
4	扣保留金			元		240.00	240.00

结算明细

工号部位	工程项目名称及费用名称	单位	单价	合同	上期末累计	本期计价	公司核算	调价补差

暂存　打印　关闭

图5-2-11　劳务费用验工计价表

在【成本管理】→【劳务管理】→【劳务合同管理】→【劳务合同变更】录入补充合同（此步骤在【劳务合同评审】完成之后就可进行）。

在【成本管理】→【劳务管理】→【劳务结算】→【合同数量变更单】变更合同数量（此步骤在【劳务合同评审】完成之后就可进行）。

在【成本管理】→【劳务管理】→【劳务合同管理】中发起【劳务合同封闭】（此步骤只在相关合同做过勾选了"末次结算"的【劳务费用验工计价表】之后才能发起）。

（三）责任成本预算管理

工经部责任成本预算管理操作流程图如图5-2-12所示。

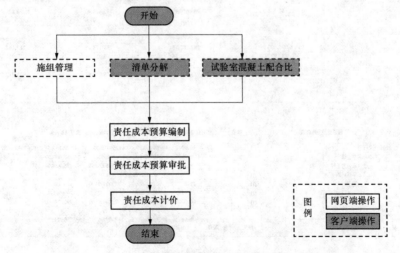

图5-2-12　工经部责任成本预算管理操作流程图

（1）在客户端【责任成本管理】中进行【责任成本预算编制】，对做了清单分解后的清单进行责任成本预算编制（此步骤需先完成【清单分解审批】），如图 5-2-13 所示。

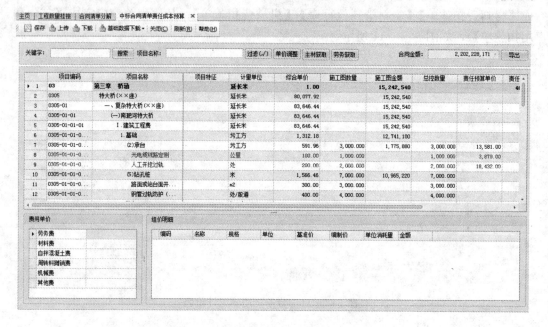

图 5-2-13　中标合同清单责任成本预算

（2）网页端【成本管理】→【责任成本预算管理】中发起【责任成本预算审批】。

（3）网页端【成本管理】→【责任成本计价】中发起【责任成本计价】，对审批过的责任成本预算进行计价，如图 5-2-14 所示。

图 5-2-14　责任成本预算内计价

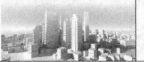

如要发起责任成本预算调整，需先在网页端发起【成本管理】→【责任成本预算管理】→【责任成本预算调整申请】，如图 5-2-15 所示。

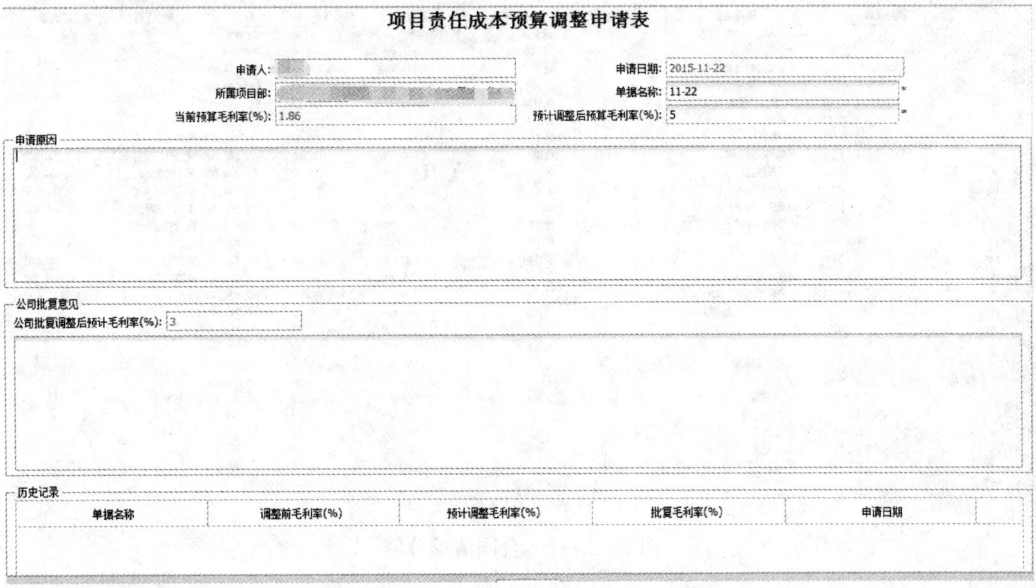

项目责任成本预算调整申请表
申请人:
申请日期: 2015-11-22
所属项目部:
单据名称: 11-22
当前预算毛利率(%): 1.86
预计调整后预算毛利率(%): 5
申请原因
公司批复意见
公司批复调整后预计毛利率(%): 3
历史记录
单据名称
调整前毛利率(%)
预计调整毛利率(%)
批复毛利率(%)
申请日期

图 5-2-15　项目责任成本预算调整申请

二、工程部业务操作指导

工程部操作流程图如图 5-2-16 所示。

开始
工程数量挂接
清单分解
施工图数量复核
主要材料消耗数量
施组管理
收方单
主要材料消耗核算单
结束
图
例
网页端操作
客户端操作

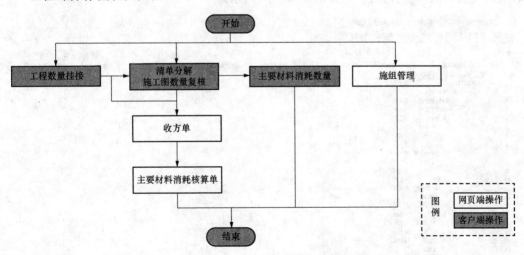

图 5-2-16　工程部操作流程图

（一）成本管理

合同清单复核：工经部人员对清单分解后，需由工程部人员客户端【清单管理】→【合同清单分解】中下载已分解的清单，对清单的施工图数量、总控数量，以及劳务定额的总控数量进行复核，如图 5-2-17 所示。

图 5-2-17　合同清单分解

工程数量挂接：对项目部存在按里程范围，具体部位收方的劳务定额，且清单分解时未细化到此颗粒度时，需工程部人员在清单分解后、收方单发起前在客户端【清单管理】→【工程数量挂接】中进行对劳务定额的工程数量挂接（此功能根据清单分解的颗粒度情况自行选择是否挂接），如图 5-2-18 所示。

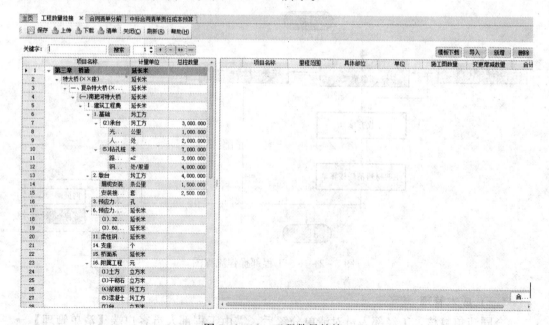

图 5-2-18　工程数量挂接

收方单：工程部人员在确定工经部人员劳务合同签订且审批完成后，由工程部人员

在网页端【成本管理】→【劳务管理】→【劳务结算】发起【收方单】，录入本月已完工数量，如图 5-2-19 所示。

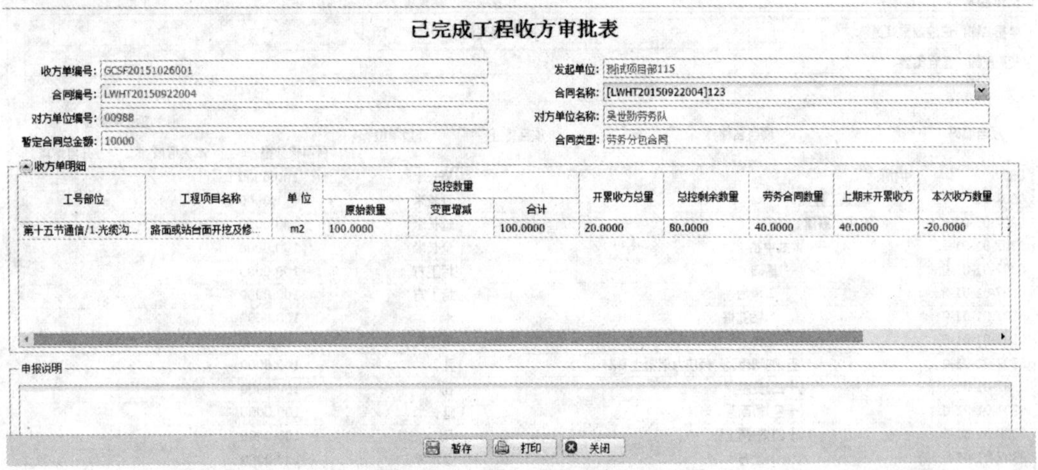

已完成工程收方审批表

收方单编号：	GCSF20151026001						发起单位：	郑武项目部115		
合同编号：	LWHT20150922004						合同名称：	[LWHT20150922004]123		
对方单位编号：	00988						对方单位名称：	吴世勤劳务队		
暂定合同总金额：	10000						合同类型：	劳务分包合同		

收方单明细

工号部位	工程项目名称	单位	总控数量			开累收方总量	总控剩余数量	劳务合同数量	上期末开累收方	本次收方数量
			原始数量	变更增减	合计					
第十五节通信/1.光缆沟	路面或站台面开挖及修	m2	100.0000		100.0000	20.0000	80.0000	40.0000	40.0000	-20.0000

申报说明

[暂存] [打印] [关闭]

图 5-2-19　收方单

主要物资总计划：在清单分解后，由工程部人员在客户端【清单管理】→【主要物资消耗数量】下，上报项目部的物资消耗计划，客户端保存上传后，在网页端【成本管理】→【物资管理】→【物资计划管理】中发起【主要物资总计划】。

主要物资总计划变更：在主要物资总计划审批完成后，项目部存在物资计划变更时，由工程部人员在客户端【清单管理】→【主要物资消耗数量】下，对已有物资计划进行变更补充修改，保存上传后，工程部人员在网页端【成本管理】→【物资管理】→【物资计划管理】中发起主要物资总计划变更。

在项目部完成【清单分解审批后】，项目部可按需在网页端【成本管理】→【责任成本预算管理】发起【总控数量变更】调整已审批清单的总控数量和施工图数量，如图 5-2-20 所示。

（二）施组管理

劳务分包模式：责任成本预算编制前，由工程部人员在网页端【成本管理】→【责任成本预算管理】发起【劳务分包模式】。

施工组织设计：责任成本预算编制前，由工程部人员在网页端【成本管理】→【责任成本预算管理】发起【施工组织设计】。

机械配置方案：责任成本预算编制前，由工程部人员在网页端【成本管理】→【责任成本预算管理】发起【机械配置方案】，如图 5-2-21 所示。

周转料配置方案：责任成本预算编制前，由工程部人员在网页端【成本管理】→【责任成本预算管理】发起【周转料配置方案】，如图 5-2-22 所示。

土石方调配方案：责任成本预算编制前，由工程部人员在网页端【成本管理】→【责任成本预算管理】发起【土石方调配方案】。

总控数量变更

机构名称:	测试项目部476		单据编号:	ZKSLBG20150910001	
单据名称:	总控数量变更		单据时间:	2015-09-10	
变更原因:	工程需要				

项目编码	项目名称	项目特征	计量单位	施工图数量		
				原审核数量	本次增减	开累增减
0307	中桥		延长米	100.0000		
0307-01	Ⅰ.建筑工程费		延长米	1.0000		
0307-01-01	甲、新建		延长米	100.0000		
0307-01-01-01	一、梁式中桥		延长米	100.0000		
0307-01-01-0...	(一)基础		圬工方	100.0000		
0307-01-01-0...	2.承台		圬工方	100.0000		
0307-01-01-0...	5.钻孔桩		米	100.0000		
0307-01-01-0...	(二)墩台		圬工方	100.0000		
0307-01-01-0...	(五)购架(钢筋)预应力混凝土T梁		孔	100.0000		
0307-01-01-0...	(十二)支座		孔	100.0000		
0307-01-01-0...	(十三)桥面系		延长米	100.0000		
0307-01-01-0...	(十四)附属工程		元	100.0000		
0307-01-01-0...	1.土方		立方米	100.0000		
0307-01-01-0...	3.干砌石		立方米	100.0000		

💾 暂存   🖨 打印   ❌ 关闭

图 5-2-20　总控制量变更

机械设备配置方案

	机构名称:	测试项目部122		单据编号:	XXFA20151105001	
	单据名称:	1		单据时间:	2015-11-05	责任成本预算编制使用: ☑

序号	设备名称	规格型号	用于施工部位	数量	计量单位	额定功率(kW)	所需时间		使用期限(月)	机械设备来源
							开始日期	结束日期		
1	指挥车	两价各型车(8...	大桥	2.0000	台	0	2015-11-05	2015-11-05	20	自育
2	指挥车	两价各型车(8...	中桥	2.0000	台	0	2015-11-05	2015-11-05	20	外租
3	载重汽车	两价各型车(5...	小桥	2.0000	台	0	2015-11-05	2015-11-05	20	分包

图 5-2-21　机械设备配置方案

周转料配置方案

	机构名称:	测试项目部162		单据编号:	ZZLFA20151028001	
	单据名称:	周转料配置方案		单据时间:	2015-10-28	责任成本预算编制使用: ☑

序号	周转料名称	规格型号	用于施工部位	单位	数量	所需时间		使用期限(月)	周转次数	残值率(%)	
						开始日期	结束日期				
1	运费		第六章 通信、信号及信息	元	200000.0000	2015-10-28	2015-10-29	6	0	5.00	
2	运费		第六章 通信、信号及信息	元	200000.0000	2015-10-28	2015-10-29	6	0	5.00	
3	运费		第六章 通信、信号及信息	元	200000.0000	2015-10-28	2015-10-29	6	0	5.00	
4	运费		第六章 通信、信号及信息	元	2000000.0000	2015-10-28	2015-10-29	6	0	5.00	

图 5-2-22　周转料配置方案

三、物机部业务操作指导

(一) 物资管理

物机部物资管理操作流程图如图 5 - 2 - 23 所示。

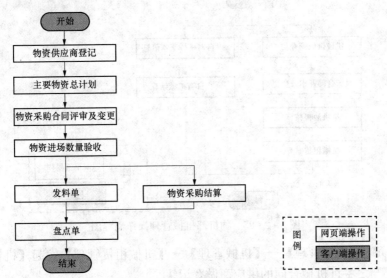

图 5 - 2 - 23　物机部物资管理操作流程图

(1) 网页端【成本管理】→【物资管理】发起【供应商登记】,将需要与之签订物资合同的供应商做登记。

(2) 完成【供应商登记】后,网页端【成本管理】→【物资管理】→【物资合同管理】发起【物资合同评审】,录入物资采购合同。

(3) 完成【供应商登记】后,如需对初始合同做修改或补充,需在网页端【成本管理】→【物资管理】→【物资合同管理】发起【物资补充合同】(按需发起)。

(4) 完成【物资合同评审】后,网页端【成本管理】→【物资管理】→【物资收发存管理】发起【物资验收单】,在物资进场时,对合同中的采购物资进行验收,如图 5 - 2 - 24 所示。

图 5 - 2 - 24　材料进场登记单

（二）机械管理

物机部机械管理操作流程图如图 5-2-25 所示。

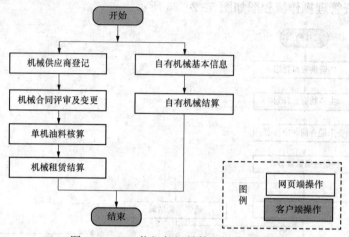

图 5-2-25　物机部机械管理操作流程图

（1）网页端【成本管理】→【机械管理】→【机械租赁管理】发起【机械供应商登记】，将需要与之签订机械合同的供应商做登记。

（2）完成【机械供应商登记】后，网页端【成本管理】→【机械管理】→【机械租赁管理】发起【机械租赁合同】，录入机械合同。

（3）完成【机械租赁合同】后，根据单机油料的核算情况，网页端【成本管理】→【机械管理】→【机械租赁管理】发起【单机油料核算】，如图 5-2-26 所示。

图 5-2-26　单机油料核算

（4）完成【单机油料核算】后，网页端【成本管理】→【机械管理】→【机械租赁管理】发起【机械租赁结算】，对机械合同中的机械进行结算，如图 5-2-27 所示。

机械租费结算单

序号	租赁机械名称	牌照或编号	规格型号	合同数量	单价	本次结算		开累结算		备注
						数量	金额（元）	数量	金额（元）	
1	架线作业车 HM40-2	A12345	HM40-2	20	600.0000	5	3,000	5	3,000.00	
2	汽车起重机 8T	B12345	8T	20	600.0000	5	3,000	5	3,000.00	
3	轨道车 JY290-5	C12345	JY290-5	20	600.0000	5	3,000	5	3,000.00	
4	进出场费	123		15	120.0000	5	600	5	600.00	
	合计						9,600		9,600.00	

图 5-2-27　机械租费结算

（5）完成【机械租赁合同】后，如需对初始合同做修改或补充，在网页端【成本管理】→【机械管理】→【机械租赁管理】发起【机械租赁补充合同】。（按需发起）

（6）网页端【成本管理】→【机械管理】→【机械租赁管理】发起【机械合同封闭】（此步骤只在相关合同做过"末次结算"后才做）。

（三）周转料管理

物机部周转料管理操作流程图如图5-2-28所示。

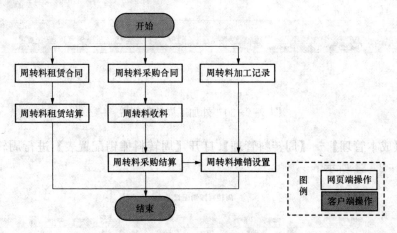

图5-2-28 物机部周转料管理操作流程图

（1）根据登记的劳务、物资、机械供应商，网页端【成本管理】→【周转料管理】发起【周转料租赁合同/补充合同】，录入相关周转料租赁合同内容。

（2）完成周转料租赁合同后，网页端【成本管理】→【周转料管理】发起【周转料结算】，对周转材料租赁进行结算，如图5-2-29所示。

周转材料租费结算单									

所属单位：测试项目部476　　　　　　　　　　　　　　　　　　　　　结算单号：ZZLJS20150910001
合同名称：[ZZLHT20150910001]周转料合同　　　　　　　　　　　　对方单位：红光有限公司
暂定合同总价：13,000,000.00　　　　　　　　　　　　　　　　　合同类型：周转材料租赁合同
结算金额：30000.00　　　　　　其他扣款：100　　　　　　　　　应付金额：29,900.00　　是否末次结算：

-本次租费结算

序号	周转材料名称	规格型号	合同数量	剩余合同数	单价	本次结算		开累结算		备注
						数量	金额（元）	数量	金额（元）	
1	运费		110000	110000	100.0000	100	10,000	100	10,000.00	
2	电杆 <12M	<12M	10000	10000	100.0000	100	10,000	100	10,000.00	
3	承力索 95型	95型	10000	10000	100.0000	100	10,000	100	10,000.00	
	合计						30,000		30,000.00	

图5-2-29 周转料租赁结算

（3）网页端【成本管理】→【周转料管理】发起【周转料合同封闭】（此步骤只在相关合同做过"末次结算"后才做）。

外加工周转料配置：完成【收料单】后，可根据点收的材料，打开网页端【成本管理】→【周转料管理】→【周转料外加工记录表】进行外加工周转料配置，如图5-2-30所示。

周转料摊销配置：完成【周转料采购合同】或者【周转料外加工记录表】配置后，

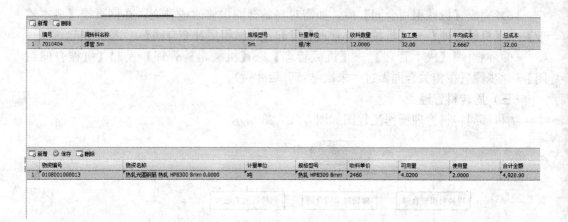

图 5-2-30 外加工周转料配置

可网页端【成本管理】→【周转料管理】打开【周转料摊销配置表】进行周转料摊销配置，如图 5-2-31 所示。

序号	周转料编码	周转料名称	规格型号	计量单位	单价	数量	总成本	残值率（%）	开始月份	结束月份	使用月数	应摊销成本	平均月摊销额度
						周转料摊销配置表							
1	Z010404	煤管	5m	根/米	412.6667	12.0000	4,952.00	0.00					

图 5-2-31 周转料摊销配置

(四) 劳务结算

物机部劳务结算操作流程图如图 5-2-32 所示。

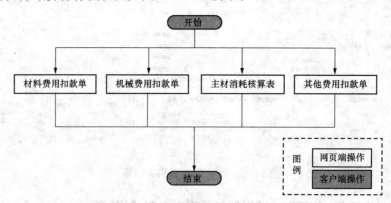

图 5-2-32 物机部劳务结算操作流程图

当工经部完成【劳务合同评审】后，可分别在网页端【成本管理】→【物资管理】→【机械管理】→【周转料管理】中发起【材料费扣款单】→【机械费扣款单】【主要材料消耗核算表】→【其他扣款单】对指定合同进行扣款和核算。

四、财务部业务操作指导

财务部业务操作流程图如图 5 - 2 - 33 所示。

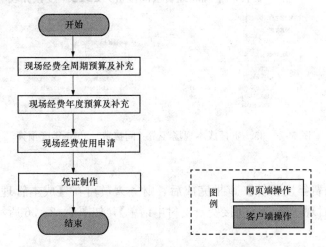

图 5 - 2 - 33　财务部业务操作流程图

(一) 现场经费管理

(1) 在责任成本预算上传现场经费后，由财务人员在网页端【成本管理】→【现场经费管理】→【预算管理】发起【责任成本现场经费（间接费）全周期预算】，如图 5 - 2 - 34 所示。

责任成本现场经费（间接费）全周期预算表

项目部名称：测试项目部476		预算现场经费总额：46,800.00		
编制人：第476组项目业务发起人		已分配预算：15,000.00		
编制期间：2015-09-10		未分配预算：31,800.00		

序号	费用名称	对应会计科目	项目填报	公司核准
1	现场经费（间接费）合计	5401-02	15,000.00	15,000.00
2	职工薪酬	5401-02-01	10,000.00	10,000.00
3	职工福利	5401-02-02	1,000.00	1,000.00
4	职工工资	1	4,000.00	4,000.00

图 5 - 2 - 34　责任成本现场经费（间接费）全周期预算

【现场经费全周期预算】审批完成后，如果存在现场经费全周期预算调整，财务人员可以通过网页端【成本管理】→【现场经费管理】→【预算管理】发起【现场经费全周期预算（补充）】实现。

(2)【现场经费全周期预算】审批完成后，财务人员可以在网页端【成本管理】→【现场经费管理】→【预算管理】发起【责任成本现场经费（间接费）年度预算】，如图 5 - 2 - 35 所示。

【现场经费年度预算】审批完成后，如果存在现场经费年度预算调整，财务人员可以通过网页端【成本管理】→【现场经费管理】→【预算管理】发起【现场经费年度预

责任成本现场经费（间接费）**2015**年度预算表

项目部名称：测试项目部115　　　　　编制人：第115组项目业务发起人
预算年度：2015　　　　　本年预算总额：370,368.00
编制方式：全年预算　　　　　本年预算占全周期比（%）：15.24%
编制期间：2015-09-22

序号	费用名称	全周期	年初开累	上年实际	全年合计	本年预算	剩余预算	年末开累占全周期比（%）
1	现场经费（间接费）合计	2,429,970.00	428,307.21		370,368.00	370,368.00	1,631,294.79	32.87
2	职工薪酬	1,500,000.00	371,049.21		123,456.00	123,456.00	1,005,494.79	32.97
3	职工福利	199,970.00	57,258.00		123,456.00	123,456.00	19,256.00	90.37
4	职工工资	730,000.00			123,456.00	123,456.00	606,544.00	16.91

图 5-2-35　责任成本现场经费（间接费）2015 年度预算

算（补充）】实现。

（3）【现场经费年度预算】审批完成后，财务人员可在【成本管理】→【现场经费管理】发起【项目现场经费（间接费）支付申请单】，如图 5-2-36 所示。

项目现场经费（间接费）资金支付申请表
（单位：元）

项目部名称：测试项目部121
单据编号：1　　　　　编制人：第121组项目业务发起人
申请年度：2015　　　　　申请日期：2015-10-29

序号	费用名称	全周期	年初开累	本年预算			项目申请		财务部长审批	
				总金额	实际发生	剩余	申请金额	付现金额	审批金额	付现金额
1	现场经费（间接费）合计		428,307.21							
2	职工薪酬		371,049.21							
3	职工福利		57,258.00							
4	职工工资									

图 5-2-36　项目现场经费（间接费）资金支付申请

（4）【现场经费支付申请单】审批完成后，财务人员可以在网页端【成本管理】→【现场经费管理】发起【现场经费银行凭证】。

（5）【现场经费支付申请单】审批完成后，财务人员可以发起【现场经费提现凭证】。

（二）资金管理

供应商对应：其他部门完成供应商登记，且该供应商对应合同审批完成后，在【债务支付申请】发起前，财务人员需在网页端【资金管理】→【债务支付申请】做供应商对应，如图 5-2-37 所示。

序号	单位类型	单位编码	单位名称	对应单位名称	对应核算单位编码
1	机械供应商	56291310-0-342621198106606723	盐城峰翔建筑机械设备有限公司		
2	物资供应商	56218696-X-340802197506023308	合肥中谷讯畅贸易有限公司		
3	物资供应商	68097528-1-320922196609241111	上海晟禾环保材料有限公司		
4	物资供应商	13217292-0-230229196981003491x	上海宏井茎鎏土材料有限公司		
5	物资供应商	32446618-1-342422197703020131	上海钦天买业有限公司		

图 5-2-37　供应商对应

控制比例变更：合同审批完成后，对某一单位需进行支付比例变更，可在【债务支付申请】发起前，财务人员在网页端【资金管理】→【债务支付申请】发起控制比例变

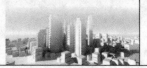

更，如图 5 - 2 - 38 所示。

合同支付比例变更

填报单位：测试项目部042　　填报日期：2015-08-14

合同比例变更单号：HTBL20150814001

变更申请理由

变更详细

全选	合同编号	合同名称	外部客户	合同总价	合同支付比例	是否封闭	签订日期	进度控制比例			
								原比例	申请变更比例 0 %	审批变更比例	新比例
	JXHT2015081...	机械租赁合同	测试	242000	50.00%	已封闭	2015-08-14	60%	0%	0%	60%
	LWHT201508...	劳务	培训劳务队伍	600000	50.00%	未封闭	2015-08-13	50%	0%	0%	50%
	WZHT201508...	物资	物资供应商	2460	50.00%	未封闭	2015-08-13	85%	0%	0%	85%
	WZHT201508...	油料合同	xx	700	50.00%	未封闭	2015-08-14	85%	0%	0%	85%
	ZZLHT20150...	周转料合同	xx	18000	50.00%	未封闭	2015-08-14	60%	0%	0%	60%

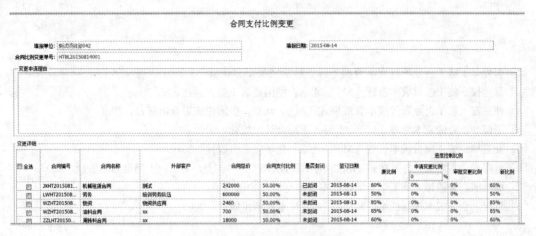

图 5 - 2 - 38　控制比例变更

债务支付申请：其他部门录入审批完成相应结算单后，由财务人员在网页端【资金管理】→【债务支付申请】发起债务支付申请，如图 5 - 2 - 39 所示。

债务集中支付申请表

发起单位：	测试项目部177					申请月份：	2015-08
银行存款：	6851706.31	其中地方：	2272510.4	局资金中心：	4579195.91	公司资金中心：	0
未兑付的银票：	0	实际可用资金：	6851706.31	本次申请付款金额：	0	付款后账面资金余额：	6851706.31
贷款余额：	0	透支：	0	开累提现金额：	0	本次提现计划：	0
公司往来开累贷方：	0	公司往来开累借方：	0	公司往来余额：	0	支付申请单号：	ZFSQ20150814001

外部债务（单位：元）

债务内容	合同总价	合同约定比例%	支付控制比例%	本次付款前						可付款余额	拟付款金额
				账面累计结算金额	公司核准金额	结算差异	累计付款	余额	付款比例%		
一、劳务费				5,882,074.83		5,882,074.83	4,516,028.54	1,366,046.29	76.78	50,275.00	
1.劳务费			50.00	5,882,074.83		5,882,074.83	4,516,028.54	1,366,046.29	76.78	50,275.00	
武胜县红林建筑劳务有限公司			50.00	777,478.00		777,478.00	500,000.00	277,478.00	64.31		
湖北世海建筑工程有限公司			50.00	468,600.00		468,600.00	200,000.00	268,600.00	42.68	34,300.00	
湖南卓越建设有限公司			50.00	931,965.00		931,965.00	667,944.00	264,021.00	71.67		
永州市第四工程有限责任公司			50.00	431,950.00		431,950.00	200,000.00	231,950.00	46.30	15,975.00	
四川赛鑫建筑劳务有限公司			50.00	517,900.00		517,900.00	300,000.00	217,900.00	57.93		

图 5 - 2 - 39　债务支付申请

银行付款：债务支付申请审批完成后，由财务人员在网页端【资金管理】→【凭证制作】中发起【银行付款】流程。

提现：债务支付申请审批完成后，由财务人员在网页端【资金管理】→【凭证制作】中发起【提现】流程。

五、其他部门业务操作指导

（1）录入其他合同前，其他部门在网页端【成本管理】→【其他合同管理】先进行【其他供应商登记】。

（2）在网页端【成本管理】→【其他合同管理】发起【其他合同评审】。

（3）在网页端【成本管理】→【其他合同管理】发起【其他合同结算】。

（4）在网页端【成本管理】→【劳务管理】→【劳务结算】可以发起【其他费扣款单】，对该劳务单位进行扣款。

参考文献

[1] 李爱琴. 施工企业项目成本管理 [J]. 科学之友，2009（23）.

[2] 秦兰仪. 施工项目成本管理 [M]. 北京：中国建筑工业出版社，2000.

[3] 孙三友. 施工企业现代成本管理模式 [M]. 北京：中国建筑工业出版社，2007.

[4] 王储. 企业的成本管理 [M]. 上海：上海会计出版社，2002

[5] 安玉华. 施工项目成本管理 [M]. 北京：化学工业出版社，2010.

[6] 苗曙光，黎海明，等. 建筑工程成本测算方法与实例 [M]. 北京：中国电力出版社，2007.

[7] 杨改淑，张国伟. 施工企业工程成本管理 [J]. 中国市场，2014.

[8] 赵权. 企业成本控制技术 [M]. 广州：广东经济出版社，2003.